Arnold Hanslmeier

Dimensionen des Weltalls

Impressum

Bibliografische Information der Deutschen Nationalbibliothek
Die Deutsche Nationalbibliothek verzeichnet diese Publikation
in der Deutschen Nationalbibliografie; detaillierte bibliografische
Daten sind im Internet über http://dnb.d-nb.de abrufbar.

Lektorat: Martina Schneider
Grafik und Produktion: Nadine Kaschnig-Löbel
Coversujet: Explodierende Galaxie M 82 © Rochus Hess, www.astrofotografie-hess.at
Kapiteltrennseiten: Rochus Hess; Seite 182–183 Rochus Hess und Marcel Drechsler
Druck: Buch Theiss

Gedruckt in Österreich
ISBN 978-3-7025-1028-2

auch als eBook erhältlich
eISBN 978-3-7025-8085-8

www.pustet.at

Arnold Hanslmeier

DIMENSIONEN DES WELTALLS

VERLAG ANTON PUSTET

INHALT

Das System der Planeten

Der Kosmos der Sterne

Hunderte Milliarden von Sternen: Unsere Milchstraße

Galaxien Welteninseln

Wie ist alles entstanden?

Gefahr aus dem All?

Invasion aus dem All?

Was können wir am Himmel sehen?

EINLEITUNG

Als ich mich mit dem Enkel meines Nachbarn unterhielt und dieser erfuhr, dass ich nachts Sterne beobachte, tauchte sofort die Frage auf, was ein Schwarzes Loch sei. Schwarze Löcher, explodierende Sterne, Planeten, Leben auf anderen Planeten, Entstehung des Universums und viele weitere Fragen in Zusammenhang mit der Astrophysik, der Wissenschaft, die sich mit diesen Dingen beschäftigt, faszinieren die Menschen. Einige davon sind auch die grundlegenden Fragen, die sich die Menschen bereits in sehr frühen Kulturen vor mehreren Tausenden von Jahren stellten.

Die Antworten auf diese Fragen sind auch heute nur teilweise möglich, aber gehen doch weiter über die Deutung der Phänomene durch göttliches Wirken hinaus, was nach Meinung vieler Naturwissenschaftler*innen die Existenz eines Gottes jedoch keineswegs ausschließt.

In diesem Buch werden derartige Fragen gestellt und beantwortet. Es beginnt mit Dingen, die uns täglich begegnen. Wie kommt ein Kalender zustande, weshalb hat das Jahr 365 Tage und alle vier Jahre ist ein Schalttag? Woher kommen die Monate und Wochentage? Unsere Erde ist ein Spielball kosmischer Kräfte. Die Anziehungskräfte von Mond und Sonne bewirken die Gezeiten. Kann uns die Sonne gefährlich werden? Was sind überhaupt Sterne? Warum erscheint uns der Planet Venus einmal als Abend- und einmal als Morgenstern?

Moderne Astrophysik geht an die Grenzen der Erkenntnis, und um die Entstehung des Universums sowie die Struktur von Raum und Zeit zu verstehen, benötigen wir Grundkenntnisse der beiden großen modernen Theorien der Physik: der *Relativitätstheorie* und der *Quantenphysik*. Doch keine Angst, beide Theorien werden anhand einleuchtender Beispiele erklärt (so richtig verstanden haben einiges

davon auch viele Physiker*innen nicht). Mit diesen beiden Theorien werden dann wundersame Dinge erklärt, zum Beispiel was passiert, wenn man in ein Schwarzes Loch fällt.
Schließlich kommen wir auch zur Frage der Entstehung des Universums. Welche Antworten hat die Wissenschaft und wird es jemals eine endgültige Antwort geben? Und wohin wird sich das Universum weiterentwickeln, was bringt die Zukunft? Wie lange wird es unsere Erde noch geben?
Eine letzte große Frage ist, ob es anderswo Leben gibt und natürlich im Besonderen Lebewesen, mit denen wir in Kontakt treten könnten. Auch hier stehen endgültige Antworten aus, aber man ist gerade in den letzten drei Jahrzehnten durch die Entdeckung von Planetensystemen außerhalb unseres Sonnensystems ein großes Stück in der Beantwortung dieser Frage weitergekommen.

Das Buch ist also voll von Fragen, auf die es mehr oder weniger gute, aber möglichst verständlich ausgedrückte Antworten gibt. Für alle Leser*innen, die gerne auch selbst mit Zahlen experimentieren möchten, gibt es ein paar mathematische Einschübe, die auch übergangen werden können, ohne den Zusammenhang zu verlieren. Generell war es meine Absicht, ein Buch zu schreiben, in das man an jeder beliebigen Stelle „quereinsteigen" kann, man muss also nicht brav von der Seite 1 bis Seite 100 gelesen haben, um das, was auf Seite 101 steht, zu verstehen.

Ich wünsche Ihnen viel Freude und Spaß bei der Beschäftigung mit den modernsten Erkenntnissen der modernen Naturwissenschaften! Physik ist ein bei vielen Schüler*innen unbeliebtes Unterrichtsfach. Ich hoffe, Ihnen mit diesem Buch das Gegenteil zu beweisen.

Arnold Hanslmeier

UNSERE ERDE

✶ IST DIE ERDE EINE KUGEL?

Für uns erscheint es selbstverständlich, und nahezu jedes Kind weiß es: Wir leben auf einem Planeten. Von der Sonne aus gesehen ist unsere Erde der dritte Planet. Doch was ist ein Planet? [✶ Was bezeichnet man als Planet? S. 22]

Noch lange bis in die Neuzeit herrschte der Glaube vor, die Erde sei eine Scheibe. Über diese Scheibe breite sich das Himmelsgewölbe mit seinen Sternen, Sonne und Mond aus. Blicken wir von Horizont zu Horizont, dann finden wir scheinbar nirgendwo Anzeichen einer gekrümmten Erdoberfläche, wie sie es bei einer Kugelgestalt der Erde aber sein muss.
Die Krümmung einer Kugel hängt aber natürlich von deren Größe ab. Je kleiner die Kugel, desto größer die Krümmung. Stellen wir uns vor, wir würden auf einem kleinen Planeten leben oder gar auf einem der kleineren Monde eines Planeten, etwa dem Saturnmond Enceladus. Dieser Mond ist nur etwa 500 Kilometer groß. Man würde dann nur sehr nahe Berge sehen, die weiter entfernten wären wegen der starken Krümmung unterhalb des Horizontes. Befände man sich auf der Oberfläche von Enceladus, dann könnte man selbst 2 500 Meter hohe Berge wegen der viel stärkeren Krümmung der Oberfläche aus einer Entfernung von 10 Kilometern bereits nicht mehr sehen.

Da unsere Erde relativ groß ist, fällt die Krümmung zunächst kaum auf. Die Krümmung der Erdoberfläche macht 7,8 Zentimeter auf einer Distanz von einem Kilometer aus.

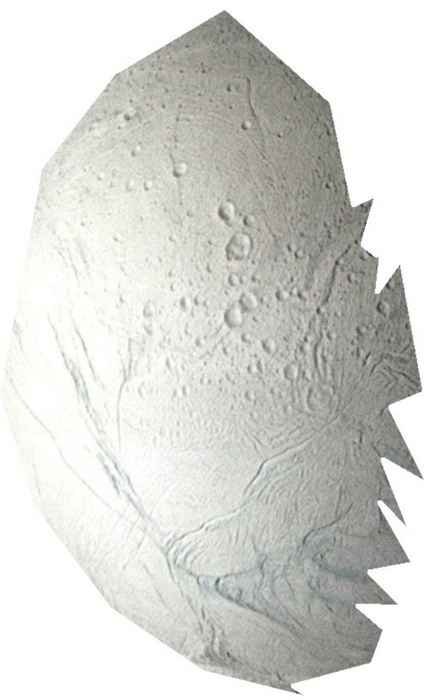

Der Saturnmond Enceladus.
Der Horizont ist hier stark eingeschränkt wegen der Krümmung.

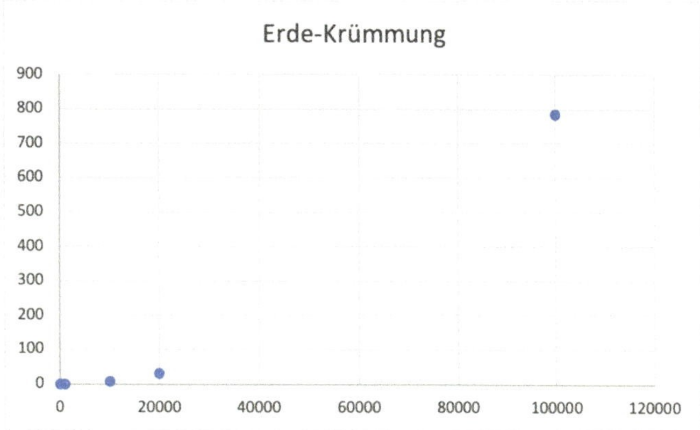

Die Krümmung der Erde fällt erst bei größeren Abständen der Objekte auf.

Ein bisschen Mathematik dazu: Sei L die Distanz, also beispielsweise der Abstand eines Berges vom Beobachter und R der Erdradius, errechnet sich die Krümmung y gemäß der Formel

$$y = \frac{L^2}{2R}$$

Die Krümmung wirkt sich auf weitere Distanzen immer stärker aus. Bei 100 Kilometern macht sie bereits 784 Meter aus. Dies ist in der Abbildung dargestellt.

KANN MAN DIE ERDKRÜMMUNG SEHEN?

Obwohl die Erdkrümmung erst bei größeren Entfernungen zu den Objekten sichtbar wird, gab es bereits im Altertum Beweise dafür, dass die Erde Kugelgestalt haben muss. Für uns ist dies heute selbstverständlich, wir kennen die Bilder der im Weltraum freischwebenden Erdkugel. Doch auf der Erdoberfläche lässt sich dies nicht so ohne Weiteres erkennen. Ein Hinweis auf die Kugelgestalt der Erde war jedoch die schon im Altertum bekannte Tatsache, dass man bei weit entfernten Schiffen infolge der Erdkrümmung zuerst den Schiffsmast erkennt. Wir sehen in der Abbildung, dass für ein 10 Kilometer entferntes Schiff wegen der Erdkrümmung dieser Wert bereits 7,8 Metern beträgt. Damit man also den Mast eines Schiffes aus dieser Entfernung noch erkennen kann, muss dieser mindestens acht Meter hoch über die Wasserfläche aufragen.

Übrigens gefiel die Vorstellung, die Erde sei eine Kugel, den Menschen auch aus folgendem Grund: Eine Kugel ist ein perfekter Körper, alle Punkte auf der Oberfläche besitzen denselben Abstand vom Mittelpunkt.

✶ WIE GROSS IST DIE ERDKUGEL?

Die nächste naheliegende Frage war, wie groß die Erdkugel eigentlich sei. Man versuchte sogar schon im Altertum anhand einer sehr einfachen Überlegung diesen Wert, also den Umfang der Erdkugel, zu bestimmen. Dazu benötigte man keine komplizierten Messinstrumente, zwei Beobachtungen reichten aus. So war in Ägypten im Altertum bekannt, dass die Sonne zur Zeit der Sommersonnenwende zu Mittag von einem tiefen Brunnen aus zu sehen war. Allerdings ging dies nur von der Stadt Syene aus (das heutige Assuan). Um die Sonne von einem tiefen Brunnen aus zu sehen, muss sie sich genau im Zenit, also senkrecht über einem Betrachter befinden.

Von der nördlicher gelegenen Stadt Alexandria aus sieht man die Sonne zur Zeit der Sommersonnenwende nicht im Zenit, sondern etwa 7,2 Grad davon entfernt.

Weltkarte aus der Zeit des Eratosthenes. Die beiden Städte Alexandria und Syene liegen am Nil. Nach Bunbury, E.H. (1811–1895), A History of Ancient Geography among the Greeks and Romans from the Earliest Ages till the Fall of the Roman Empire, *S. 667. London: John Murray, 1883*

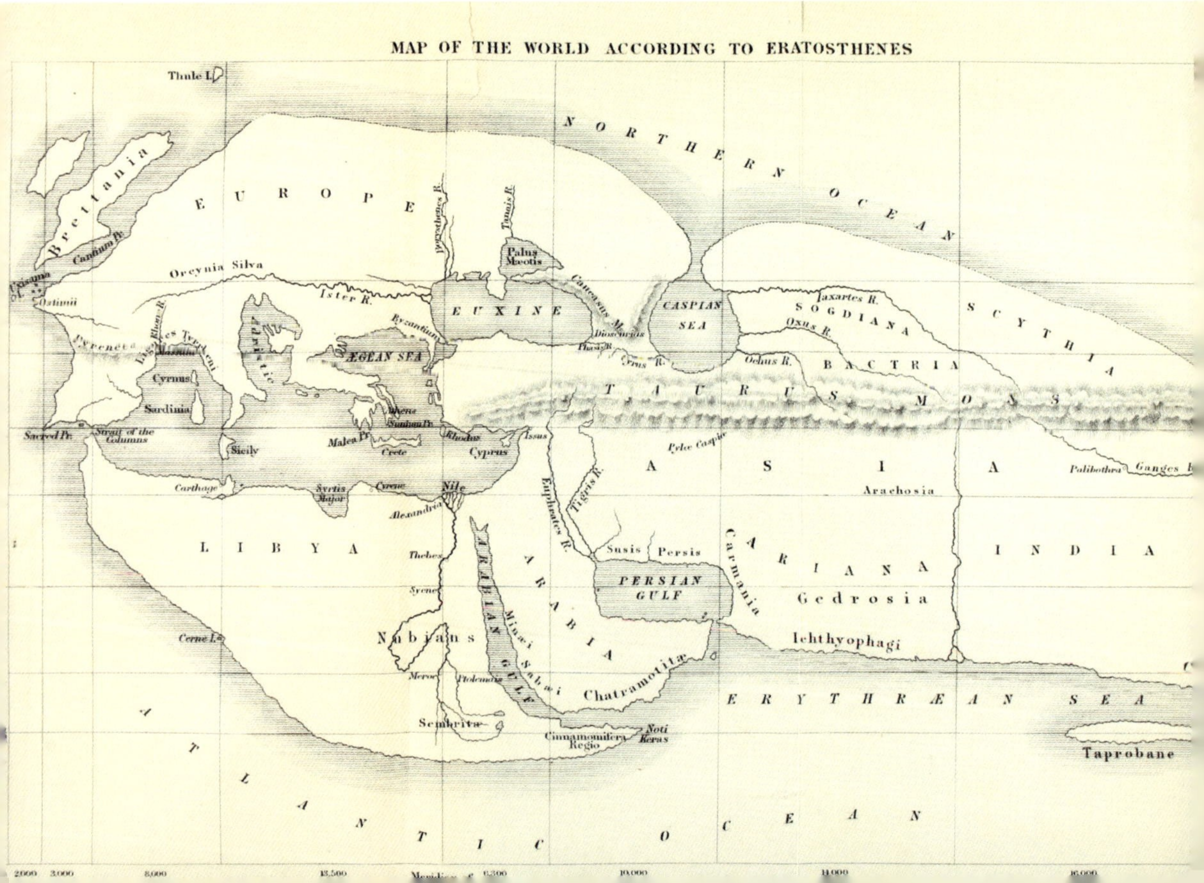

Nun kann man eine einfache Rechnung anstellen. Kennt man den Abstand zwischen den beiden Städten, nennen wir ihn *s*, dann findet man den Erdumfang ganz einfach aus der Formel:

$$\frac{360}{7{,}2} = \frac{Erdumfang}{s}$$

360 Grad ist dabei die Anzahl der Grade bei einem Vollkreis, 7,2 Grad der gemessene Abstand. Diese Methode wurde von dem griechischen Gelehrter Eratosthenes (zwischen 276 und 273 v. Chr. bis 194 v. Chr.) angewandt. Der Winkel 7,2 Grad entspricht 1/50 eines Kreises, also muss der Erdumfang etwa das 50-Fache der gemessenen Distanz zwischen den beiden Städten betragen. Wichtig dabei ist auch, dass die beiden Städte ungefähr auf dem gleichen Längenkreis liegen. Die Entfernung gab man damals in Stadien an, eine Stadie entspricht etwa 157,5 Metern, der Abstand wurde mit 5 000 Stadien angegeben. Der Umfang der Erde muss also 50 mal 5 000 Stadien betragen, dem entsprechen etwa 39 Millionen Meter oder 39 000 Kilometer. Der richtige Wert liegt bei 40 000 Kilometer, weicht also nur wenige Prozent vom vor über 2 100 Jahren errechneten Wert ab!

WIESO SCHWEBEN ASTRONAUTEN IM ALL? ✶

Die Erde zieht uns an, egal wo wir uns auf der Oberfläche befinden. Dies hatte bereits der große Physiker Isaac Newton (1643–1727) in seinem berühmten Gravitationsgesetz formuliert. Alle Körper mit Massen ziehen einander an, diese Kraft nennen wir die *Schwerkraft* oder *Gravitation* (das Wort kommt aus dem Lateinischen: *gravis* bedeutet *schwer*). Da die Erde eine riesige Masse besitzt, ist auch ihre Anziehung enorm. Sie reicht auch aus, um den Erdmond in einer Bahn um die Erde zu halten. Wenn Astronaut*innen schwerelos in ihrem Raumschiff schweben, bedeutet das allerdings nicht, dass auf sie keine Erdanziehung mehr wirkt, sie sind nur deshalb schwerelos, weil sie quasi auf ihrer Umlaufbahn um die Erde herumfallen. Die Erdanziehung wirkt auch auf eine Raumsonde, die sich auf einer Erdumlaufbahn befindet. Ansonsten würde die Sonde von der Erde wegfliegen.

Ab einer bestimmten Geschwindigkeit kann man jedoch der Schwerkraft der Erde entkommen, diese Geschwindigkeit beträgt 11,2 km/s. Wir sind eher mit Geschwindigkeitsangaben von km/h vertraut. 11,2 km/s entspricht einer Geschwindigkeit von 40 000 km/h. Mit dieser Geschwindigkeit könnte man mit einem Auto in einer Stunde die Erde umrunden.

Sobald eine Raumsonde diese Geschwindigkeit erreicht hat, kann sie die Erdanziehung überwinden.

✶ GIBT ES AUCH AUF DER ERDE SCHWERELOSIGKEIT?

Kennen Sie das Gefühl? Sie fahren in einem Fahrstuhl, der sehr schnell unterwegs ist, nach unten. In den ersten Momenten, in denen er beschleunigt, hat man ein komisches Gefühl, man fühlt sich leichter und ist es auch tatsächlich. Fährt der Fahrstuhl in den ersten Momenten beschleunigt nach unten, beschleunigt er gegen die Erdanziehung, man ist also etwas leichter. Das Gegenteil ist der Fall, wenn der Fahrstuhl beschleunigt und nach oben fährt.
Die Schwerelosigkeit kann man auch auf der Erde empfinden, wenn man sich zum Beispiel im freien Fall zur Erdoberfläche befindet, allerdings bitte rechtzeitig den Fallschirm betätigt! Mit einem Flugzeug kann man eine Parabelbahn fliegen und befindet sich dann ebenfalls eine gewisse Zeit in Schwerelosigkeit. Bestimmt haben einige Leser*innen es schon erlebt, wie es sich in einem Flugzeug anfühlt, wenn man in ein „Luftloch" gerät.

✶ WIE SCHWER IST DIE ERDE?

Wie bestimmt man eigentlich die Masse der Erde? Dazu muss man die Fallbeschleunigung kennen. Beschleunigung bedeutet immer eine Geschwindigkeitsänderung. Wenn sie sich im freien Fall zur Erdoberfläche befinden, nimmt ihre Geschwindigkeit zu. Allerdings fällt man nach einigen Sekunden mit maximal etwa 200 km/h Richtung Erdoberfläche, da der Körper durch die Luft abgebremst wird. Aus der Geschwindigkeitsänderung folgt die Erdbeschleunigung $g=9{,}81\ m/s^2$
Die Erklärung für diese Formel ist einfach: In der ersten Sekunde fällt man mit einer Geschwindigkeit von 9,81 m/s, das bedeutet: Würde man von einem etwa 10 Meter (genauer 9,81 m) hohen Balkon springen, wäre man in etwas mehr als einer Sekunde unten angelangt. Nach einer weiteren Sekunde hat man dann schon 2 x 9,81 m/s an Geschwindigkeit und so fort.
Mithilfe des gefundenen Wertes für die Erdbeschleunigung und des Erdradius *R* kann man dann die Masse der Erde aus der folgenden Beziehung errechnen:

$$g = G\,\frac{M}{R^2}$$

Wobei *G* die Gravitationskonstante ist. Falls sie die Erdbeschleunigung nicht durch Springen von hohen Balkonen (Werfen von Steinen wäre sicherer) ermitteln möchten, gäbe es noch einen anderen relativ einfachen Weg. Die Schwingungsdauer eines Pendels der Länge *l* ist nämlich ebenfalls von der Erdbeschleunigung abhängig:

$$T = 2\pi\sqrt{\frac{l}{g}}$$

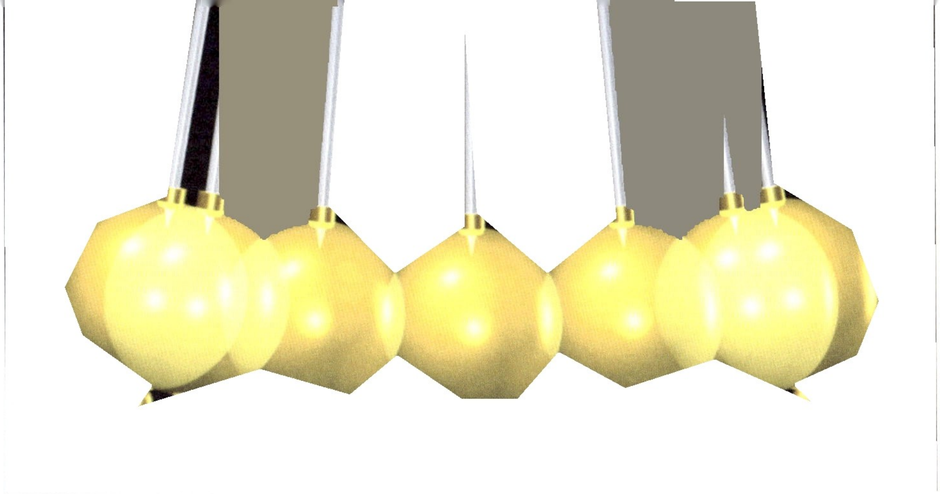

Aus der Schwingung eines Pendels der Länge l *lässt sich die Erdbeschleunigung und damit die Erdmasse ableiten.*

Dabei ist die Zahl π = 3,14. Ein Pendel mit einer Länge von 10 Metern würde also eine Schwingungsdauer von etwas mehr als 6 Sekunden haben. Diese Beispiele sollen illustrieren, wie einfach man die Masse der Erde ermitteln kann.

WAS SIND ASTRONOMISCHE ZAHLEN? ✶

Mit astronomischen Zahlen meinen wir sehr große Zahlenwerte. Wir alle kennen große Zahlen, 1 000, eine Million = 1 000 x 1 000 = 1 000 000,
eine Milliarde = 1 000 x 1 000 x 1 000 = 1 000 x 1 Million = 1 000 000 000.
Diese Schreibweise wird sehr schnell unübersichtlich. Deshalb gibt es die Exponentialschreibweise. Diese ist einfach zu verstehen.
Anstatt 100 schreibt man einfach 10^2. Das bedeutet, dass man die Zahl 10 mit sich selbst multiplizieren muss: 10^2=10 x 10 =100
Probieren wir das an der Zahl 1 000 aus. 10 = 10^3 = 10 x 10 x 10. Bei einer Million sieht die Sache dann so aus: 1 Million = 6 mal die Zahl 10 mit sich selbst multipliziert also 10^6 = 10 x 10 x 10 x 10 x 10 x 10.
Langsam erahnen wir, wie praktisch diese Schreibweise ist. Anstatt eine Milliarde als 1 000 000 000 zu schreiben, gibt man einfach 10^9 an.
Das Prinzip funktioniert übrigens mit jeder beliebigen Zahl:
2^2 = 2 x 2 =4, 5^3 = 5 x 5 x 5 = 125 …

Die Masse ist eine physikalische Grundgröße und wird in Kilogramm angegeben. Unsere Erde besitzt eine Masse von etwa 6 x 10^{24} Kilogramm.
Versuchen wir diese Zahl in herkömmlicher Art anzugeben; wir müssen also 24 mal die Multiplikation der Zahl 10 mit sich selbst machen.

10 x 10 x 10 x 10 x 10 x 10 x 10 x 10 x 10 x 10 x 10 x 10 x 10 x 10 x 10 x 10 x 10 x 10 x 10 x 10 x 10 x 10 x 10 x 10

Die Zahl 10^{24} kann man sich eigentlich kaum vorstellen. Aber machen wir dazu einen Vergleich: Auf der Erde leben etwas aufgerundet etwa 10 Milliarden Menschen, das ist in unserer Schreibweise 10^{10} Menschen (eine Milliarde = 10^{9}). Nehmen wir an, wir hätten 10^{24} einzelne 1-Euro-Geldstücke und verteilen diese gleichmäßig auf die 10 Milliarden Menschen, dann würde jeder einzelne 10^{14} Euro-Geldstücke bekommen. Auch diese Zahl kann man sich nicht vorstellen. Aber nehmen wir an, man stapelt diese 10^{14} Stücke übereinander, wie hoch wäre dann der Turm? Der Einfachheit halber nehmen wir an, eine 1 Euro-Geldmünze habe eine Höhe von 1 mm, also 1/1000 Meter. Stapeln wir also die 10^{14} Geldmünzen übereinander, dann hat der sich ergebende Turm eine Höhe von 10^{11} Metern, das sind 100 Milliarden Meter. Können Sie sich unter 100 Milliarden Meter etwas vorstellen? Der Erdumfang misst 40 Millionen Meter, man könnte also diesen Geldmünzenturm etwa 2 500 mal rund um die ganze Erde legen! Oder anders ausgedrückt, 100 Milliarden Meter entsprechen etwa 2/3 der Entfernung Erde–Sonne.

Jeder Mensch auf der Erde würde also so viele 1-Euro-Münzen bekommen, dass übereinander gestapelt diese 2 500 mal den Erdumfang ausmachen.

Willkommen im Reich der berühmten astronomischen Zahlen!

✶ WIE SCHWER IST DIE MENSCHHEIT?

Diejenigen unter Ihnen, die genau gelesen haben, werden einwenden, dass wir nicht vom Gewicht der Erde gesprochen haben, sondern von deren Masse. In der Alltagssprache wird dies meist vermischt. Wir sagen auch, ein Mensch ist beispielsweise 70 Kilogramm schwer, obwohl das seine Masse ist, Kilogramm ist eine Masseneinheit.

Wichtig ist festzuhalten, dass alle Massen die Eigenschaft haben einander anzuziehen. Die Schwerkraftwirkung ist umso größer, je größer die Masse ist.

Ohne auf die genaue Form des Gravitationsgesetzes einzugehen, wird uns auch klar, weshalb wir nicht von der Erdoberfläche fallen können. Wir besitzen eine Masse von etwa 70 Kilogramm (manche etwas mehr, manche etwas weniger). Diese 70 Kilogramm Masse eines Menschen sind natürlich vernachlässigbar gegenüber der Masse der Erde. Deshalb werden wir von der Erde angezogen. Streng genommen zieht auch ein Mensch mit einer Masse von 70 Kilogramm die Erde an, doch diese Anziehung ist praktisch gleich Null im Vergleich zur Anziehung der Erde. Selbst die Masse der gesamten Menschheit ist winzig im Vergleich zur Erdmasse: Gehen wir zur Vereinfachung wieder von 10 Milliarden Menschen aus, dann beträgt die Gesamtmasse der Menschheit bei einer durchschnittlichen Masse von 70 Kilogramm pro Mensch: 10 Milliarden Menschen x 70 kg = 7×10^{11} kg. Das ist gerade etwa ein 10^{-13}, also $1/10^{13}$=1/10 000 000 000 000 der Masse der Erde.

DIE KANONENKUGEL UND DIE ERDANZIEHUNG ✶

Aber wir sind nicht auf der Erdoberfläche gefangen. Der schon zitierte Physiker Isaac Newton fragte sich, was passiert, wenn man eine Kanonenkugel abschießt. Sie wird eine Zeitlang geradeaus fliegen, dann aber auf die Erde fallen. Schießt man die Kugel mit sehr hoher Geschwindigkeit ab, dann kann sie theoretisch um die Erde kreisen, die Anziehung der Erde und die Fliehkraft, die sich aufgrund der Bewegung der Kugel um die Erde ergibt, halten einander die Waage. Die Fliehkraft kennen wir alle, wenn wir schnell in eine Kurve fahren.

Man kann ausrechnen, dass man, sobald eine Geschwindigkeit von 7,9 km/s erreicht wird, nicht mehr auf die Erde fällt, sondern quasi schwerelos um die Erde kreist. Diese Geschwindigkeit nennt man auch *erste kosmische Geschwindigkeit*.

Um jedoch die Erdanziehung zu überwinden, braucht man eine Geschwindigkeit von 11,2 km/s. Diese Geschwindigkeit nennt man *zweite kosmische Geschwindigkeit* oder einfach *Fluchtgeschwindigkeit*. In einem Zug, der mit dieser Geschwindigkeit unterwegs wäre, würde man eine Distanz von Graz–Wien, die etwa 200 Kilometer beträgt, in nur 20 Sekunden zurücklegen.

Isaak Newton, einer der größten Physiker.
Sir Godfrey Kneller, Nat. Port. Gallery

Es folgt ein bisschen Mathematik:
Die erste kosmische Geschwindigkeit errechnet sich aus $v = \sqrt{\frac{GM}{R}}$

Die Fluchtgeschwindigkeit folgt aus $v = \sqrt{\frac{2GM}{R}}$

Wir können leicht nachrechnen. *M* ist die Masse der Erde, also 6 x 10^{24} kg, *R* ist der Radius der Erde also etwa 6,5 x 10^{6} Meter und *G* die Gravitationskonstante G=6,67 x 10^{-11}. Negative Hochzahlen bedeuten einfach: $2^{-1}=1/2$, $3^{-3}=1/(3 \times 3 \times 3)$ usw. Bei Multiplikation mit Hochzahlen werden sie addiert, bei Division subtrahiert. Rechnen wir beispielsweise $10^3 \times 10^3=10^{3+3}=10^6$. Oder $10^3/10^5=10^{3-5}=10^{-2}=1/(10 \times 10)=1/100$. Rechnen wir also die Fluchtgeschwindigkeit für die Erdmasse aus:

$$v = \sqrt{\frac{2GM}{R}} = \sqrt{\frac{2 \times 6{,}67\ 10^{-11} \times 6\ 10^{24}}{6{,}5\ 10^{6}}} \approx \sqrt{\frac{70\ 10^{13}}{6{,}5\ 10^{6}}} \approx \sqrt{10^8} \approx 10^4\ m/s$$

Dabei mussten wir noch berücksichtigen, dass die Quadratwurzel aus einer Hochzahl einfach eine Division dieser Hochzahl durch 2 ist. Also z.B.:

$$\sqrt{100} = \sqrt{10^2} = 10^{2/2} = 10$$

Oder eben:

$$\sqrt{10^4} = 10^{4/2} = 10^2 = 10 \times 10 = 100$$

Unsere Rechnung oben ergibt für die Fluchtgeschwindigkeit etwa 10 000 m/s, das sind dann etwa 10 km/s, da wir ja nur näherungsweise gerechnet haben; wir kommen aber dem richtigen Wert von 11,2 km/s sehr nahe.

Start einer Saturn-V-Rakete zum Mond.
Apollo 11, gestartet am 16. Juli 1969.

Um die Erdanziehung überwinden zu können, müssen wir also eine Geschwindigkeit von 11,2 km/s aufbringen. Man kann sich vorstellen, wie viel Energie dazu notwendig ist, um eine Saturn-V-Rakete, die in den 1970er-Jahren im Zuge des US-Apollo-Programms für bemannte Flüge zum Mond verwendet wurde, auf diese Geschwindigkeit zu bringen. Die Rakete ist mehr als 100 Meter lang und in drei Stufen, die nacheinander abgesprengt wurden, geteilt. In der ersten Stufe befinden sich etwa 800 000 Liter Treibstoff. Da es im Weltall keinen Sauerstoff zum Verbrennen gibt, mussten mehr als 1 Million Liter flüssiger Sauerstoff mitgeführt werden. Die erste Stufe hatte eine Länge von 42 Metern und einen Durchmesser von 10 Metern. Die zweite Stufe enthielt als Brennstoff Wasserstoff (etwa 1 Million Liter) und etwa 330 000 Liter flüssigen Sauerstoff. Die dritte Stufe enthielt 250 000 Liter flüssigen Wasserstoff und etwa 90 000 Liter flüssigen Sauerstoff.
Mit dieser Rakete konnte man etwa 50 Tonnen Nutzlast zum Mond bringen oder 130 Tonnen in den Erdorbit.

WIE SIEHT DIE ERDE VOM MOND AUS? ✶

Zu den beeindruckendsten Bildern der US-Mondmissionen zählen sicherlich die Aufnahmen der blauen Erde, die über dem Mond aufgeht. Dadurch wurde der Menschheit zum ersten Mal klar, dass wir auf einem im Grunde genommen winzigen Himmelskörper leben, der auch verletzlich ist, und wir auf unsere Erde achtgeben sollten. Es gibt erdähnliche Planeten, die um andere Sterne kreisen, aber die sind so weit von uns entfernt, dass eine Reise dorthin mit der derzeit modernsten Technik mehrere Zehntausend Jahre dauern würde.

Erde über dem Mondhorizont.
Aufnahme B. Anders 24. Dez. 1968, Apollo 8.

Unsere Erde, aufgenommen von der Apollo 17 Mission.

✶ WAS BEZEICHNET MAN ALS PLANET?

Das Wort „Planet" kommt aus dem Griechischen und bedeutet „Wandelstern". Planeten erscheinen nicht feststehend am Himmel, sondern sie wandern im Lauf der Zeit zwischen den Sternbildern. Im Altertum kannte man fünf Planeten: Merkur, Venus, Erde, Mars, Jupiter und Saturn. Diese sind mit freiem Auge zu sehen.

Venus ist nach Sonne und Mond das hellste Objekt am Himmel. Auch Merkur kann entweder als Morgen- oder Abendstern gesehen werden, allerdings ist er viel näher an der Sonne und maximal 1 ½ Stunden nach Sonnenuntergang oder vor Sonnenaufgang zu sehen und bei Weitem nicht so auffällig wie Venus.

Nach Venus ist Jupiter das hellste Objekt am Himmel. Er wird nur selten von Mars übertroffen, der auffällig rötlich leuchtet. Saturn ist etwa so hell wie die hellsten anderen Sterne und fällt nur Kennern des Sternhimmels auf.

WIE SIEHT DIE ERDE VOM WELTRAUM AUS? ✶

Die Erde wird immer als der „blaue Planet“ bezeichnet. Vom Weltall aus betrachtet ist sie blau-weiß gefärbt. Ganz richtig ist die Bezeichnung aber nicht, der Planet mit der intensivsten Blaufärbung in unserem Sonnensystem ist nämlich nicht die Erde, sondern Neptun.
Die blaue Farbe unseres Planeten rührt von der Atmosphäre und den Ozeanen her. Man erkennt auch die weißen Wolken. Auch die Kontinente, sofern sie nicht teilweise durch Wolken abgedeckt sind, kann man gut erkennen.
Die Erdoberfläche besteht aus den Ozeanen und Kontinenten. Sie umfasst etwa 510 Millionen Quadratkilometer, den größten Teil nimmt die Wasserfläche mit etwa 70,7 Prozent der Gesamtoberfläche ein. Die Landfläche beträgt nur 29,3 Prozent. In der folgenden Tabelle ist die Größe der einzelnen Kontinente in Millionen Quadratkilometern angegeben sowie deren Prozentanteil in Bezug auf die Gesamtlandfläche.

Kontinent	Mio. Quadratkilometer	ca. %
Asien (ohne Polarinseln)	44,4	31
Amerika (ohne Polargebiete)	38,3	27
Afrika	29,3	20
Antarktika	13,3	9
Europa (ohne Island)	9,9	7
Australien	7,7	5

Der größte Ozean ist der Pazifik mit 47 Prozent der Gesamtwasserfläche, dann folgen der Atlantik (24 %), der indische Ozean (20 %), der südliche Ozean (5 %) sowie der Arktische Ozean (4 %).

WIE GROSS IST DIE ERDOBERFLÄCHE VERGLICHEN MIT ANDEREN HIMMELSKÖRPERN? ✶

Im Vergleich zur Oberfläche des größten Planeten des Sonnensystems, Jupiter, ist die Erdoberfläche klein. Sie macht nur etwa 1/100 der Jupiteroberfläche aus. Jupiter ist jedoch ein Gasplanet, das heißt, er besitzt keine feste Oberfläche. Die gesamte Oberfläche unseres Nachbarplaneten Mars macht etwa die gesamte Landfläche der Erde aus. Die gesamte Oberfläche des Mondes macht etwa die Fläche des Doppelkontinents Amerika aus (also Nord- und Südamerika zusammen).

✶ WARUM GIBT ES JAHRESZEITEN?

Als mein achtjähriger Sohn die Volksschule besuchte, wurde dort erklärt, dass die Jahreszeiten dadurch entstehen, weil die Erde im Sommer näher an der Sonne steht als im Winter. Er protestierte sofort. Viele Menschen glauben jedoch daran, eine Umfrage unter Harvard-Absolvent*innen ergab, dass 80 Prozent die Entstehung der Jahreszeiten falsch erklärten.

Aber die Erde ist im Sommer (Beginn Juli) sogar weiter von der Sonne entfernt als im Winter (Beginn Januar). Das kann also nicht der Grund sein. Außerdem sind die Jahreszeiten auf der Nord- und Südhalbkugel der Erde ja gegengleich. Es kann also nach dieser Überlegung nicht sein, dass etwa auf der Nordhalbkugel Sommer und gleichzeitig auf der Südhalbkugel Winter ist, wenn dies von der Entfernung des Planeten zur Sonne abhinge.

Überlegen wir uns, wo die Sonne zu Mittag im Winter und im Sommer steht. Im Sommer steht sie relativ hoch am Himmel, die Tage sind lang. Es ist also viel Zeit für langen Sonnenschein und die wärmende Wirkung der Sonnenstrahlen ist größer, als wenn sie wie im Winter flach zu uns kommen, da die Sonne tief steht.

Die Bahn der Erde um die Sonne ist eine Ellipse, die Entfernung zur Sonne, die sich in einem der Brennpunkte der Ellipse befindet, ändert sich also.

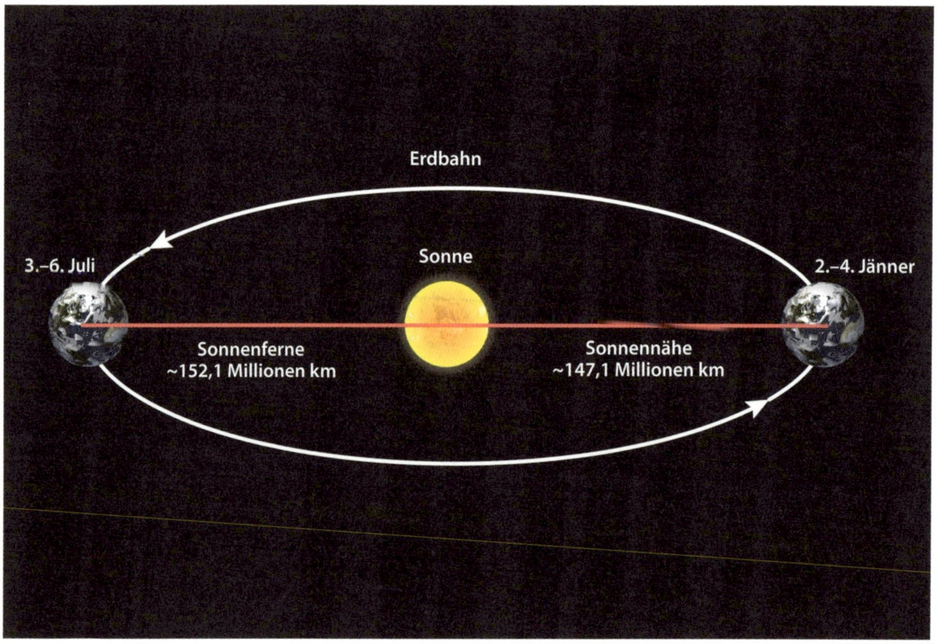

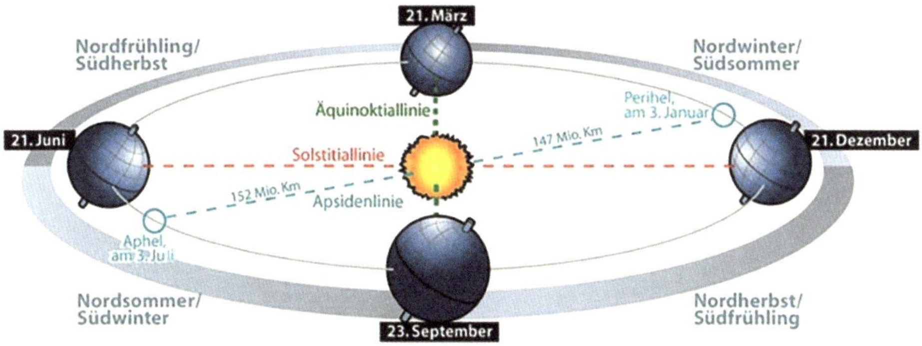

Die Entstehung der Jahreszeiten durch die Neigung der Erdachse. Nach H. Frank

Grund dafür ist, dass die Erdachse um etwa 23,5 Grad zur Senkrechten auf ihrer Bahnebene geneigt ist. Die Neigung der Erdachse bleibt während eines Erdumlaufs um die Sonne erhalten.

Im Somme zeigt der Nordpol zur Sonne, wir haben also dort niemals Nacht, die Sonne bleibt immer über dem Horizont, im Winter liegt der Nordpol stets im Schatten, die Sonne geht also niemals auf. Auf der Südhalbkugel ist es genau umgekehrt.

UNSER MOND

✶ AUF DEM MOND HÜPFENDE ASTRONAUTEN?

Die Erde ist von der Sonne aus gesehen der dritte Planet und der erste, der einen Mond besitzt; im Vergleich zur Erde ist unser Mond relativ groß, sein Durchmesser beträgt 3474 Kilometer, also etwa ¼ des Durchmessers der Erde. Die Masse ist etwa 1/81 der Masse der Erde und deshalb ist auch seine Anziehungskraft geringer. Die Beschleunigung an der Mondoberfläche beträgt nur 1,62 m/s^2. Würde man sich aus einem Haus aus einer Höhe von 10 Metern auf die Mondoberfläche stürzen, dann würde man erst nach etwa 3,5 Sekunden aufprallen, sich aber wahrscheinlich immer noch schwer verletzen, daher bitte nicht ausprobieren. Die geringe Anziehungskraft des Mondes bewirkt, dass eine Person auf dem Mond nur 1/6 des Gewichtes auf der Erde besitzt. Deshalb schienen die Astronauten auf der Mondoberfläche zu hüpfen.

✶ DER MOND ALS RAUMSTATION?

Die geringe Anziehungskraft macht unseren Mond zu einer idealen Basis für künftige Raumfahrtmissionen zu anderen Planeten. Man muss wesentlich weniger Energie aufwenden, um seine Anziehung zu überwinden. Darüber hinaus wäre unser Mond ein wundervoller Ort für ein Observatorium. Es gibt keine Atmosphäre, die die Sicht auf Sterne und Galaxien beeinträchtigt, und die Montage schwerer Geräte gestaltet sich wegen seiner geringen Schwerkraft weniger kompliziert und aufwendig.

Größenvergleich Mond-Erde

WIE WEIT IST DER MOND VON UNS ENTFERNT? ✶

Der Mond ist im Mittel etwa 384 400 Kilometer von der Erde entfernt und somit unser nächster Himmelskörper. Die Bahn des Mondes um die Erde ist nicht kreisförmig, sondern eine Ellipse. Die geringste Entfernung des Mondes, in den Kalendern als Erdnähe bezeichnet, beträgt 362 000 Kilometer. In der Astronomie spricht man auch von *Perigäum*. Die größte Entfernung des Mondes zur Erde beträgt 405 000 Kilometer. Das wird als Mondferne, in der Astronomie als *Apogäum*, bezeichnet. Eine genaue Beobachtung des Mondes zeigt, dass sich seine scheinbare Größe am Himmel entsprechend seiner Entfernung ändert. In Erdferne beträgt sein Durchmesser am Himmel etwa 29 Bogenminuten, in Erdnähe jedoch 33 Bogenminuten, was aufmerksame Beobachter auch sehen können. Der kleinste Winkel, der mit guten Augen gesehen werden kann, beträgt 1 Bogenminute (1/60 eines Grades).
Ein Vollmond erscheint etwas größer und heller, wenn sich der Mond bei dieser Phase in Erdnähe befindet. Dann spricht man auch von einem Supermond.

Steht der Mond in Erdnähe, bewegt er sich etwas schneller als in Erdferne. Die Geschwindigkeit des Mondes zur Zeit seines Perigäums liegt bei 1,076 km/s, im Apogäum bei 0,964 km/s.

Die Sonne ist etwa 400 mal weiter entfernt, erscheint aber gleich groß wie der Mond am Himmel. Ihre wahre Größe muss daher rund das 400-Fache des Mondes betragen.

WOHER KOMMT DAS WORT „MONAT“? ✶

Der Mond umläuft in etwa einem Monat die Erde, so wurde auch die Zeiteinheit Monat festgelegt; allerdings ist die Sache etwas komplizierter. Wenn zum Beispiel heute Vollmond wäre, dann ist der nächste Vollmond nach 29 ½ Tagen (genauer 29,53 Tage), dies bezeichnet man auch als *synodischen Monat*. Allerdings steht der Mond dann nicht im selben Sternbild, da sich die Erde in der Zwischenzeit um die Sonne weiterbewegt hat. Der *siderische Monat*, wenn der Mond wieder in demselben Sternbild nach einem Umlauf zu finden ist, beträgt nur 27,3 Tage.
Unsere Monate sind 30 beziehungsweise 31 Tage lang. Der Februar hat nur 28 oder alle vier Jahre 29 Tage. Dies hängt damit zusammen, dass man den Kalender möglichst eng an den Lauf des Mondes binden wollte, das Jahr zwölf Monate dauern sollte und andererseits natürlich auch die Länge des Jahres mit dem Umlauf der Erde um die Sonne, der genau 365,2422 Tage dauert, zusammenfallen sollte.
[✶ Woher kommen das Jahr, der Monat und der Tag? S. 44]

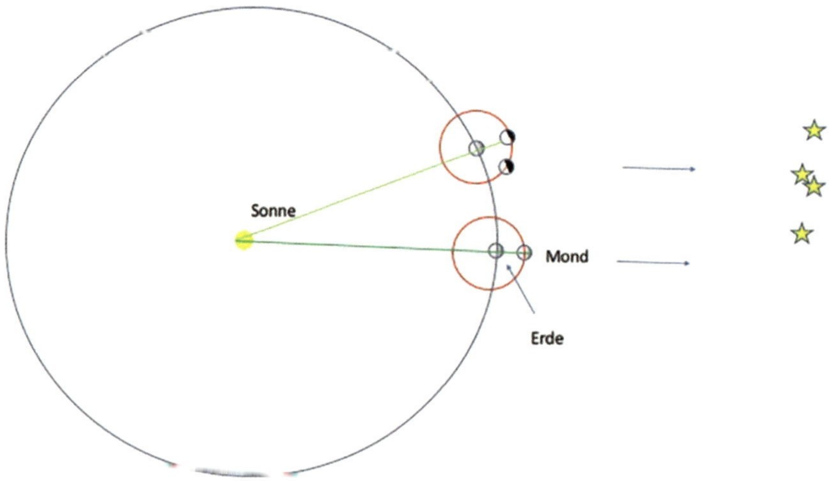

Der Unterschied zwischen siderischem und synodischem Monat. Nach einem synodischen Monat zeigt uns der Mond wieder dieselbe Phase (grüne Linien), dieselbe Position am Himmel wird aber wegen des Umlaufs der Erde um die Sonne schon früher erreicht (blaue Pfeile).
Ist also etwa heute Vollmond und der Mond befindet sich im Sternbild Wassermann, so wird der nächste Vollmond im Sternbild der Fische stehen.

✶ WAS IST EIN BLAUER MOND?

Die Zeitdauer zwischen zwei aufeinander folgenden Vollmonden beträgt 29 ½ Tage. Dieser Zeitraum ist kürzer als die Länge eines Monats mit 30 oder 31 Tagen. Aus diesem Grunde kann es hin und wieder vorkommen, dass innerhalb eines Monats zweimal ein Vollmond zu sehen ist. Man nennt dies auch den *Blauen Mond*. Ursprünglich bedeutete dies einfach das nicht so häufige Auftreten zweier Vollmonde in einem Monat, der englische Ausdruck *once in a blue moon* drückt aus, dass etwas selten vorkommt. Früher zählte man die Vollmonde in einer Jahreszeit durch. Normalerweise gibt es drei Vollmonde pro Jahreszeit. Wenn aber dieses Ereignis viermal eintritt, wurde der dritte Vollmond in früheren Zeiten als *blue moon* bezeichnet.

Noch etwas Statistik: Ein Blauer Mond tritt im Mittel alle 2,4 Jahre auf. In einem konkreten Monat mit 31 Tagen alle 20 Jahre, in einem konkreten Monat mit 30 Tagen alle 60 Jahre. Wenn wir also zum Beispiel heuer im März einen Blauen Mond hatten, so tritt dies das nächste Mal erst wieder in 20 Jahren ein. Alle 19 Jahre kommt es vor, dass der Monat Februar ohne Vollmond ist, wenn die Länge des Februar 28 Tage beträgt. Bei einem Schaltjahr, wenn die Monatslänge des Februar 29 Tage beträgt, kommt dies statistisch gesehen alle 55 Jahre vor.
Pro Jahrhundert gibt es insgesamt 41 Blaue Monde.

Die Mondphasen kennen wir alle: Neumond, erstes Viertel (dabei ist der Mond nicht zu einem Viertel, sondern zur Hälfte beleuchtet, die Bezeichnung erstes Viertel bezieht sich darauf, dass der Mond ¼ seiner Erdumlaufbahn zurückgelegt hat), Vollmond, letztes Viertel.
Bei Neumond steht der Mond ganz dicht neben der Sonne, meistens ober- oder unterhalb, nur wenn er genau vor der Sonne steht, kommt es zu einer Finsternis. Meist geht also der Mond bei Neumond nördlich oder südlich der Sonne vorbei, da die Bahn des Mondes zur Erdbahnebene (Ekliptik) geneigt ist. Deshalb ist nicht bei jedem Neumond eine Sonnenfinsternis zu sehen. Beim ersten oder letzten Viertel beträgt vom Mond aus gesehen der Winkel zwischen Erde und Sonne genau 90 Grad. Wir sehen den Mond zur Hälfte beleuchtet. Diese Phasen sind die besten Phasen für eine Mondbeobachtung mit einem Teleskop. Man erkennt dann bereits in kleinen Teleskopen viele Krater, die Schatten werfen. Bei der Phase Vollmond ist der Mond die ganze Nacht hindurch zu sehen, er geht am Tag, an dem Vollmond ist, im Osten auf, wenn die Sonne untergeht, und er geht im Westen am Morgen unter, wenn die Sonne aufgeht.

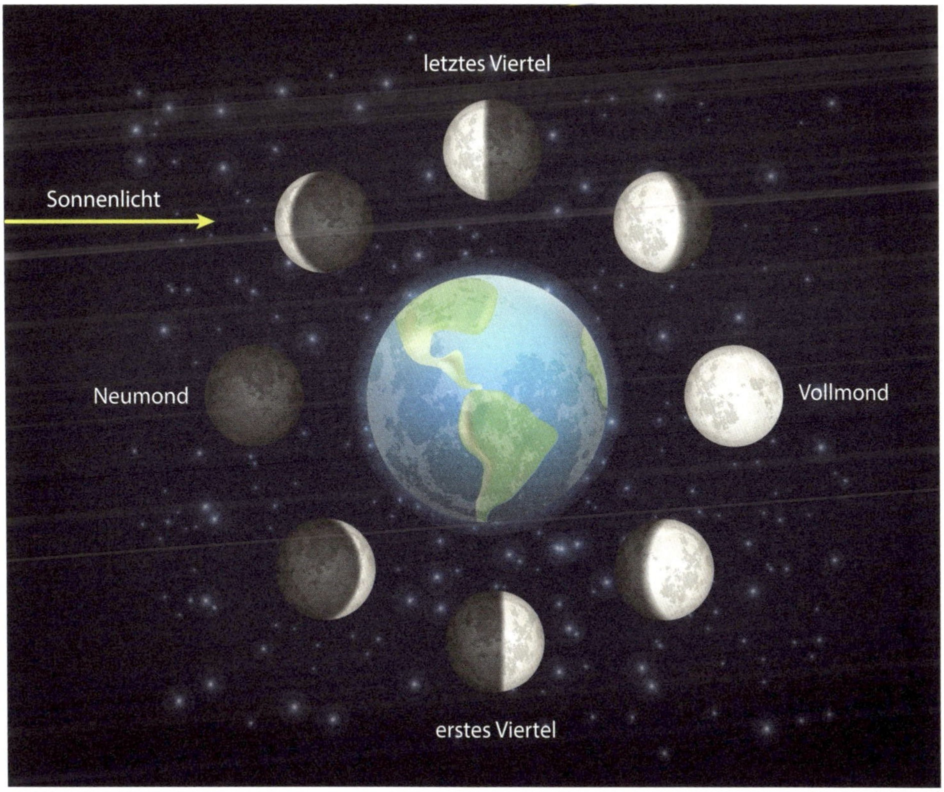

✶ WAS IST DAS MONDGESICHT?

Bei Vollmond erkennt man keine Krater und Berge auf der Mondoberfläche, da der Mond einerseits sehr hell erscheint und es andererseits keine Kontraste gibt. Mit freiem Auge sieht man dunkle Flecken auf dem Mond, das sind ausgedehnte Lavaebenen. Diese Ebenen lassen sich dann mit etwas Fantasie als ein Gesicht deuten. In manchen Kulturkreisen glaubt man auch eine alte Frau zu erkennen, die Holz sammelt oder einen Hasen.

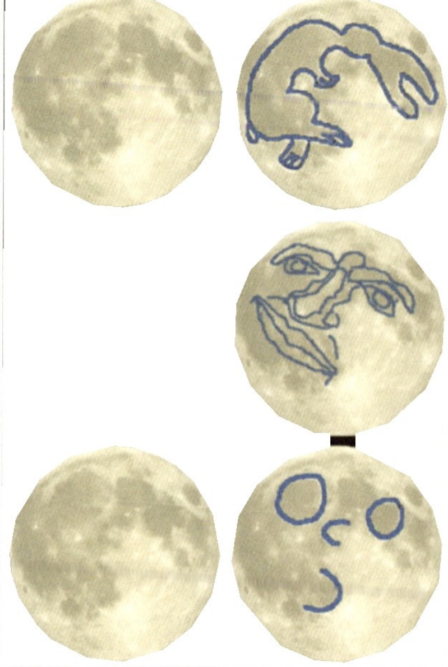

Verschiedene Deutungen der Mondformationen. Nach D. Helber.

✶ MEERE UND GEBIRGE AUF DEM MOND?

Was sind die dunklen Flecken auf dem Mond wirklich?
Früher dachte man, dass es sich dabei um Meere und Ozeane handelt, und deshalb wurden diese Erscheinungen als *Mare*, Mehrzahl *Maria* beziehungsweise Ozeane bezeichnet. So finden wir auf dem Mond das Regenmeer (*Mare Imbrium*), das Honigmeer (*Mare Nectaris*) oder den Ozean der Stürme (*Oceanus Procellarum*).
Es gibt auch Gebirgsketten auf dem Mond, die nach Gebirgsketten auf der Erde benannt sind, wie die Alpen, Karpaten …

✶ WESHALB BESITZT DER MOND KRATER?

Wie sind diese Oberflächenformationen entstanden? Im Unterschied zur Erde, wo es auch jetzt noch aktive Vulkane gibt, sich die Kontinente langsam gegeneinander verschieben (z.B. entfernt sich der amerikanische Kontinent vom europäischen mit etwa 1,4 cm pro Jahr), ist unser Mond ein inaktiver Himmelskörper. Die Energie für all diese Aktivitäten auf der Erde stammt vom heißen Erdinneren. Auch das Innere des Mondes war vor mehr als drei Milliarden Jahren heiß, aber da der Mond deutlich kleiner als die Erde ist, ist sein Inneres weitgehend erkaltet und nicht mehr heiß. Alle Krater und selbst die großen Mondmeere sind durch Einschläge von anderen kleineren Himmelskörpern entstanden. Auch heute noch kommt es zu Einschlägen, allerdings waren diese Einschläge vor etwa 3,8 Milliarden Jahren viel häufiger. Man spricht auch vom *kosmischen Bombardement*. Auch die Mondgebirge

rechts: Der Mond bei der Phase Vollmond. Man erkennt die dunklen Lavaebenen, also die Mondmeere, aber kaum Krater. links: Bei der Phase erstes Viertel sieht man sehr schön die Krater, die durch Meteoriteneinschläge entstanden sind, die meisten Krater sind sehr alt, mehr als 3,8 Milliarden Jahre.

sind keine Gebirge im irdischen Sinne (diese entstehen durch Auffaltungen, wenn zwei Kontinentalplatten aneinanderdrücken, etwa die afrikanische Platte gegen die europäische, wodurch sich die Alpen bildeten und auch jetzt noch einige Millimeter pro Jahr höher werden). Die Mondgebirge finden wir an den Rändern der großen Mondmeere, es handelt sich dabei um aufgeworfenes Material von dem jeweiligen Einschlag.

WIE KOMMT ES ZU MOND- UND SONNENFINSTERNISSEN?

Seit jeher haben Finsternisse die Menschheit beeindruckt. Besonders natürlich totale Sonnenfinsternisse, wenn es plötzlich für einige Minuten mitten am Tage dunkel wurde. Man kann sich vorstellen, welche ungeheure Macht Astronomen hatten, die in der Lage waren, solche Ereignisse vorherzusagen.

Mond und Sonne erscheinen am Himmel, wie gesagt, gleich groß. Der Mond umläuft die Erde in einer zur Erdbahn (Ekliptik) um etwa 6 Grad geneigten Bahn. Eine totale Sonnenfinsternis kann nur eintreten, wenn der Neumond genau zwischen

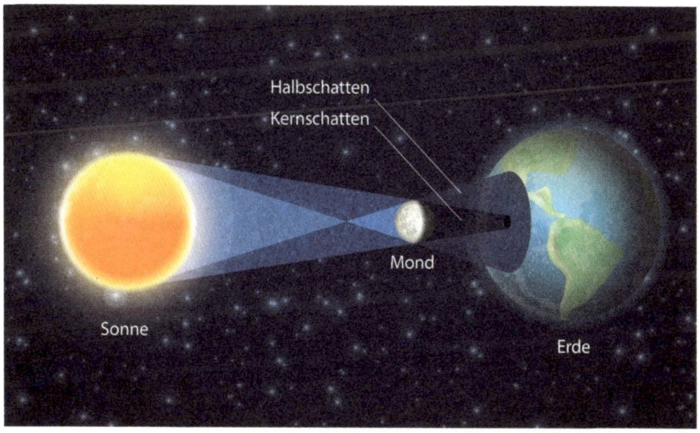

Zur Geometrie einer Sonnenfinsternis. Im Kleinen Kernschattenbereich erscheint die Sonne total verfinstert, im Halbschattenbereich sieht man nur eine partielle Finsternis.

Erde und Sonne steht, eine totale Mondfinsternis tritt ein, wenn der Mond bei Vollmond in den Schatten der Erde eintaucht, die Erde also genau zwischen Sonne und Mond steht. Wir haben somit nur dann mit einer Finsternis zu rechnen, wenn sich der Mond bei Voll- oder Neumond in der Erdbahnebene befindet. Die Schnittpunkte der Mondbahn mit der Erdbahnebene, die auch Ekliptik genannt wird, nennt man Drachenpunkte. Diese Bezeichnung geht auf eine Vorstellung der alten Chinesen zurück: Sie glaubten, die Sonne würde bei einer Finsternis von einem Drachen gefressen.

Die Zeitdauer eines Mondumlaufs von einem Drachenpunkt zum nächsten nennt man *drakonitischer Monat*. Sie beträgt 27,21 Tage. Ohne ins Detail zu gehen, kann man sich leicht vorstellen, dass man aus der Kenntnis des *synodischen Monats* und des *drakonitischen Monats* Finsternisse vorhersagen kann (man nennt dies auch den *Saroszyklus*). Tatsächlich war man schon im Altertum in der Lage, Finsternisse vorherzusagen. Auch heute noch erregen vor allem Sonnenfinsternisse großes Aufsehen. So soll es im antiken Griechenland während einer Schlacht zu einer totalen Sonnenfinsternis gekommen sein, von der aber nur die eine Kriegspartei wusste, die dann auch die Schlacht gewonnen hat. Viel gefährlicher war es, wenn eine Finsternis bei der Vorhersage übersehen wurde. Im alten China wurden zwei Astronomenpriester geköpft, weil sie eine Finsternis übersehen hatten.

[✶ Woher kommt das Wort „Monat"? S. 29]

Da der Schatten des kleinen Mondes nur eine Ausdehnung von etwa 200 Kilometern auf der Erdoberfläche besitzt, ist das Auftreten einer totalen Sonnenfinsternis für einen bestimmten Ort auf der Erde relativ selten. Total ist eine Finsternis nur für die Orte innerhalb dieser Zone, weiter außerhalb sieht man eine partielle Finsternis und noch weiter außerhalb ist die Sonne überhaupt nicht verfinstert.

✶ WESHALB DAUERN FINSTERNISSE UNTERSCHIEDLICH LANGE?

Die letzte von Mitteleuropa aus gut sichtbare totale Sonnenfinsternis ereignete sich am 11. August 1999, die nächste wird am 3. September 2081 zu sehen sein. Finsternisse dauern nicht gleich lange. Das liegt einerseits an der Geschwindigkeit des Mondes, die sich ja, wie schon erwähnt, je nach Entfernung zur Erde unterscheidet und von der scheinbar unterschiedlichen Größe der Himmelskörper. Die scheinbare Größe des Mondes ändert sich, je nachdem ob er in Erdnähe oder Erdferne steht. Je größer der Mond bei der Phase Neumond, desto länger dauert eine Sonnenfinsternis. Aber auch die scheinbare Größe der Sonne ändert sich im Lauf eines Jahres, da die Erdbahn eine Ellipse ist. Am kleinsten ist die Sonne Anfang Juli, da sind wir am weitesten von ihr entfernt, am größten ist sie Anfang Januar, da sind wir ihr am nächsten. In Sonnennähe, *Perihel,* sind es „nur" 147,1 Millionen

Totale Sonnenfinsternis, 2006, Türkei. Die Sonne wird vollständig vom Mond bedeckt, rechts unten leuchtet durch ein Mondtal noch ein wenig grelles Sonnenlicht, man nennt dies Diamantringeffekt.

Kilometer, in Sonnenferne, *Aphel*, sind es 152,1 Millionen Kilometer. Am längsten dauert daher eine Sonnenfinsternis, wenn die Sonne relativ klein ist, also in der Nähe des *Aphels* und der Mond sich im *Perigäum*, Erdnähe befindet.

Da der Erdschatten wesentlich größer ist, sieht man eine Mondfinsternis überall dort auf der Erde, wo der Mond während der Verfinsterung über dem Horizont steht.

WAS IST EIN BLUTMOND? ✶

Für jeden Ort auf der Erde sind Mondfinsternisse wesentlich häufiger zu sehen als Sonnenfinsternisse. Vor allem in der amerikanischen Literatur findet man auch die Bezeichnung *Blutmond*. Der Mond ist während seines Eintauchens in den Erdschatten nicht völlig dunkel, sondern erscheint orange bis tief dunkelrot. Der Mond wird allerdings nicht mehr von der Sonne beleuchtet, sondern diese Farben ergeben sich durch die Streuung des Sonnenlichts in der Erdatmosphäre. Man kann dadurch aus dem Licht des Mondes während seiner totalen Verfinsterung Rückschlüsse auf die Zusammensetzung der Erdatmosphäre ziehen.

WIE ENTSTEHEN DIE GEZEITEN? ✶

Der Mond übt eine Anziehungskraft auf die Erde aus. Die Stärke der Anziehung nimmt mit dem Quadrat der Entfernung ab. Aus diesem Grund wird derjenige Teil der Erdoberfläche, der direkt zum Mond zeigt, stärker vom Mond anzogen als die abgewandte Seite der Erde. Dies bewirkt vereinfacht gesagt einen Flutberg. Auf der gegenüberliegenden Seite der Erde ist die Anziehung des Mondes schwächer. Es bleibt daher, wie man an der Skizze auf der nächsten Seite sieht, eine nach außen

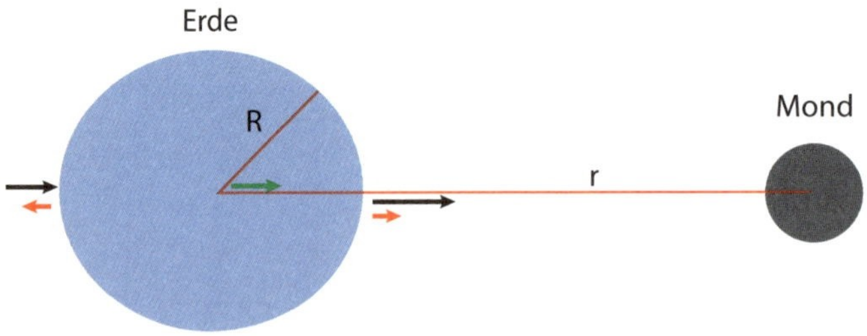

Zur Erklärung von Ebbe und Flut

gerichtete Kraft übrig. Täglich wandern also zwei Flutberge um die Erde, allerdings kommt es beim Eintreffen der Flut zu Verzögerungen aufgrund besonderer topografischer Umstände wie Meeresengen und Ähnlichem.

In der Abbildung ist R der Radius der Erde, r der Abstand Erdmittelpunkt–Mondmittelpunkt. Natürlich ist die Zeichnung nicht maßstäblich, da der Mond im Vergleich zum Radius der Erde etwa 50 mal weiter entfernt ist. Der grüne Pfeil zeigt die Kraft des Mondes auf den Erdmittelpunkt an, die schwarzen Pfeile die Kraft, welche der Mond auf der ihm zugewandten Seite der Erde und auf der ihm abgewandten Seite ausübt. Subtrahieren wir von den schwarzen Pfeilen den grünen Pfeil, erhalten wir die roten Pfeile, die in beiden Fällen von der Erde wegzeigen. Das erklärt grob die Entstehung der beiden Flutberge.

✶ WAS IST EINE SPRINGFLUT?

Besonders stark sind die Gezeiten ausgeprägt, wenn Sonne, Mond und Erde in einer Linie stehen. Dann addieren sich die Kräfte von Mond und Sonne. Die Sonne besitzt zwar die 24-millionenfache Masse des Mondes, sie ist jedoch 400 mal weiter entfernt. Deshalb ist ihre Gezeitenkraft nur halb so stark wie die des Mondes.

Sonne und Mond stehen in einer Linie bei den beiden Mondphasen:

- Vollmond
- Neumond

Dann spricht man von einer *Springflut*, bei der der Unterschied zwischen Ebbe und Flut besonders groß ist. Befindet sich der Mond im ersten oder letzten Viertel, heben sich die Kräfte von Sonne und Mond fast auf und man hat eine *Nippflut*, der Gezeitenhub ist deutlich geringer.

Ein bisschen Mathematik sei an dieser Stelle wieder erlaubt. Die Gezeitenbeschleunigung, die ein Himmelskörper der Masse *m* auf die Erde ausübt, ist gegeben durch:

$$a = \frac{2GmR}{r^3}$$

R ist der Radius der Erde, *r* ist der Abstand Erde-Mond.
Diese Beschleunigung nimmt also mit der Dritten Potenz der Entfernung ab. Obwohl die Sonne die 24-millionenfache Masse des Mondes besitzt, ist ihre Gezeitenkraft auf die Erde nur etwa die Hälfte des Mondes! Das können wir leicht nachrechnen. Die Sonne ist etwa 400 mal weiter von uns entfernt als der Mond, also entspricht ihre Beschleunigung 24 000 000/400^3=24 000 000/(400 x 400 x 400) = 24 000 000/(64 000 000), also in etwa 1/2 des Mondes (Zahlen aufgerundet).

DIE KRAFT DES MONDES ✶

Sehr oft wird behauptet: Der Mond verschiebt die riesigen Wassermassen auf der Erde, also ist völlig klar, dass er auch einen Einfluss auf uns und andere Lebewesen und Pflanzen haben muss. Wir zeigen aber, dass solche Einflüsse jedenfalls keine Gezeitenkräfte sein können, denn diese hängen ab von:

- der Ausdehnung des jeweiligen Körpers,
- dessen Masse und
- nehmen mit der dritten Potenz des Abstandes ab.

Die Gezeitenbeschleunigung des Mondes für die Erde beträgt etwa 10^{-15} m/s^2, also nur etwa 1/1 000 000 000 000 000 der Beschleunigung durch die Erdanziehung. Nehmen wir nur einen zehn Meter hohen Baum. Die Gezeitenbeschleunigung, die der Mond auf diesen Baum ausübt, beträgt dann nur etwa 9 10^{-14} m/s^2, also nur etwa 1/100 000 000 000 000 der Erdbeschleunigung. Gezeitenkräfte spielen also für diesen Baum überhaupt keine Rolle, für noch kleinere Objekte schon gar nicht, da ja die Größe des Objektes in die Formel eingeht.

Aber wie sieht es mit der vom Mond ausgeübten Anziehungskraft aus, die ja nicht mit der dritten Potenz des Abstandes, sondern nur mit dem Quadrat des Abstandes abnimmt und folglich größer ist als die Gezeitenkraft? Die Anziehungsbeschleunigung, die der Mond auf die Erde ausübt, beträgt bei mittlerer Entfernung 3,39 10^{-5} m/s^2. Das ist immerhin etwas mehr als ein Millionstel der Erdanziehung.

Trotzdem gibt es sehr viele, die an die Kraft des Mondes glauben. Statistisch lässt es sich jedoch nicht nach weisen, dass bei Vollmond mehr Verkehrsunfälle, Straftaten etcetera geschehen. Vielleicht ist es eine Art subjektiver Wahrnehmung. Wir haben schlecht geschlafen, aus irgendeinem Grund. Wir stehen nachts auf und blicken aus dem Fenster, und erkennen sofort den Grund: Es ist Vollmond. Möglicherweise gibt es auch andere Tage, an denen wir schlecht schlafen, aber man assoziiert die Phase Vollmond mit „Schlecht Schlafen“ und macht den Mond dafür verantwortlich. [✶ Bei Vollmond schlecht schlafen? S. 216]

Die Anziehungskraft des Mondes auf die Erde, wenn der Mond in Erdnähe oder in Erdferne steht, beträgt:

Mond in Erdnähe	0,000037
Mond in Erdferne	0,000030

Der Unterschied zwischen der Mondanziehung bei Erdnähe beziehungsweise Erdferne beträgt weniger als ein Millionstel der Anziehungskraft durch die Erde!

Mit diesen Überlegungen wird es schwer, sich vorzustellen, dass von den Gezeitenwirkungen des Mondes oder seiner Beschleunigung auf die Erde irgendwelche geheimnisvollen Kräfte ausgehen sollen, die das Leben, Wachstum und Ähnliches beeinflussen, was aber nicht heißt, dass es nicht doch Einflüsse, die wir derzeit nicht kennen, geben könnte; gute wissenschaftliche Praxis bedeutet, dass man niemals etwas ausschließen sollte.

✶ DER MOND UND DIE ENTSTEHUNG DES LEBENS?

Große Bedeutung dürfte der Mond für die Entwicklung des Lebens auf der Erde gehabt haben. Das Leben entstand, wie man heute vermutet, in den Ozeanen vor etwa 3,6 Milliarden Jahren. Nur dort waren die ersten einzelligen Lebewesen vor der gefährlichen Ultraviolettstrahlung der Sonne geschützt. Es gab noch keinen Sauerstoff in der Erdatmosphäre und deshalb auch keine Ozonschicht, die das Leben schützte. Erst mit der Photosynthese, bei der Sauerstoff frei wird, reicherte sich die Erdatmosphäre mit Sauerstoff an. Leben konnte sich dadurch auch auf das Land ausbreiten, eine wichtige Rolle spielten dabei sicherlich die Gezeiten, also Ebbe und Flut.

Darüber hinaus stabilisiert der Mond die Erdachse.

DIE ERDACHSE ALS KREISEL ✶

Unsere Erde kann man mit einem Kreisel vergleichen. Stellen wir uns einen Kreisel vor, den wir in rasche Rotation versetzen und dann leicht anstoßen. Was wird passieren? Die Drehachse des Kreisels beginnt zu rotieren. Sie zeigt in verschiedene Richtungen. So verhält es sich auch mit der Erdachse, die um 23,5 Grad geneigt ist. Das Anstoßen übernehmen hier die Kräfte des Mondes und der Sonne. Sie versuchen, die Erdachse aufzurichten, und diese reagiert ähnlich wie der vorher besprochene Kreisel mit einer Kreisbewegung. Das heißt die Rotationsachse der Erde zeigt im Lauf von 26 000 Jahren in verschiedene Richtungen. [✶ Den Polarstern finden S. 226]

WAS IST DER POLARSTERN? ✶

Verlängert man die Erdachse zum Himmel, dann zeigt sie zu einem relativ hellen Stern, dem Polarstern. Der Polarstern befindet sich in der Nähe des Himmelsnordpols. Aber wie wir gesehen haben, ändert sich das im Lauf der Zeit.
Die alten Griechen kannten keinen Polarstern, die Erdachse zeigte nicht zu unserem Polarstern und in 12 000 Jahren wird der helle Stern Wega der Polarstern sein. Die Erdachse behält aber ihre Schiefe von 23,5 Grad in etwa bei, sie ändert sich nur im Bereich 22,5 bis 24,5 Grad. Größere Änderungen würden deutlich ausgeprägtere Jahreszeiten hervorrufen, was zu Klimaschwankungen führt. Diese Änderungen hätten eine negative Auswirkung für die Entwicklung des Lebens. Die kleine Änderung von etwa 2 Grad hat zusammen mit periodischen Änderungen des Abstandes Erde-Sonne zur Bildung der Eiszeiten geführt (Theorie von Milankovitsch).

WOHER KOMMT UNSER MOND? ✶

Der Mond ist bisher der einzige Himmelskörper, der von Menschen betreten wurde. Ein wichtiges Ziel dieser Mondmissionen war es, Aufschlüsse über die Entstehung des Sonnensystems zu erhalten, sowie über die Entstehung unseres Mondes. Zunächst gab es mehrere Theorien:

Man könnte annehmen, Erde und Mond seien quasi als Doppelplanet gleichzeitig entstanden.
Der Mond könnte auch ein eingefangener Asteroid sein. Asteroiden sind kleine Planeten. Die größten haben einen Durchmesser von etwa 1 000 Kilometern. Das ist jedoch deutlich kleiner als der Mond. Es müsste also eher ein Zwergplanet gewesen sein. Ungewöhnlich sind Einfänge von Himmelskörpern durch andere größere

Der Riesenplanet Jupiter wird von mehr als 70 Monden umkreist. Die inneren Monde wie beispielsweise die 4 Galileischen Monde bewegen sich prograd, im selben Sinne wie die Rotation des Jupiter, die äußeren sind eingefangene Asteroiden und bewegen sich retrograd.

nicht. Wir kennen dies von den großen Planeten. Jupiter besitzt beispielsweise mehr als 70 Monde, von denen die meisten eingefangen wurden. Meist bewegen sich die eingefangenen Monde dann verkehrt (retrograd) um den Planeten.
Man bezeichnet solche Monde auch als irreguläre Monde. Sie bewegen sich verkehrt und oft sind ihre Bahnen auch nicht in der Äquatorebene des Planeten. Aus diesem Grund können sie auch nicht in der Gasscheibe entstanden sein, aus der sich der Planet bildete, wie das bei den anderen Jupitermonden der Falls ist.
[✶ Monde, neue Kandidaten für Leben? S. 91]
Könnte es sein, dass sich unser Mond bei der Bildung der Erde vor etwa 4,5 Milliarden Jahren abspaltete, weil diese sehr schnell rotierte?

Am unwahrscheinlichsten schien die Theorie, dass der Mond durch eine Kollision der jungen Erde mit einem nicht mehr vorhandenen etwa marsgroßen Planeten entstanden sei. Nun wird diese Theorie aber als die wahrscheinlichste Erklärung zur Entstehung des Mondes angenommen. In der Frühphase des Sonnensystems, vor etwa 4,5 Milliarden Jahren gab es schon die Sonne sowie die Planeten, daneben jedoch auch noch viel Material, das zwischen den Planeten als größere und kleinere asteroidenartige Objekte umherflog. Deshalb hagelte es laufend Meteoriten und Asteroiden auf die jungen Planetenoberflächen. Es kann also durchaus sein, dass die junge Erde mit einem etwa marsgroßen Planeten, auch als *Theia* bezeichnet, kollidierte und sich dabei unser Mond bildete. Hinweise auf solche Ereignisse im frühen Sonnensystem finden wir auch bei anderen Planeten. Alle Planeten rotieren im selben Sinne, wie sie sich um die Sonne bewegen. Venus und Uranus sind jedoch Ausnahmen. Sie rotieren verkehrt, man bezeichnet dies als *retrograde Rotation*. Außerdem rotiert Venus sehr langsam, ein Venustag dauert etwa 240 Erdtage.

Man kann dies leicht erklären, in dem man annimmt, Venus sei von einem Planeten gestreift worden und so wurde deren Rotation abgebremst und in die verkehrte Richtung gebracht.

Künstlerische Darstellung der Kollision von Erde und Theia.

UNSER KALENDER

✶ WOHER KOMMEN DAS JAHR, DER MONAT UND DER TAG?

Stellen Sie sich eine Welt ohne Kalender vor. Unsere Gesellschaft würde sofort kippen. Es war schon den ersten Menschen klar, dass es eine natürliche Uhr am Himmel gibt: Der Wechsel zwischen Tag und Nacht durch die Rotation der Erde. Ein weiterer wichtiger Taktgeber ist der Mond, der in etwa einem Monat die Erde umläuft. Die Zeiteinteilung Monat stammt daher. Und dann ist da noch das Jahr, das definiert ist durch einen Umlauf der Erde um die Sonne. Natürlich wusste man das zunächst im Altertum nicht. Man stellte sich vor, die Erde befinde sich im Zentrum des Universums und alles drehe sich im Lauf eines Tages um die Erde, die Sonne laufe in einem Jahr um die Erde. Dieses *geozentrische Weltbild* ist auch heute noch in unserem Denken verankert. Wir sagen: Die Sonne geht im Osten auf und im Westen unter, was natürlich Unsinn ist. Nicht die Sonne bewegt sich, sondern die Erde rotiert von West nach Ost. [✶ Woher kommt das Wort „Monat"? S. 29]

✶ WIE LANGE DAUERT EIN JAHR?

Aber nun wird es wesentlich komplizierter. Ein Umlauf der Erde um die Sonne dauert nämlich 365,2422 Tage, diesen Zeitraum nennt man auch tropisches Jahr. Er ist wichtig für die Jahreszeiten. Beginnt zum Beispiel genau heute um 12 Uhr mittags der Sommer, dann fängt der nächste Sommer in 365,2422 Tagen an, also etwa in 365 Tagen um 18 Uhr. Damit der Beginn der Jahreszeiten auch nach längerer Zeit einigermaßen auf denselben Tag fällt, hat man daher das Jahr so eingeteilt, dass es eine ganze Zahl an Tagen enthält. Rechnet man ein Jahr mit 360 Tagen und 5 Zusatztagen, dann beträgt der Fehler alle 4 Jahre etwa 1 Tag. Das fällt zunächst nicht weiter auf, aber es summiert sich. Nach 40 Jahren verschieben sich die Jahreszeiten um 10 Tage, nach 400 Jahren um 100 Tage (also gut drei Monate). Deshalb gab es schon im alten Ägypten eine Kalenderreform. Im Dekret von Kanopus, im Jahr 238 v. Chr. wurde festgelegt:

- ein Jahr solle 365 Tage enthalten,
- sowie alle 4 Jahre ein Zusatztag eingeschoben werden.

Dies wurde dann unter der Herrschaft von Julius Cäsar übernommen und ist bis heute als *Julianischer Kalender* erhalten geblieben. Allerdings ist auch dieser Kalender nicht genau, denn hier hat das Jahr 365 ¼=365,25 Tage. Man macht also gegenüber dem tropischen Jahr welches 365,2422 Tage hat pro Jahr einen Fehler von 0,0078 Tagen. Auch das fällt niemanden auf, aber in 1000 Jahren beträgt der Fehler immerhin 7,8 Tage.

Daher versuchte man, den Kalender nochmals zu verbessern. Papst Gregor XIII legte Folgendes fest: Auf den Donnerstag, den 4. Oktober 1582 folgte unmittelbar der Freitag, 15. Oktober. Man kann sich vorstellen, was dies bei den Menschen damals auslöste, die nichts von den Gründen für diese gregorianische Reform verstanden. Viele glaubten, es würden ihnen 11 Tage ihres Lebens gestohlen.
Wie sieht nun der gregorianische Kalender aus?

- Das Jahr hat 365 Tage,
- alle 4 Jahre, wenn die Jahreszahl durch 4 ohne Rest teilbar ist, hat es 366 Tage (Schaltjahr).
- Die vollen Jahrhunderte sind aber nur dann ein Schaltjahr, wenn diese durch 400 ohne Rest teilbar sind.

Papst Gregor XIII (1502–1585)

Daher ist das Jahr 2000 ein Schaltjahr gewesen, da durch 400 ohne Rest teilbar, das Jahr 1900 hingegen nicht (nach dem Julianischen Kalender wäre es ein Schaltjahr).

✶ GIBT ES KALENDER, DIE NACH DEM MOND GEHEN?

Der Gregorianische Kalender wird heute weltweit im Geschäftsleben verwendet, aber in den unterschiedlichen Kulturkreisen wird vor allem für religiöse Zwecke ein eigener Kalender verwendet, wie beispielsweise der an den Mond angelehnte islamische Kalender oder der jüdische Kalender. In beiden Fällen beginnt ein neuer Monat mit dem ersten Sichtbarwerden der Mondsichel nach Neumond am Abendhimmel. Im islamischen Kalender gibt es zwölf Mondmonate zu 29 und 30 Tagen, das Jahr hat 354 oder manchmal 355 Tage. Die mittlere Jahreslänge in diesem Kalender beträgt 354 1/3 Tage. Wir sehen also, dass diese deutlich von der Länge des tropischen Jahres abweicht. Was bedeutet dies? Wie bereits erläutert, bestimmt das tropische Jahr die Jahreszeiten. Da im islamischen Kalender der Unterschied zum tropischen Jahr etwa 10 Tage beträgt, verschiebt sich der Beginn der Jahreszeiten von Jahr zu Jahr.

✶ DER NULLPUNKT DES KALENDERS?

Jeder Kalender braucht einen Nullpunkt für die Zählung der Jahre. Beim Gregorianischen Kalender ist dies die Geburt Christi, allerdings muss man beachten, dass es kein Jahr Null gibt. Diese Zählung geht zurück auf den Mönch Dionysius Exiguus. Um 525 legte er den Zeitpunkt der Geburt Christi auf das Jahr 753 *ab urbe condita* fest (seit der Gründung Roms). Langsam wurde diese Zählung dann im Abendland übernommen. Hermann von Reichenau beschrieb etwa alle historischen Ereignisse in seinem Werk *Chronicon* in dieser Zeitrechnung. Was sich heute mit Sicherheit sagen lässt, ist, dass die Angabe der Geburt Christi falsch ist. Mit größter Wahrscheinlichkeit wurde Jesus vor dem Jahr 1 geboren. Dies folgt aus dem Vergleich der Angaben in der Bibel mit historischen Quellen, aber selbst den Urchristen war der genaue Zeitpunkt der Geburt Christi nicht klar.
Im Römischen Reich zählte man die Jahre nach der Gründung Roms.
Im koptischen Kalender beginnt die Jahreszählung ab der Thronbesteigung Diokletians, 29. 8. 284.
Papst Gregor (der Große) führte eine Jahreszählung ab Erschaffung der Welt ein. Die Welt sollte im Jahre 5184 v. Chr. erschaffen worden sein (*annus creationis mundi*). Im oströmischen Reich zählte man bis zum Jahr 1699 ab der Erschaffung der Welt, wobei man hier annahm, dass die Welt 5501 v. Chr., nach anderen

Angaben 5508 v. Chr., erschaffen worden wäre. Zar Peter I führte dann die Zählung nach dem julianischen Kalender ein.
Nach dem jüdischen Kalender soll die Welt am 7. Oktober 3761 v. Chr. erschaffen worden sein und ab diesem Datum beginnt hier die Jahreszählung. Im islamischen Kalender beginnt die Jahreszählung mit der Auswanderung des Propheten Mohammed von Mekka nach Medina im Jahr 622 n. Chr. Dies wird als Hidschra bezeichnet. Man schreibt dann AH (*anno hegirae*) oder dH (*der Hidschra*).

Der Monat Ramadan ist im islamischen Kalender der Fastenmonat und der 9. Monat im Mondjahr. Auch dieser verschiebt sich um etwa 10 Tage pro Jahr nach vorne.

Im christlichen Kalender gibt es bewegliche Feste (Osterfest) sowie fixe Feste wie Weihnachten. Grob gesagt ist der Ostersonntag am Sonntag nach dem ersten Vollmond nach Frühlingsbeginn. Deshalb kann Ostern sehr früh oder deutlich später sein, frühestens am 22. März, spätesten am 25. April. Nach Ostern richten sich dann die anderen Feste im christlichen Kalender.

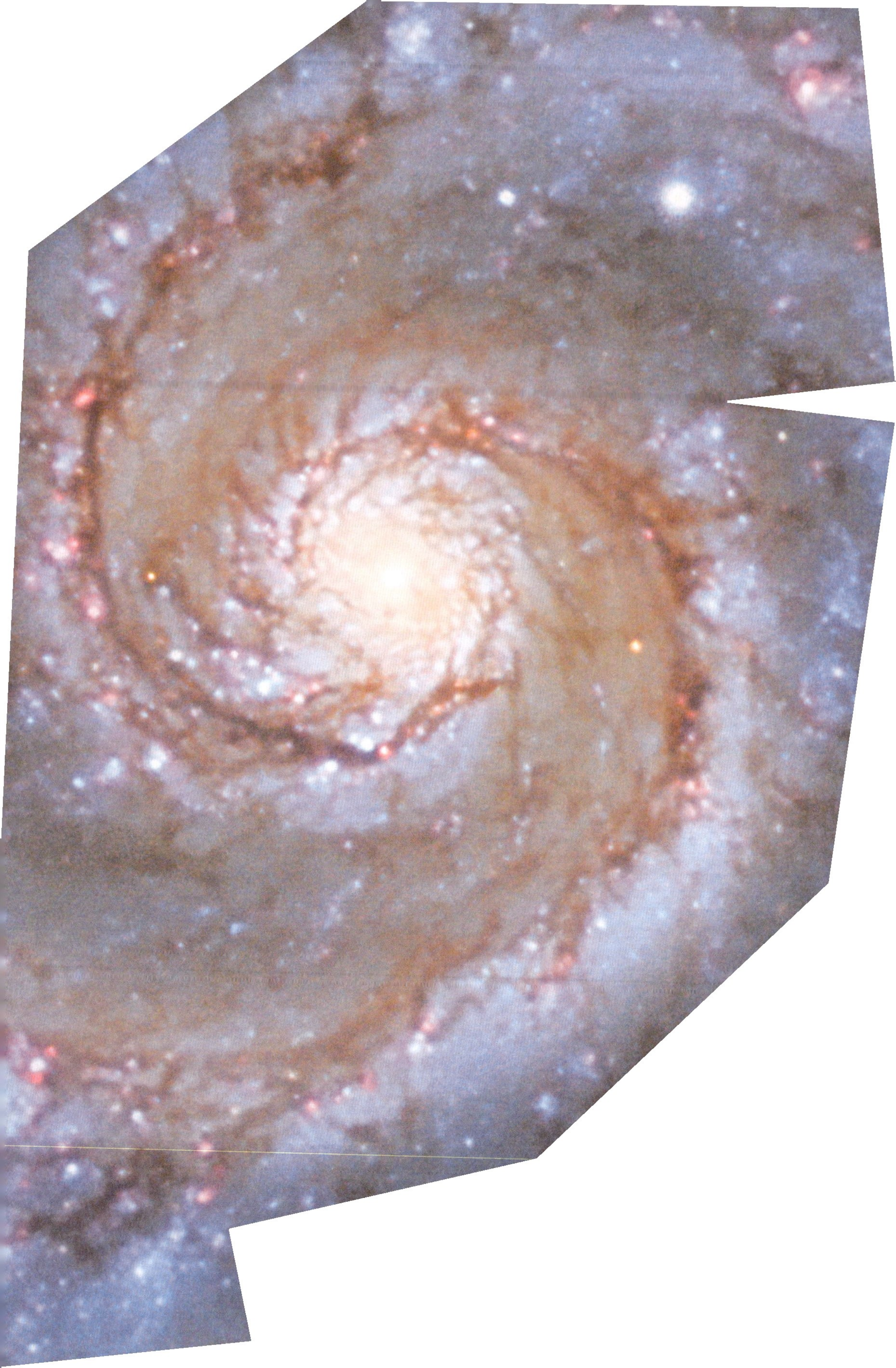

DIE SONNE, UNSER STERN

✶ WIE HEISST UNSER NÄCHSTER STERN?

Wenn man eine allgemeine Umfrage durchführt, wie unser nächster Stern heißt, dann bekommt man interessante Antworten. Natürlich haben viele keine Ahnung, einige meinen, es sei Alpha Centauri, andere wieder Proxima Centauri. Dabei ist die Antwort sehr simpel: Es ist natürlich unsere Sonne. Die Sonne ist der uns am nächsten gelegene Stern. Nur bei der Sonne lassen sich mit speziellen Teleskopen (versuchen Sie bitte NIEMALS durch ein Fernglas oder Teleskop auf die Sonne zu blicken, ihr Auge wäre sofort zerstört und blind) Details erkennen, die anderen Sterne sind so weit entfernt, sodass sie auch in den größten Teleskopen nur als Punkte erscheinen.

✶ WAS MACHT DIE SONNE SO BESONDERS?

Doch was ist eigentlich ein Stern, was macht die Sonne so besonders? Sterne leuchten. Unsere Erde wäre ein kalter Planet ohne Leben, gäbe es nicht das wärmende Sonnenlicht. Die Sonne ist auch der größte Himmelskörper im Sonnensystem. Wir haben schon die großen Planeten erwähnt, von denen fünf mit freiem Auge gesehen werden können: Merkur, Venus, Mars, Jupiter und Saturn. Mit einem Fernglas sind auch die beiden anderen Planeten Uranus und Neptun zu sehen. Und natürlich zählt unsere Erde zu den großen Planeten. Stellen wir uns nun vor, wir würden die Massen dieser Planeten zusammenaddieren. Und nicht nur das, auch die Massen der Monde der Planeten, der Kleinplaneten, der Zwergplaneten in unserem Sonnensystem.
Nun vergleichen wir diese Massen mit der Masse der Sonne und stellen fest: Die Sonne enthält 99,8 Prozent der Masse des Sonnensystems. Alle anderen Planeten sind also winzig im Vergleich zur Sonne, die Sonne ist der dominierende Himmelskörper im Sonnensystem.

Was meinen Sie? Wie viele Glühbirnen ergeben dieselbe Strahlung, die von einem Quadratmeter Sonnenoberfläche kommt?

Die Sonne spendet uns Licht und Wärme. Ein Quadratmeter Sonnenoberfläche liefert so viel Licht wie eine Million 60-Watt-Glühbirnen, die den meisten von Ihnen sicher noch ein Begriff sind.

WESHALB STÜRZEN WIR NICHT IN DIE SONNE? ✶

Wir haben schon von der Schwerkraft oder Gravitation gesprochen. Massen ziehen einander an, je größer die Masse, desto größer auch die Anziehungskraft. Da die Sonne die bei Weitem größte Masse besitzt, zieht sie alle Planeten an. Wir würden in kurzer Zeit auf die Sonne stürzen, gäbe es da nicht eine Gegenkraft, die Zentrifugalkraft. Wenn Sie nicht wissen, was die Zentrifugalkraft ist, denken Sie einmal daran, was passiert, wenn man mit einem Fahrzeug zu schnell in eine enge Kurve fährt. Oder denken Sie an ein Karussell, das sich immer schneller dreht.

Die Zentrifugalkraft entsteht durch die Bewegung der Planeten um die Sonne. Je näher sich ein Planet bei der Sonne befindet, desto stärker wird er von ihr angezogen, wir wissen ja, dass die Stärke der Gravitation mit dem Quadrat der Entfernung abnimmt. Merkur ist der sonnennächste Planet, er ist nur 58 Millionen Kilometer von ihr entfernt. Deshalb muss er sich schneller um die Sonne bewegen als beispielsweise die Erde, die immerhin 150 Millionen Kilometer von der Sonne entfernt ist.

- Umlaufszeit des Merkur um die Sonne: 88 Tage
- Umlaufszeit der Erde um die Sonne: 1 Jahr

Je schneller sich ein Karussell dreht, desto stärker werden wir nach außen gedrückt.

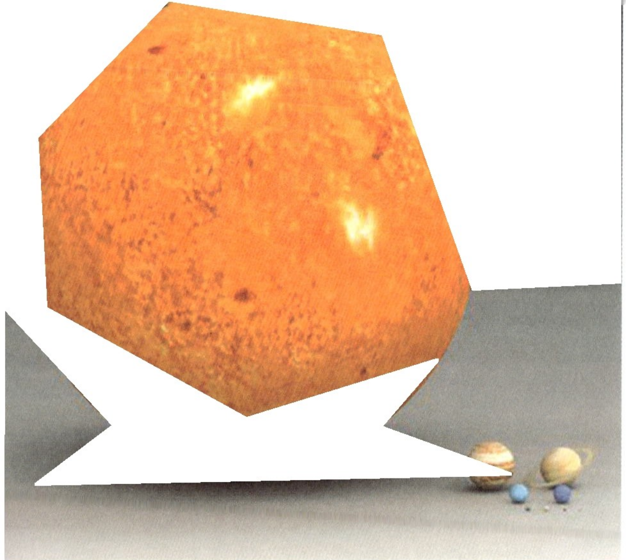

Größenvergleich. Welche der kleinen Kugeln ist die Erde?

Seit etwa 4,5 Milliarden Jahren herrscht ein Gleichgewicht zwischen der Zentrifugalkraft, hervorgerufen durch den Umlauf eines Planeten und dessen Anziehung durch die Sonne. Übrigens müssen aus demselben Grund Satelliten und die Weltraumstation um die Erde kreisen, sonst würden sie sofort in der Erdatmosphäre verglühen.

oben: Die Planeten laufen um die Sonne, so entsteht ein Gleichgewicht zwischen ihrer Anziehung durch die Sonne und der Zentrifugalkraft.
unten: Größenvergleich Sonne (links) und die Planeten. Die Größen der Objekte sind im richtigen Abstand, die Distanzen von der Sonne nicht.

WIE KANN MAN DIE SONNE BEOBACHTEN? ✶

Zunächst kann nicht oft genug bekräftigt werden, niemals direkt in die Sonne zu blicken, egal ob mit freiem Auge, Fernglas oder gar Teleskop. Blickt man durch ein Teleskop auf die Sonne, erblindet man innerhalb von Millisekunden, da das Teleskop das starke Sonnenlicht bündelt und so die Netzhaut des Auges verbrennt. Eine einfache und sichere Methode, mit einem Fernglas oder Linsenteleskop die Sonne zu beobachten, ist die Projektion des Bildes der Sonne auf einen hinter dem Teleskop befestigten Schirm. Dann können auch mehrere Personen gleichzeitig die Sonne beobachten. Die Methode der Projektion ist in der Skizze dargestellt.

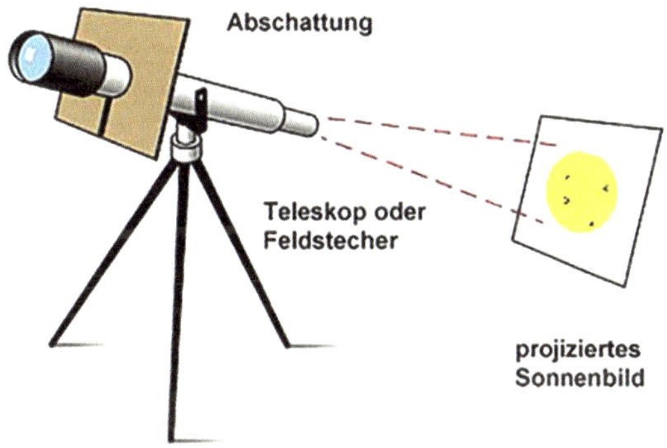

WAS SIEHT MAN AUF DER SONNE? ✶

Nun wenden wir uns der Frage zu, was man mit einfachen Mitteln auf der Sonne erkennen kann. Wie gesagt, die Methode der Projektion zur Beobachtung der Sonne ist die einfachste und auch sicherste.

Zunächst erscheint das Sonnenbild ziemlich gleichmäßig hell, aber wenn man es genauer betrachtet, sieht man die *Mitte-Rand-Variation* oder auch *Randverdunkelung*. Die abgebildete Sonnenscheibe erscheint in der Mitte heller als am Rand. Und meistens erkennt man auch dunkle Flecken, die sogenannten Sonnenflecken.

Betrachten wir als erstes die Randverdunkelung. Stellen wir uns das heiße Sonnengas wie einen Nebel vor. Man kann in eine Nebelwand bis in eine bestimmte Tiefe hineinblicken, alles was dahinter liegt, bleibt verborgen. Die Sonnenkugel bedingt, dass man in der Mitte etwas tiefer in den „Nebel“ blicken kann als am Rand, was anhand der Skizze (Seite 54) deutlich wird. Die Sonne ist ja eine Art leuchtende Gaskugel, an der Oberfläche herrscht eine Temperatur von fast 6 000 Grad. Blicken

 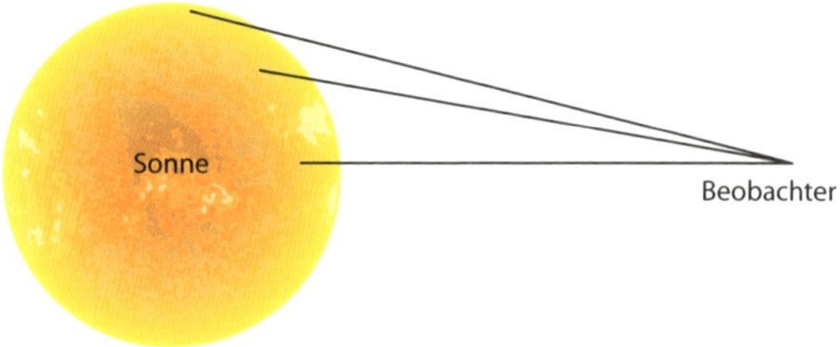

wir nun zum Rand der Sonnenscheibe, dann sehen wir dort so tief hinein, wie es das heiße Sonnengas (bzw. der Nebel) zulässt, das ist aber nicht dieselbe geometrische Tiefe, wie in der Mitte der Sonnenscheibe, sondern weniger, da wegen der Abschwächung der Lichtweg nahe dem Sonnenrand in weniger tiefe Schichten geht als in der Mitte.

Wir sehen also in der Mitte der Sonnenscheibe tiefer in das Sonneninnere als am Rand. Die Temperatur nimmt im Inneren der Sonne zu, und deshalb erscheint uns die Mitte der Sonnenscheibe heller als der Rand. Eine einfache Beobachtung der Sonnenscheibe und ihrer Randverdunkelung beweist also: Die Sonne ist im Inneren heißer als außen.

✶ HAT DIE SONNE FLECKEN?

Die Beobachtung, dass die Sonne Flecken hat, erregte großes Aufsehen. Die ersten, die diese Sonnenflecken mit einem Teleskop beobachteten, waren Galileo Galilei, Christoph Scheiner und Johann Fabricius um 1610. Es wurden Zeichnungen dieser Flecken gemacht, die zeigten, dass sie sich von Tag zu Tag änderten, sowohl ihre Lage auf der Sonnenscheibe als auch ihr Aussehen. Nach der damaligen kirchlichen Lehrmeinung sollte die Sonne ein makelloser Körper sein, da passten die Sonnenflecken überhaupt nicht in die Vorstellung. Galilei schrieb sehr zum Missfallen der damaligen kirchlichen Lehrmeinung, dass die Sonnenflecken tatsächlich Oberflächenerscheinungen der Sonne seien. [✶ Warum sind Sonnenflecken kühl? S. 66]

Einige hielten die Sonnenflecken für vorbeiziehende Planeten (*Transit*), andere sprachen von Wolken in der Atmosphäre der Sonne. Doch bald wurde klar, dass es sich um Erscheinungen auf der Sonne selbst handeln musste.

Sonnenflecken erscheinen dunkel. Sie strahlen also weniger ab als die etwa 6000 Grad heiße Oberfläche der Sonne. Deshalb müssen sie auch kühler sein als die als *Photosphäre* bezeichnete Oberfläche der Sonne.

Photosphäre bedeutet wörtlich übersetzt *Lichtkugel.* Aus dieser nur etwa 400 Kilometer dicken Schicht der Sonne stammt fast die gesamte Strahlung.

WIE WEIT IST DIE SONNE ENTFERNT?

Betrachten wir einmal die Abstandsverhältnisse und Dimensionen, mit denen wir es hier zu tun haben. Bereits im alten Griechenland konnte Aristarch von Samos (310–230 v. Chr.) zeigen, dass die Sonne weiter entfernt sein muss als der Mond. Er untersuchte den Winkelabstand des Mondes bei der Phase erstes oder letztes Viertel . Vom Mond aus gesehen stehen dann Sonne und Erde exakt im rechten Winkel, jedoch ist der Abstand des Mondes von der Sonne am Himmel etwas kleiner als 90 Grad. Sei d der Abstand Erde–Mond, dann folgt für den Abstand Erde–Sonne s:

$$\cos \beta = d/s$$

Wir müssen also nur den Winkel genau kennen, um auszurechnen, um welchen Betrag die Sonne weiter von uns entfernt ist als der Mond. Doch das ist die Schwierigkeit: Erstens muss genau bekannt sein, wann das erste oder letzte Viertel erreicht ist und zweitens muss man den Winkel exakt kennen. Diesen Winkel hat Aristarch mit 87 Grad bestimmt. Die Tabelle zeigt, wie sich das Entfernungsverhältnis Erde–Mond zu Erde–Sonne ändert, je näher der gemessene Winkel zu 90 Grad geht:

Winkel	Sonne ist um das … -fache entfernt, *s*
87,0	19
87,5	23
88	29
88,5	38
89	57
89,5	113

Aristarch stellte also fest: Die Sonne ist etwa 19 mal weiter von uns entfernt als der Mond. Da sie am Himmel etwa gleich groß wie der Mond erscheint, ca. 0,5 Grad, muss sie daher die 19-fache Größe des Mondes besitzen. Aristarch analysierte auch Mondfinsternisse. Aus der Größe des Erdschattens leitete er ab, dass die Erde 2,85 mal so groß wie der Mond sein muss.

Beide Werte sind natürlich nicht richtig: Wir wissen heute, dass die Erde etwa 3,67 mal so groß wie der Mond ist und die Sonne fast 400 mal so weit von uns entfernt wie der Mond. Aber Aristarch konnte immerhin zeigen:

- Die Erde ist größer als der Mond.
- Die Sonne ist größer als der Mond und auch größer als die Erde.
- Die Sonne ist deutlich weiter von uns entfernt als der Mond.

Für Aristarch war klar, dass sich die Erde nicht im Zentrum befinden kann, und er war der erste, der das *heliozentrische Weltsystem* vertrat: Die Sonne ist im Zentrum, um sie bewegen sich die Erde und die anderen Planeten.
Beachten wir, mit welch einfachen Mitteln diese Erkenntnisse möglich waren, ohne genaue Messinstrumente, ohne Teleskope, allein durch Beobachtungen mit freiem Auge.

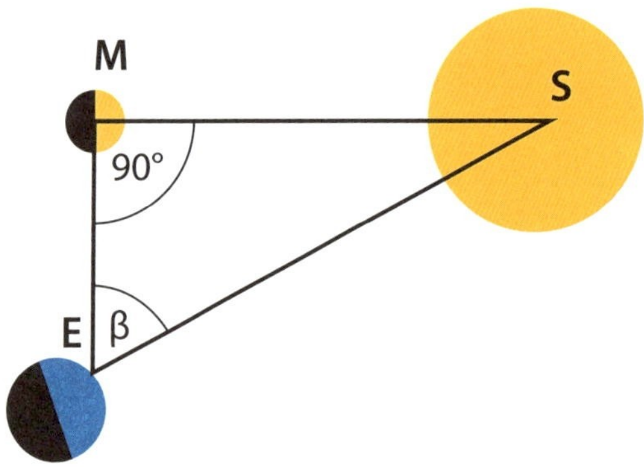

Methode des Aristarch zur Berechnung des Abstandsverhältnisses Erde–Mond zu Erde–Sonne. Der Winkel β muss bestimmt werden, er ist nahe 90 Grad. rechts: Aristarch von Samos.

Leider gerieten die Arbeiten Aristarchs in Vergessenheit. Das geozentrische Weltsystem dominierte bis 1543, als Nikolaus Kopernikus sein Hauptwerk veröffentlichte, in dem er das heliozentrische Weltsystem vorstellte.

✶ WIEVIEL ENERGIE STRAHLT DIE SONNE AB?

Unsere Sonne leuchtet, wie wir aus geologischen Aufzeichnungen wissen, seit etwa 4,5 Milliarden Jahren nahezu konstant. Die pro Sekunde von der Sonne abgestrahlte Strahlungsleistung ist unvorstellbar groß. Auf der Erde, die immerhin 150 Millionen Kilometer von der Sonne entfernt ist, erhalten wir immer noch etwa 1367 Watt/m^2.

Dieser Wert wird jedoch nur bei senkrechtem Einfall der Sonnenstrahlung erreicht und gilt auch nur außerhalb der Erdatmosphäre. Mit dieser Leistung könnte man einen Pool mit 10 000 Litern Wasser in fünf Tagen von zehn Grad auf angenehme 24 Grad heizen. Allerdings müsste die Sonne 24 Stunden hindurch scheinen und es dürften keine Wärmeverluste entstehen. Die Leuchtkraft der Sonne beträgt 3,86 10^{26} W. Das ist die gesamte Strahlungsleistung der Sonne. Zum Vergleich: Ein mittleres Atomkraftwerk hat eine Leistung von etwa 1 400 Megawatt, das sind also 1400 10^{6} W oder 1,4 10^{9} W. Die von der Sonne abgegebene Leistung entspricht also:

2,75 10^{17}=275 000 000 000 000 000 mittleren Kernkraftwerken auf der Erde.

Mit der Leistung 1 Watt könnte man 1 Gramm Wasser um 14,3 Grad in einer Minute erwärmen. Mit der Leistung eines mittleren Kernkraftwerks kann man 3,5 Millionen Haushalte mit Strom versorgen (entspricht etwa 11 Milliarden Kilowattstunden).

Ein mittleres Kernkraftwerk, Kernkraftwerk Phillippsburg bei Karlsruhe. Block 1 ging 1979 in Betrieb (etwa 1 000 Megawatt), Block 2 ging 1984 in Betrieb (etwa 1 400 Megawatt). Ab 2020 wird das Kraftwerk langsam stillgelegt, was insgesamt etwa 15 Jahre dauern wird.

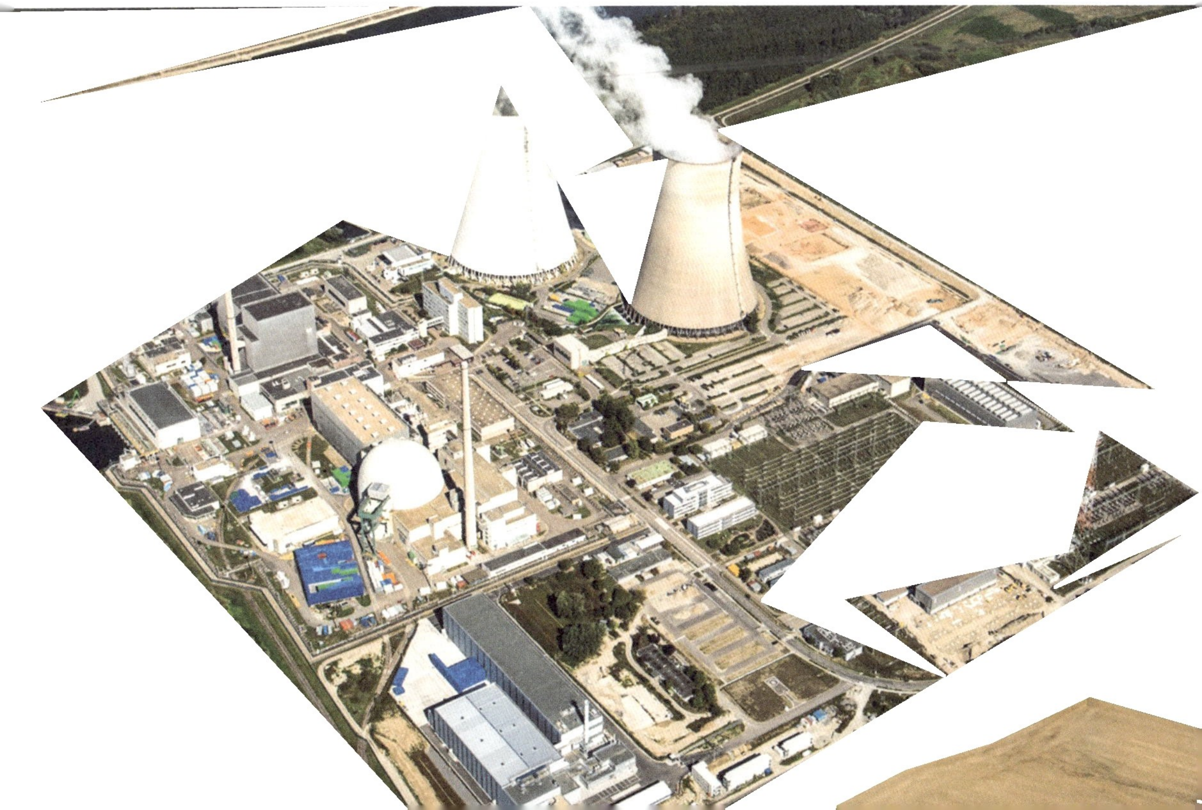

✶ WIE ERZEUGT DIE SONNE IHRE ENERGIE?

Woher nimmt die Sonne diese gewaltige Energie. Zunächst dachte man, die Sonne schrumpfe, dabei werde Gravitationsenergie frei. Aber einfach auszuführende Berechnungen zeigen, dass die Sonne mit dieser Energie nur einige 10 000 Jahre lang leuchten könnte. Eine andere Möglichkeit wäre die Verbrennung. Nehmen wir daher an, die Sonne sei ein riesiger Kohlehaufen, der verbrennt. Auch hier würde die zur Verfügung stehende Energie nur einige 10 000 Jahre ausreichen, um die Sonne mit der jetzt gemessenen Helligkeit zum Glühen zu bringen.
Lange Zeit war also die Energiequelle der Sonne unklar. Hier kommt der wohl berühmteste Physiker ins Spiel: Albert Einstein. Viele der Leser*innen kennen wahrscheinlich seine wohl berühmteste Gleichung:

$$E = mc^2$$

Was besagt diese Gleichung? *E* steht für Energie, *m* für die Masse und *c* für die Geschwindigkeit, mit der sich Licht ausbreitet. Diese Geschwindigkeit beträgt

$$c = 300\,000\ \frac{km}{s}$$

In nur einer Sekunde umläuft also ein Lichtstrahl siebenmal die Erde, der Erdumfang beträgt bekanntlich etwa 40 000 Kilometer. Das Licht breitet sich also sehr schnell aus. Wichtig ist dabei zu betonen, dass Masse und Energie eigentlich dasselbe sind, bis auf den Faktor Quadrat der Lichtgeschwindigkeit. Mit anderen Worten: Wir können Masse in Energie umwandeln! Nachdem die Lichtgeschwindigkeit eine sehr große Zahl ist, wird auch klar, dass bereits kleine Massenmengen riesige Mengen Energie liefern können.

Albert Einstein (1879–1955)

Wandeln wir beispielsweise 1 Kilogramm Masse in Energie um, dann erhalten wir eine Energie von

$$E = mc^2 = 1\ kg\ 300\,000\,000^2 \left(\frac{m^2}{s^2}\right) = 9\ 10^{16}\ J = 9\ 10^{16}\ Ws$$

In einer Sekunde liefert also eine Masse von 1 Kilogramm in Energie umgewandelt eine Leistung von 90 000 000 000 000 000 Watt, was der Leistung von 64 Millionen mittleren Atomkraftwerken entspricht.
Da die Sonne etwa 3,86 10^{26} Watt an Strahlungsleistung hat, muss sie in jeder Sekunde 4 288 888 Tonnen Masse in Energie umwandeln. Das klingt sehr viel, aber vergleichen wir diesen Wert mit der Masse der Sonne. Die Masse der Sonne beträgt etwa 2 10^{30} kg. Nun müssen wir noch berücksichtigen, dass bei der Kernfusion nur etwa ein Prozent der Masse in Energie umgewandelt wird und nur etwa zehn Prozent der gesamten Sonnenmasse überhaupt dafür zur Verfügung stehen. Nur im Kern der Sonne ist es heiß genug. Wenn Sie, liebe Leserin, lieber Leser, dies ins Kalkül ziehen, werden sie herausbekommen, dass die Sonne etwa 13 Milliarden Jahre lang mit der jetzigen Helligkeit leuchten kann, also kein Grund zur Sorge.

Machen wir noch einen Vergleich zu Solarkraftwerken. Die derzeit größte Anlage ist seit 2014 in der Mojave-Wüste im US-Bundestaat Kalifornien in Betrieb. Sie liefert bis zu 400 Megawatt also etwa 1/3 eines mittleren Atomkraftwerks. Die Sonnenstrahlen werden durch 173 000 Reflektoren auf drei Solartürme fokussiert. Dort wird dann Wasser erhitzt und der Wasserdampf treibt Turbinen an, die Strom erzeugen. Die Gesamtreflexionsfläche der drei Einheiten beträgt über 2,6 Millionen Quadratmeter. Es wird auch versucht, die gewonnene Energie zu speichern (z.B. durch Erhitzen von Salzlösungen). Mit einer Reflektorfläche von 13 Milliarden Quadratmetern könnte man die Energie für die gesamte Menschheit erzeugen.

Ivanpah Solar facility in den USA. Die Luftbildaufnahme zeigt die drei Sonnentürme.

✶ MASSE IN ENERGIE UMWANDELN?

Doch die Frage ist, wie kann man Masse in Energie umwandeln? Im Inneren der Sonne ist es extrem heiß, nahe dem Zentrum der Sonne beträgt die Temperatur bis zu 15 Millionen Grad. Wie wir aus dem Physikunterricht wissen, besagt die Temperatur nichts anderes, als mit welcher Geschwindigkeit sich die Atome bewegen; Temperatur ist, wie die Physiker trocken sagen, ein Maß für die mittlere Bewegungsenergie der Teilchen. Je höher die Temperatur, desto schneller fliegen die Teilchen. Im Innern der Sonne ist das Gas sehr dicht, also kommt es immer wieder zu einem Zusammenstoß der Teilchen, und genau das ist der Punkt. Die Teilchen stoßen mit hohen Geschwindigkeiten gegeneinander und vereinigen sich so zu schwereren Teilchen, man nennt dies auch *Kernfusion*. Das wirklich Spannende daran ist, dass die neuen Teilchen, die aus der Verschmelzung (Fusion) der leichteren Teilchen entstanden sind, etwas leichter als die Massensumme der ursprünglichen Teilchen sind. Es ist also Masse verlorengegangen. Doch eigentlich kann in der Natur nichts verlorengehen. Die fehlende Masse, das *Massendefizit*, auch *Massendefekt* genannt, vielleicht erraten Sie es schon, wurde in Energie umgewandelt.
Vereinfacht gesagt, findet im Inneren der Sonne die Fusion von Wasserstoff zu Helium statt: Vier Wasserstoffkerne (Protonen) bilden einen Heliumkern, der aus zwei Protonen und zwei Neutronen besteht. Die Protonen sind positiv geladen, die Neutronen neutral. Es werden also zwei Protonen zu zwei Neutronen umgewandelt. Legen wir nun quasi die vier Protonen auf die Waagschale, und den entstandenen Heliumkern, der aus zwei Protonen und zwei Neutronen besteht, auf die andere, dann sehen wir, dass sich der Waagebalken nach links neigt, die vier Protonen sind etwas schwerer als der Heliumkern. Allerdings ist der Unterschied nicht sehr groß – nur etwa 0,7 Prozent!

Wiederholen wir die Überlegungen mit den genaueren Daten. Um Energie durch Kernfusion zu erzeugen, werden pro Sekunde 620 Millionen Tonnen Wasserstoff zu Helium verschmolzen. Das klingt bedrohlich viel, droht der Sonne der zur Fusion notwendige Wasserstoff bald auszugehen, wird die Sonne bald dunkel?
Eine kurze Rechnung zeigt, dass die Sonne mit 620 10^9 kg/s bei einer Gesamtmasse von 2 10^{30} kg etwa 3,2 10^{18} Sekunden lang leuchten könnte. Da ein Jahr etwa 3 10^7 Sekunden hat, folgern wir:
Die Sonne kann, unter der Voraussetzung, dass ihre gesamte Masse zu Helium fusioniert wird, etwa 10^{11} Jahre = 100 Milliarden Jahre lang leuchten. Wenn wir annehmen, dass aber nur etwa zehn Prozent der Masse der Sonne im Inneren zu Helium fusioniert werden, reicht der Brennstoff immer noch für 10 Milliarden Jahre. Die Sonne hat ein Alter von etwa 4,6 Milliarden Jahren, ist also vom Standpunkt der Kernfusion her gesehen in ihrem besten Alter. Auch die genauere Rechnung zeigt

also, dass genügend Energiereserven gegeben sind und wir uns in nächster Zeit keine Sorge machen müssen, dass die Sonne erlischt.

Noch eine Zahl zum Schluss: Nehmen wir sämtliche Atomkraftwerke, die 2020 in Betrieb waren. Die Sonne strahlt pro Sekunde so viel Energie ab, wie sämtliche Atomkraftwerke in 25 Millionen Jahren produzieren.

DIE SONNE – EINE ATOMBOMBE? ✶

Man stellt sich vielleicht die Frage, weshalb die Sonne nicht wie eine unvorstellbar große Atombombe explodiert. Die Antwort ist in der Physik zu suchen. Damit Protonen verschmelzen, müssen sie mit sehr hohen Energien aufeinanderprallen, die Kernfusion gelingt also nur bei Sternen in ihrem heißen Inneren. Außerdem gibt es noch ein Problem. Protonen sind positiv geladen, und wie man aus der Physik weiß, stoßen sich gleichnamige Ladungen ab. Die positiv geladenen Protonen würden sich also selbst bei den hohen Geschwindigkeiten abstoßen und es würde zu keiner Fusion kommen. Hier hilft aber ein aus der Quantenphysik her bekanntes Phänomen, der Tunneleffekt. Mit einer zwar geringen, aber doch gewissen Wahrscheinlichkeit vereinigen sich die Protonen. Das ist auch der Grund, weshalb die Sonne nicht wie eine Bombe plötzlich explodiert, sondern die Kernfusion sehr langsam abläuft. Für ein einzelnes Proton dauert es das Milliardenfache des Alters des Universums, bis es mit einem anderen zusammenstößt und fusioniert. Da aber unvorstellbar viele Protonen im Inneren der Sonne vorhanden sind, findet dennoch die Energieerzeugung durch die Fusion statt.

WIRD DIE SONNE LEICHTER? ✶

Die Antwort ist eindeutig „ja". Die Sonne wandelt, wie wir gezeigt haben, riesige Massenmengen in Energie um und wird dadurch leichter. Aber seit ihrer Entstehung vor 4,6 Milliarden Jahren hat sie nur etwa 1/1000 ihrer Masse verloren. Das hat also kaum einen Einfluss auf die Sonne selbst oder auf die Umlaufbahnen der Planeten. Eine leichter gewordene Sonne hat ja eine geringere Anziehungskraft. Den Masseverlust der Sonne kann man sich folgendermaßen vorstellen: Er entspricht in etwa dem, wenn eine Person mit 100 Kilogramm im Lauf ihres Lebens 100 Gramm an Masse verloren hätte; das fällt wahrlich nicht ins Gewicht.

✶ KANN MAN IN DAS INNERE DER SONNE BLICKEN?

Die Oberfläche der Sonne, auch als *Photosphäre* bezeichnet, ist die Schicht, aus der die meiste Strahlung der Sonne kommt. Sie ist nur etwa 400 Kilometer dick, weiter innen wird das Gas so dicht, dass wir nicht mehr durchblicken. Ähnlich wie bei Nebel vor einem Wald. Die nächsten Bäume sind noch erkennbar, aber der Blick in das Innere des Waldes ist durch den zunehmend dichter werdenden Nebel nicht mehr möglich. Wir wissen dennoch, dass die Sonne im Inneren aus drei Zonen aufgebaut ist:

- Kernbereich: Er reicht bis zu etwa einem Drittel des Radius der Sonne (etwa 700 000 km beträgt der Sonnenradius). Hier findet die früher besprochen Kernfusion statt.
- Strahlungszone: Sie reicht von einem Drittel des Sonnenradius bis etwa zu zwei Drittel des Sonnenradius.
- Konvektionszone: Sie reicht bis an die Oberfläche der Sonne.

Beobachtet man die Sonne unter sehr guten Bedingungen, dann erkennt man ein zellförmiges Muster, das sich im Lauf weniger Minuten ändert. Dies bezeichnet man als *Granulation*. Es handelt sich um Konvektionsbewegungen. Stellen wir uns kochendes Wasser vor. Gasblasen steigen von dem an der Unterseite erhitzten Topf an die Oberfläche. Ähnlich ist es bei der Sonne. Heißes Gas steigt von tieferen Schichten bis an die Oberfläche, kühlt sich ab, strömt nach unten und das Ganze beginnt von vorne.

Die „brodelnde" Oberfläche der Sonne, die Granulation. Jede dieser kleinen Zellen hat etwa 1 000 Kilometer Ausdehnung, also die Größe Deutschlands oder Frankreichs. Dies ist nur ein kleiner Ausschnitt der Sonnenoberfläche.

Doch woher weiß man über den Aufbau der Sonne so gut Bescheid? Es gibt zwei Techniken, das Innere der Sonne zu erforschen:

(1) Die Sonne schwingt, das Sonnengas an der Oberfläche steigt auf und ab. Diese Bewegungen kann man messen. Aus der Analyse der Sonnenschwingungen kann man dann den Verlauf der Temperatur, Dichte, Druck, chemische Zusammensetzung … im Inneren ableiten, da sich diese Schwingungen auch in das Innere der Sonne ausbreiten.
Man stelle sich eine Glocke vor. Aus ihrem Klang kann man feststellen, aus welchem Material sie besteht. Die Methode, das Innere der Sonne durch ihre Schwingungen zu erforschen, nennt man *Helioseismologie*.

Aber es gibt noch eine weitere Möglichkeit, vor allem den Kern der Sonne zu erforschen.

(2) Bei der Kernfusion, also der Verschmelzung von vier Protonen zu einem Heliumkern entstehen rätselhafte Teilchen, die sogenannten *Neutrinos*. Neutrinos haben ganz besondere Eigenschaften: Sie besitzen eine extrem geringe Masse, sind also viel leichter als die Elektronen, die nur etwa 1/1800 der Masse eines Protons haben. Neutrinos treten mit dem Rest des Universums nur sehr unwillig in Kontakt. Mit anderen Worten: Neutrinos bewegen sich von ihrem Entstehungsort bei der Kernfusion nahe dem Sonnenzentrum fast ungehindert durch die Sonne hindurch und breiten sich aus.

Das Licht, das wir am heutigen Tag von der Sonne erhalten, wurde vor etwa 100 000 Jahren im Inneren der Sonne durch Kernfusion erzeugt. So lange dauert es, bis ein erzeugtes Lichtteilchen, *Photon*, nach unzähligen Stoßprozessen mit anderen Teilchen (Elektronen, andere Atome) an die Oberfläche der Sonne gelangt und abgestrahlt wird. Die Neutrinos aber dringen durch die Sonne hindurch, als ob nichts dazwischen wäre, und liefern so Aufschluss über das Innere der Sonne.

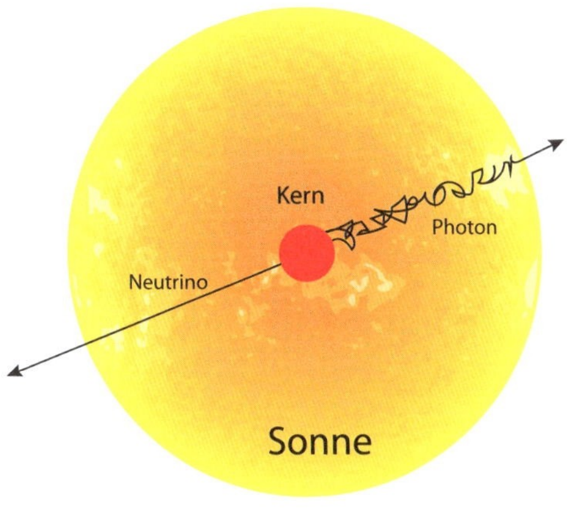

Im Gegensatz zu den Photonen (Lichtteilchen) die immer wieder von den Elektronen und Atomen gestreut werden, gehen Neutrinos fast ungehindert durch die Sonne hindurch.

Im sogenannten Borexino Experiment versucht man von Neutrinos verursachte Blitze in einer speziellen Flüssigkeit nachzuweisen.

✶ KANN MAN NEUTRINOS NACHWEISEN?

Pro Sekunde werden wir von Trillionen solcher Neutrinos von der Sonne getroffen, aber sie gehen durch unseren Körper und sogar durch die gesamte Erde, als ob nichts dazwischen wäre. Aber Experimentalphysiker haben gefinkelte Methoden erdacht, einige dieser Neutrinos von der Sonne nachzuweisen. Man hat etwa riesige Tanks mit Perchlorethylen, einer relativ billigen Reinigungsflüssigkeit in große unterirdische Tanks gefüllt. Unterirdisch deshalb, weil die Neutrinos die Erdoberfläche ohne nennenswerten Widerstand durchdringen, andererseits jedoch hier ein Schutz vor anderen Einflüssen gegeben ist. Einige ganz wenige der Sonnenneutrinos reagieren nun mit den Chloratomen dieser Flüssigkeit und wandeln das Chlor in das Element Argon um. Die Kunst besteht nun darin, diese entstandenen Argonatome herauszufiltern. Pro Monat sind das nur einige Dutzend!

✶ ZU WENIG NEUTRINOS VON DER SONNE?

Nun kann man sich leicht überlegen, wie viele Neutrinos bei den herrschenden Temperaturen im Inneren der Sonne entstehen müssten. Man berechnet also den zu erwartenden Neutrinofluss. Dabei stößt man auf folgendes Problem: Man hat nur etwa ein Drittel der zu erwartenden Neutrinos gefunden. Dies wurde als das *Neutrinoproblem* der Sonne bezeichnet. Weshalb dieser Unterschied? Natürlich dachte man zuerst an Messfehler, aber mit der Zeit wurden diese ausgeschlossen. Stimmen also unsere Vorstellungen vom Aufbau der Sonne nicht? Man bräuchte nur eine geringere Temperatur im Inneren anzunehmen, dann würde es weniger Fusion geben und das Neutrinoproblem wäre gelöst. Aber die Sache ist nicht so einfach. Eine geringere Temperatur bedeutet natürlich auch weniger Energieerzeugung, das heißt, die Sonne würde schwächer leuchten. Jetzt kann man annehmen, es gäbe noch andere Prozesse außer der Kernfusion, die zur Energieerzeugung beitragen. Zum Beispiel könnte die Sonne langsam schrumpfen, und dabei würde Energie frei. Wenn aber die Sonne schrumpfte, sollte ihr Durchmesser abnehmen, was nicht beobachtet wird, wir können heute die Sonne bis zu einer Größenskala von etwa 50 Kilometern genau beobachten. Über die vielen Jahrzehnte genauer Sonnenbeobachtung müsste ein solcher Schrumpfungsprozess aufgefallen sein.

Die einzige Erklärung des Neutrinoproblems liefern die Neutrinos selbst. Es gibt nämlich drei Arten von Neutrinos und diese Arten oszillieren, das bedeutet sie wandeln sich ineinander um. Mit dem Perchlorethylenexperiment konnte man aber nur eine bestimmte Art von Sonnenneutrinos nachweisen. Andere Experimente, die später gemacht wurden, reagierten auf alle drei Neutrinoarten und waren im Einklang mit den Vorhersagen.

Wir sehen hier ein sehr schönes Beispiel, wie moderne Astrophysik neue Erkenntnisse über den Aufbau von Materie liefern kann.

IST DIE SONNE MAGNETISCH?

Magnetfelder kennen wir, nehmen wir etwa das Magnetfeld eines Hufeisenmagneten. Magnetfelder sind bipolar, das heißt, sie besitzen zwei Pole, einen Plus- und einen Minuspol, auch oft als Nord- und Südpol bezeichnet. Schneiden wir einen Magneten auseinander, ergeben sich an beiden Teilen sofort jeweils wieder zwei Pole, es gibt also keine magnetischen Monopole. Zu Beginn des 20. Jahrhunderts konnte gezeigt werden, dass es auf der Sonne im Bereich der Sonnenflecken sehr starke Magnetfelder gibt. Doch wie kommt es bei einem Gas überhaupt zu einem Magnetfeld? Wie man sich vielleicht aus der Physik erinnert, entstehen Magnetfelder bei sich ändernden elektrischen Feldern beziehungsweise, wenn Ströme fließen. Bei den hohen Temperaturen des Sonnengases hat man es meist mit einem Plasma zu tun: Das ist ein Gemisch aus neutralen Atomen und Atomen, die ein oder mehrere ihrer Elektronen verloren haben. Wir haben also freie Ladungen, und diese Ladungen können strömen, also einen Strom verursachen und damit eben ein Magnetfeld.

✶ WARUM SIND SONNENFLECKEN KÜHL?

Sonnenflecken sind Erscheinungen der Photosphäre. In den Sonnenflecken, deren dunkelster Bereich auch *Umbra* genannt wird, liegt die Temperatur bei nur 4 000 Grad. Was ist der Grund dafür? Magnetfelder behindern den Transport an Energie. In den Sonnenflecken, die mehr als 10 000 Kilometer groß sein können und damit größer als die Erde, wird weniger Energie aus tiefergelegenen Schichten der Sonne an die Oberfläche transportiert. Deshalb sind Sonnenflecken kühler als die umgebende Photosphäre der Sonne. [✶ Hat die Sonne Flecken? S. 54]

Die Temperatur beträgt:

- in der Photosphäre etwa 6 000 Grad
- im dunkelsten Teil eines Flecks etwa 4 000 Grad, auch *Umbra* genannt
- in der filamentartigen *Penumbra* etwa 5 000 Grad.

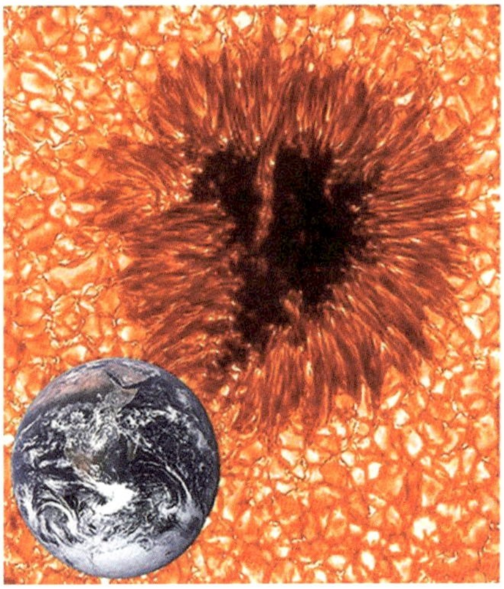

Größenvergleich Sonnenfleck/Erde. Nach Daten der NASA.

✶ WARUM IST DIE HÖHERE SONNENATMOSPHÄRE HEISSER ALS DIE OBERFLÄCHE?

Über der *Photosphäre* der Sonne liegen die Schichten der *Chromosphäre* und dann folgt die *Korona*. Die Chromosphäre kann man als farbigen Lichtsaum um die bei einer totalen Sonnenfinsternis vollständig vom Mond abgedunkelte Sonne sehen, ihre Ausdehnung beträgt etwa 10 000 Kilometer. Die Korona sieht man dann als Strahlenkranz um die Sonne herum, sie reicht bis mehrere Millionen Kilometer von der Sonne weg.

Bei einer totalen Sonnenfinsternis wird die Chromosphäre der Sonne als farbiger Lichtsaum um die abgedunkelte Sonne herum erkennbar.

Machen wir ein einfaches Gedankenexperiment. Halten sie ihre Hand (bitte nicht zu nahe) über eine heiße Herdplatte. Mit zunehmender Entfernung ihrer Hand von der Herdplatte werden die Temperaturen angenehmer. Genau dies würden wir auch von der Sonne erwarten. Die Oberfläche ist etwa 6000 Grad heiß, weiter weg davon sollte es also kühler werden. Aber wie so oft in der Physik ist das Gegenteil der Fall. In der Chromosphäre beträgt die Temperatur etwa einige 10000 Grad, in der Korona liegt sie jedoch bei etwa 1 Million Grad.

Man hat hier also die Situation, dass die Temperatur mit zunehmendem Abstand von Sonnenoberfläche ansteigt.

EINE HEIZUNG FÜR DIE SONNENATMOSPHÄRE?

Es muss einen Heizungsmechanismus geben, der bewirkt, dass die höheren Schichten der Sonne heißer sind als die Oberfläche. Dafür wurden mehrere Modelle vorgeschlagen, obwohl das Problem noch nicht endgültig geklärt ist. Erinnern wir uns an das kochende Wasser im Topf. Es brodelt, das heißt, es werden bei dem Aufstieg der Gasblasen von der Unterseite des Topfes an die Oberfläche Schallwellen erzeugt. Ähnlich ist es auch bei der Sonne. Das aufsteigende Gas erzeugt Schallwellen, man spricht von *akustischen Wellen*.
Neben der akustischen Heizung spielen auch Magnetfelder eine Rolle. In der Photosphäre sind die Magnetfelder „eingefroren", was bedeutet, sie werden mit dem Sonnenplasma bewegt. Deshalb werden Magnetfelder durch die turbulenten Bewegungen des Plasmas verwirbelt und Magnetfeldlinien unterschiedlicher Richtung

Ein Flareausbruch auf der Sonne; durch Verschmelzung von Magnetfeldlinien werden riesige Energiemengen freigesetzt.

können miteinander verschmelzen, was als *Rekonnexion* bezeichnet wird. Dabei werden große Energiemengen freigesetzt.
Das kann man dann als *Flare* in der Chromosphäre der Sonne beobachten. Ein Flareausbruch dauert einige zehn Minuten und es werden dabei Energiemengen freigesetzt, die mehreren 100 Millionen Wasserstoffatombomben entsprechen. Das hat auch Auswirkungen auf die Erde. In der Korona ist die Dichte des Sonnenplasmas so gering, dass das Magnetfeld die Plasmabewegungen dominiert. Detailaufnahmen während einer totalen Sonnenfinsternis zeigen eine reich strukturierte Sonnenkorona.

✶ GEFAHR VON DER SONNE?

Eine der wichtigsten Entdeckungen der Sonnenphysik war der Sonnenaktivitätszyklus. Vor mehr als 150 Jahren erkannte man, dass die Zahl der Sonnenflecken sich mit einer etwa elfjährigen Periode ändert. Alle elf Jahre gibt es besonders viele Flecken,

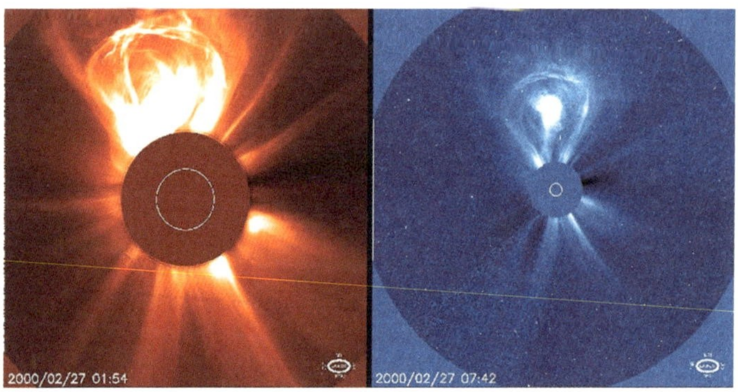

Ein koronaler Massenauswurf, beobachtet mit dem Sonnensatelliten SOHO. Die Sonne selbst ist abgedunkelt als kleiner Kreis eingetragen.

aber auch die Zahl der Flares und CMEs steigt an. *CME* steht für *koronaler Massenauswurf*, eine Erscheinung in der Korona, wo bei einem Ausbruch infolge magnetischer Rekonnexion gewaltige Gasmassen von der Sonne weggeschleudert werden.

Bei starker Sonnenaktivität kann es bis zu sechs derartige Ereignisse pro Tag geben. Von der Sonne aus gesehen ist die Erde nur etwa 17 Bogensekunden groß, dem entspricht die Größe eines Stecknadelkopfes in 10 Metern Entfernung. Die Wahrscheinlichkeit, von einer solchen Plasmawolke getroffen zu werden, ist einerseits nicht extrem hoch, andererseits sind aber auch die Dimensionen dieser Plasmawolke riesig.

Die Geschwindigkeit des ausgestoßenen Plasmas beträgt etwa 1 000 km/s, die Teilchen kommen, wenn sie in Richtung Erde geschleudert wurden, mit einer Verzögerung von mehreren Stunden bis Tagen an. Die Erde besitzt ein Magnetfeld, das uns vor den geladenen Teilchen schützt und die kurzwellige Strahlung, die bei einem Flareausbruch stark zunimmt (bis zum Tausendfachen gegenüber der ruhigen Sonne), wird durch die Atmosphäre der Erde abgeschirmt.

Wie bereits bei der Energieerzeugung der Sonne angesprochen, wird die Sonne durch Umwandlung von Millionen Tonnen an Masse pro Sekunde leichter. Aber durch koronale Massenauswürfe sowie durch den Sonnenwind (abgestrahlte Teilchen von der Sonne) wird sie ebenfalls leichter; dieser Masseverlust ist seit ihrer Entstehung etwa gleich groß wie der Verlust infolge der Masse-Energie-Umwandlung. Also hat die Sonne bisher insgesamt 0,2 Prozent ihrer Masse verloren. Im Lauf ihrer weiteren Entwicklung wird dieser Masseverlust durch Sonnenwind und Materieauswürfe zunehmen. Die Sonne wird insgesamt 10 bis 20 Prozent ihrer Masse verloren haben, ehe sie sich zu einem Weißen Zwerg entwickelt hat.

POLARLICHTER VON DER SONNE ERZEUGT?

Es gibt zahlreiche Erscheinungen, die mit erhöhter Sonnenaktivität verbunden sind:
Ein sehr schönes Beispiel sind Polarlichter: Wenn geladene Teilchen von der Sonne quasi durch die Hintertür des Erdmagnetfeldes zu den magnetischen Polen der Erde gelangen, bringen sie die Sauerstoff- und Stickstoffatome der hohen Erdatmosphäre (in etwa 100 km Höhe) zum Leuchten. Polarlichter sind im Grunde harmlos, zeigen aber erhöhte Sonnenaktivität an. Bei extremen Sonnenstürmen sieht man auch weit entfernt von den magnetischen Polen der Erde Polarlichter, also sogar in Mitteleuropa.

Polarlichter, eine harmlose Folge erhöhter Sonnenaktivität.

✶ FUNKSTILLE DURCH ERHÖHTE SONNENAKTIVITÄT?

Funkausfälle: Durch die erhöhte kurzwellige Strahlung der Sonne werden mehr Atome ionisiert, die Elektronendichte erhöht sich, da mehr Atome ihre Elektronen verlieren. Das führt zu einer erhöhten Absorption von Funkwellen, die sich nach oben ausbreiten, beziehungsweise werden diese Funkwellen in tieferen Schichten reflektiert. Auf der Erde beobachtet man dann einen Ausfall der Verbindungen oder eine starke Störung. Dies betrifft auch die GPS-Signale, die ja zweimal die Erdatmosphäre passieren. Die Genauigkeit der GPS-Messung wird deutlich geringer.

GPS-Empfänger ermitteln die Entfernung zu allen Satelliten, deren Signale sie empfangen. Dazu wird die Zeit bestimmt, welche die Radiowellen vom Satelliten bis zum Empfänger brauchen. Die Signale passieren die Erdatmosphäre, deren Zustand sich durch erhöhte Sonnenaktivität verändert.

GEFAHR DURCH SONNENSTRAHLUNG? ✶

Wenn Sie sich während eines starken Sonnenausbruch in einem Passagierflugzeug befinden, sind sie einer erhöhten Strahlendosis ausgesetzt, die etwa der eines Bruströntgens oder sogar mehr entspricht. Noch gefährlicher wird die Strahlungsbelastung für Astronauten, die sich außerhalb der Erdatmosphäre befinden. Im Jahr 1971 gab es einen großen Ausbruch, der frühmorgens beobachtet wurde. Um etwa 17 Uhr, also rund 12 Stunden später, war die Strahlungsbelastung im Weltraum tödlich. Zum Glück gab es zu dieser Zeit keine bemannten Raumfahrtmissionen. Die Strahlungsbelastung durch die aktive Sonne stellt aber ein großes Problem für bemannte Raumfahrt dar. Denken wir an den geplanten bemannten Flug zum Mars. Der Hinflug dauert etwa ein Jahr, der Rückflug ebenso und man muss etwa ein Jahr auf dem Mars verbringen, bevor sich ein günstiges Zeitfenster für einen Rückflug zur Erde öffnet. Auf dem Mars selbst ist man kaum geschützt, da seine Atmosphäre extrem dünn ist und er praktisch kein Magnetfeld besitzt. Keine tollen Aussichten für künftige Marsmissionen also. Man kann sich weder durch spezielle Schutzanzüge noch durch spezielle Materialien, aus denen die Raumschiffe bestehen, schützen, der Schutzschirm müsste mehrere Meter dick sein.

Aber nicht nur im Weltraum, sogar auch auf der Erdoberfläche selbst verursacht die Sonnenaktivität Probleme. Bei starken Sonnenausbrüchen entstehen geomagnetisch induzierte Ströme, die Hochspannungsleitungen beeinflussen, und es können sogar Transformatoren durchbrennen. Dadurch bricht die Stromversorgung zusammen. Dies geschah auch im Jahr 1989, als ganz Quebec ohne Strom war; die Region um Montreal war neun Stunden ohne Strom. Oder im Jahr 2003 in Südschweden. Bei diesem Ereignis fiel auch die Luftraumüberwachung über Kanada aus und alle Flüge mussten umgeleitet werden. Dramatisch war es am 25. Mai 1967, als das amerikanische Raketenfrühwarnsystem ausfiel. Man dachte zuerst an einen Angriff der Sowjetunion. Zum Glück für die Menschheit konnten die Astrophysiker, die die Sonne beobachteten, die Militärs beruhigen und einen möglichen Atomkrieg der beiden Supermächte verhindern.

DAS ZITTERN DER KOMPASSNADEL ✶

Flares kann man normalerweise nur mit Spezialinstrumenten im Licht der roten Spektrallinie des Wasserstoffs beobachten, aber besonders starke Ausbrücke können mit dem Auge als sogenannte Weißlichtflares wahrgenommen werden. Dies war im Jahr 1859 der Fall. Der Astronom Carrington beobachtete für wenige Minuten einen hellen Lichtblitz nahe einer großen Sonnenfleckengruppe. Er folgerte

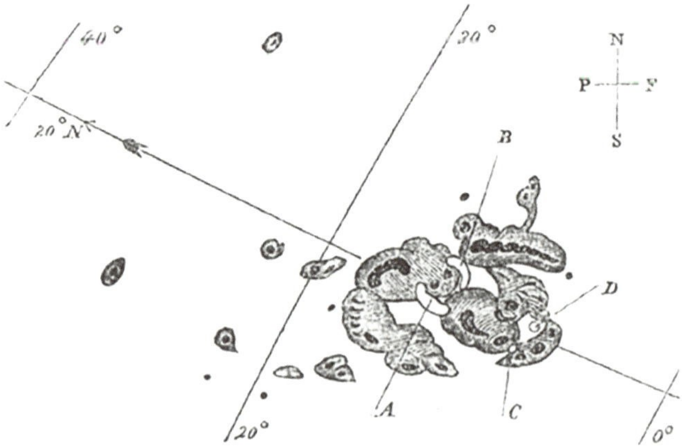

Originalzeichnung des von Carrington beobachteten Weißlichtflares in einer Sonnenfleckengruppe.

völlig richtig, dass das Zittern der Magnetkompassnadeln, welches etwa 12 Stunden nach dieser Sonnenbeobachtung registriert wurde, mit dem Ereignis auf der Sonne in Zusammenhang stehen musste.
Würde es heute zu einem Ausbruch dieser Größe auf der Sonne kommen, hätte das enorme Auswirkungen auf unsere High-Tech-Gesellschaft. Pessimisten meinen gar, dass wenn mehrere der riesigen Transformatoren gleichzeitig ausfallen, die Stromversorgung in vielen Teilen der Erde für Wochen ausfallen könnte.

✶ GIBT ES EIN WETTER IM WELTRAUM?

All die Erscheinungen, die hauptsächlich von der Sonnenaktivität kommen und die Erde, die Erdatmosphäre sowie den erdnahen Weltraum beeinflussen, fasst

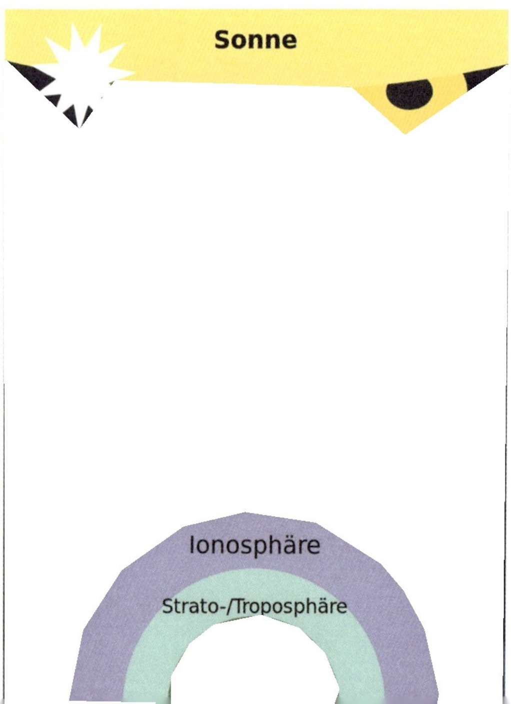

Die Sonne sendet eine Plasmawolke aus, das Magnetfeld der Erde wird, wie in dieser Skizze zu sehen, auf der der Sonne zugewandten Seite zusammengestaucht.

man unter dem Begriff *Weltraumwetter* (engl. *Space Weather*) zusammen. Ziel der modernen Sonnenphysik ist es, dieses Weltraumwetter vorherzusagen, um so Satellitenbetreiber, Astronauten, aber auch Betreiber von Stromnetzen oder Flugzeugkapitäne zu warnen. Die Sonne wird also überwacht, sowohl von der Erde aus als auch mithilfe von Satelliten.

BEEINFLUSST DIE SONNENAKTIVITÄT UNSER KLIMA? ✶

Die Sonneneinstrahlung ist für das Wetter und unser Klima ein ganz wesentlicher Faktor. Ohne Sonneneinstrahlung gäbe es kein Wetter, die Erde wäre ein kalter, toter, mit Eis bedeckter Planet. Doch wie konstant ist diese Einstrahlung?
Wir haben die elfjährige Periode der Sonnenaktivität besprochen. In einem solchen Sonnenzyklus ändert sich die Sonneneinstrahlung auf der Erde nur um maximal 0,2 Prozent. Das hat praktisch kaum Auswirkungen. Aber dieser Zyklus ist nicht konstant. Die Amplitude (Auslenkung aus der Ruhelage) der Maxima

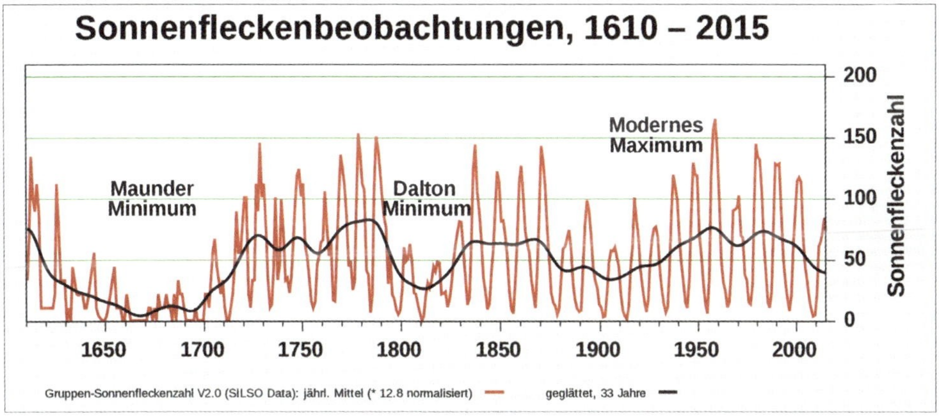

Die Anzahl der Sonnenflecken schwankt mit einer elfjährigen Periode, aber es gab auch Phasen stark verringerter Aktivität.

(Extremwerte) ändert sich, es gibt große Maxima und kleine Maxima. Außerdem gab es Phasen, in denen die Sonnenaktivität über längere Zeit aussetzte. Beispielsweise beobachtete man im Zeitraum zwischen 1645 und 1715 fast gar keine Sonnenflecken. Dieser Zeitraum fällt zusammen mit der sogenannten kleinen Eiszeit; es gab ungewöhnlich kühle Sommer, extrem kalte Winter, Missernten … Man nennt diesen Zeitraum nach dem Entdecker auch das *Maunder Minimum* der Sonnenaktivität.

Es scheint also, dass es während längerer Phasen geringer Sonnenaktivität etwas kühler auf der Erde wird. Umgekehrt gab es auch Zeiten erhöhter Sonnenaktivität mit wärmeren Sommern. Langfristige Änderungen der Sonnenaktivität haben sicherlich Auswirkungen auf das Klima. So gab es das *Mittelalterliche* oder das *Römische Maximum* der Sonnenaktivität, wo man zum Beispiel in Schottland Wein anbaute und Grönland weitgehend eisfrei war.

✶ GIBT ES AUCH ANDERE ZYKLEN DER SONNENAKTIVITÄT?

Neben dem elfjährigen Zyklus (nach seinem Entdecker auch *Schwabe Zyklus* genannt) gibt es einen 22-jährigen Zyklus (*Hale Zyklus*) sowie einen etwa 80- bis 90-jährigen *Gleissberg Zyklus*. Das vorletzte Minimum der Sonnenaktivität war um 2008 und es dauerte ungewöhnlich lange, sodass man vermutet, dass wir uns dem Minimum der Gleissberg Periode nähern. Es ist also in nächster Zeit mit verringerter Sonnenaktivität selbst im Maximum des Schwabe Zyklus zu rechnen.

Abschließend kann man sagen: Die Beobachtung der Sonnenaktivität ist sehr wichtig, um das Weltraumwetter besser zu verstehen und vorherzusagen. Allerdings ist unser Kenntnisstand noch nicht weit genug, um wirklich verlässliche Prognosen erstellen zu können. Außerdem ist die Aktivität der Sonne nahe einem chaotischen Verhalten und somit wie das Wetter auf der Erde nur bis zu einem gewissen Grad vorhersagbar, da man einerseits die Faktoren nicht genau genug kennt und andererseits bei einem chaotischen System die kleinsten Einflüsse extrem große Auswirkungen haben. Der sprichwörtliche Flügelschlag eines Schmetterlings in Wien kann einen Wirbelsturm auslösen, der Teile Floridas zerstört.

Eine verringerte Sonnenaktivität in den nächsten Dekaden könnte also eine geringfügige Abkühlung für die Erde zur Folge haben, aber das kehrt sich danach wieder ins Gegenteil, wenn die Sonnenaktivität im Sinne des Gleissberg Zyklus ansteigt. Auch die beobachtete Klimaerwärmung der Erde kann man bis maximal zum Jahr 1970 einigermaßen mit erhöhter Sonnenaktivität erklären. In den letzten 50 Jahren ist die globale Temperaturzunahme auf der Erde jedoch eindeutig auf den erhöhten Kohlendioxid-Ausstoß durch den Menschen zurückzuführen (*anthropogener Treibhauseffekt*).

WANN HÖRT DIE SONNE AUF ZU LEUCHTEN? ✶

Wie wir gesehen haben, ist die Sonne etwa 4,6 Milliarden Jahre alt. Schon bald nach ihrer Bildung entstanden auch die Planeten. Wir gehen heute davon aus, dass die junge Sonne anders war als heute. Sie rotierte schneller, war wesentlich aktiver, leuchtete aber nur etwa 70 Prozent so hell wie heute. Dennoch schien die Temperatur auf der Erde relativ konstant zu sein. Dies erklärt man mit einer anderen Zusammensetzung der frühen Erdatmosphäre, die mehr Kohlendioxid enthielt, daher war der Treibhauseffekt stärker.

Die Sonne nimmt also langsam an Helligkeit zu und in einigen 100 Millionen Jahren wird es auf der Erde zu heiß, die Ozeane werden verdampfen. Wasserdampf ist das stärkste Treibhausgas, es wird zu heiß für Leben auf der Erde. Bis dahin haben wir Zeit, uns woanders niederzulassen. Möglicherweise wird dann unser Nachbarplanet Mars ein gemütlicher Ort und bewohnbar. Allerdings entspricht die Marsoberfläche nur der gesamten Landfläche der Erde. Endgültig vorbei mit der Erde wird es dann sein, wenn sich die Sonne zu einem Roten Riesen entwickelt. Da der Vorrat an Wasserstoff zur Fusion im Zentrum der Sonne zu Ende geht, erfolgt die Fusion von Wasserstoff zu Helium in einer sich nach außen ausbreitenden Schale um den Kern herum. Infolgedessen dehnt sich die Sonne bis über die Erdbahn hinaus aus. Die Erde wird also in der Sonne quasi verglühen, aber wie gesagt, bis dahin sind es noch etwa 4,5 Milliarden Jahre. Das endgültige Schicksal unseres Heimatsternes ist das eines Weißen Zwerges, sie wird dann etwa so groß wie die Erde sein.

DAS SYSTEM DER PLANETEN

✶ WAS SIND PLANETEN?

Planeten sind schon seit dem Altertum bekannt. Wir bewegen uns im Lauf eines Jahres um die Sonne. Daher scheint sich die Sonne im Lauf eines Jahres um den ganzen Himmel zu bewegen auf der sogenannten Ekliptik. Da die Bahnen der Planeten einschließlich der Erde nahezu in einer Ebene sind, befinden sich die Planeten auch immer in der Nähe der Ekliptik.

Während die Sterne ihre Position während eines Menschenlebens kaum verändern, sieht man innerhalb weniger Tage, wie sich Planeten mehr oder weniger schnell am Himmel bewegen, daher ihre Bezeichnung (Planet bedeutet *Wandelstern*, also ein Stern, der sich am Himmel bewegt).

Wie schon dargestellt, bewegen sich alle Planeten im selben Sinn um die Sonne. Das hängt mit ihrer Entstehung aus einem sich verdichtenden Nebel zusammen, der rotierte und sich abflachte. [✶ Was bezeichnet man als Planet? S. 22]

✶ SCHLEIFEN AM HIMMEL?

Planeten bewegen sich von West nach Ost am Himmel, zumindest was die Planeten anbelangt, die sich außerhalb der Erdbahn befinden. Aber zu gewissen Zeiten machen die Planeten seltsame Schleifenbahnen. Sie bewegen sich für einige Zeit von Osten nach Westen und dann wieder umgekehrt. Es kommt also zu einem Stillstand der Bewegung, dann zu einer rückläufigen Bewegung. Man erkennt auch mit freiem Auge, dass die Planeten dann deutlich heller werden. Wie kann man erklären, dass Planeten heller werden?

Es muss daran liegen, dass die Planeten während dieser Zeit der Erde nahekommen. Die größte Annäherung an die Erde wird als *Opposition* bezeichnet. Steht zum Beispiel Mars in Opposition, dann geht er genau auf, wenn die Sonne untergeht und unter, wenn diese aufgeht; er steht also der Sonne gegenüber.

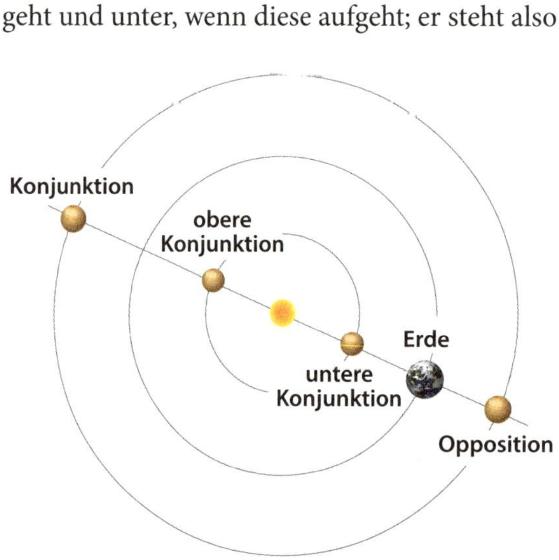

Ein Planet außerhalb der Erdbahn steht der Erde bei der Opposition am nächsten, er ist dann die gesamte Nacht hindurch sichtbar. Ein Planet innerhalb der Erdbahn steht der Erde bei seiner unteren Konjunktion am nächsten, ist dann allerdings unsichtbar (außer bei einem Transit).

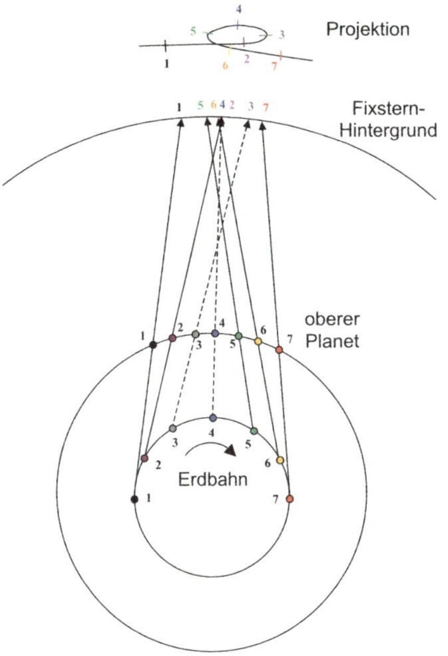

Erklärung der Schleifenbewegung eines äußeren Planeten: Wenn die schnellere Erde den Planeten überholt, scheint dieser eine Schleife am Himmel zu machen.

Die Erklärung der Schleifenbewegung der Planeten war in einem geozentrischen Weltsystem sehr kompliziert. Betrachtet man jedoch die Sonne als im Zentrum des Systems und alle Planeten sowie die Erde bewegen sich um sie herum, dann wird sofort klar: Bei der Opposition stehen Sonne–Erde–Planet in einer Linie, die Schleifenbewegung entsteht dadurch, dass die schnellere Erde den äußeren Planeten auf ihrer Bahn überholt.

WAS IST DER MORGENSTERN, WAS IST DER ABENDSTERN?

Nun wenden wir uns den Planeten zu, deren Bahn innerhalb der Erdbahn verläuft. Die beiden Planeten Merkur und Venus können sich nur bis zu einem maximalen Winkelabstand (*Elongation*) von der Sonne am Himmel entfernen. Bei Merkur, dem sonnennächsten Planeten sind das etwa 20 Grad. Er steht also immer in Sonnennähe, bei Venus können es bis zu 47 Grad sein. Steht Venus östlich der Sonne, dann ist sie nach Sonnenuntergang im Westen als Abendstern zusehen, steht sie dagegen westlich der Sonne, sieht man sie am Morgenhimmel als Morgenstern. Dasselbe gilt für den Merkur, der allerdings immer näher bei der Sonne steht und nur für Spezialisten auffällig wird. Venus kann um ihre Elongation herum mehrere Stunden am Abend- beziehungsweise am Morgenhimmel gesehen werden.

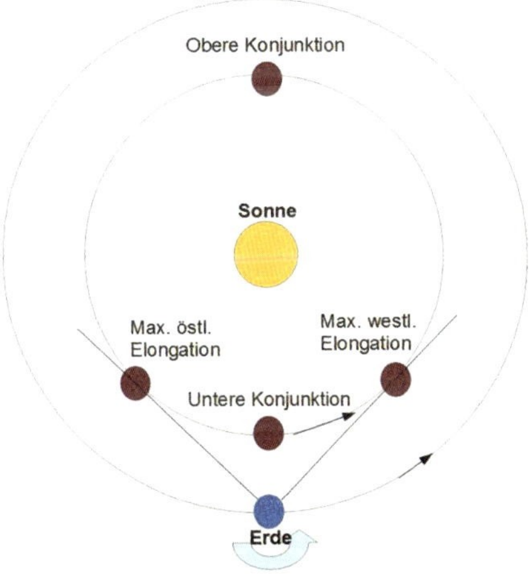

Die Stellungen eines innerhalb der Erdbahn liegenden Planeten am Beispiel Venus. Bei der unteren Konjunktion steht sie der Erde am nächsten, ist aber unsichtbar, bei der oberen Konjunktion ist sie am weitesten entfernt. Um die Zeit ihrer größten östlichen Elongation sieht man sie am Abendhimmel, um die Zeit ihrer größten westlichen Elongation am Morgenhimmel.

GIBT ES EINE VENUSSICHEL?

Die inneren Planeten Venus und Merkur zeigen von der Erde aus sämtliche Phasen ähnlich wie unser Mond. Stehen Venus oder Merkur knapp neben der Sonne, so kann man diese Planeten als Sichel erkennen. Venus ist so hell, dass sie auch mit kleinen Teleskopen am Taghimmel zu finden ist, es reicht sogar ein Fernglas. Die Sichelgestalt sieht man jedoch nur knapp vor oder nach der unteren Konjunktion, wenn der Planet der Erde am nächsten ist. Bei der oberen Konjunktion sind Venus oder Merkur voll beleuchtet, aber das Planetenscheibchen ist wesentlich kleiner als die Sichel. Um die Elongation herum erscheinen Venus und Merkur zur Hälfte beleuchtet. Entsprechend der Phase und des Abstandes ändert sich die Helligkeit der beiden Planeten. Wenn sich Venus im größten Glanz befindet, kann man sie sogar mit freiem Auge am Tageshimmel erkennen, wenn man genau weiß, wo sie steht. Auch Mars zeigt gewisse Phasen, allerdings ist er fast immer zu 90 Prozent voll beleuchtet. Bei Jupiter und Saturn ist der Phaseneffekt kaum erkennbar.
Schon im alten Babylon wurde von einer Sichel der Venus berichtet, obwohl man das Teleskop noch nicht kannte. Unter ausgezeichneten Beobachtungsbedingungen kann es sein, dass man die Venussichel mit freiem Auge erkennt.

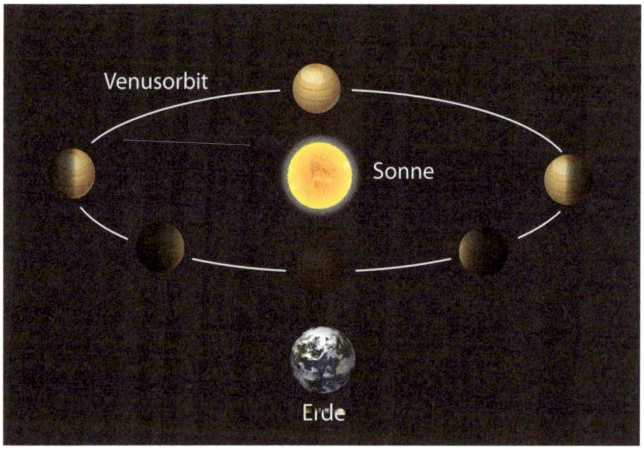

Die Phasen der Venus von der Erde aus gesehen.

GIBT ES ETWAS NEUES VON MERKUR?

Merkur ist der sonnennächste und kleinste Planet im Sonnensystem. Sein Radius beträgt 2 439 Kilometer. Er ist von der Erde aus nur schwierig zu beobachten, lange Zeit wusste man wenig über diesen Planeten. Da er den Störungen der anderen Planeten ausgesetzt ist, ändert sich der sonnennächste Punkt seiner Bahn (Perihel).

Aber die Rechnungen ergaben einen zunächst nicht erklärbaren Unterschied zu den Messwerten. Albert Einstein lieferte dann mit seiner allgemeinen Relativitätstheorie die Erklärung für den Unterschied. Die von ihm vorhergesagte Periheldrehung des Merkur passt exakt zu den Messungen.

Aufgrund seiner Sonnennähe, die mittlere Entfernung beträgt nur 58 Millionen Kilometer, das ist etwa ein Drittel der Entfernung Erde–Sonne, benötigt Merkur nur 88 Tage für einen Umlauf, seine Rotation dauert aber 59 Tage.
Die Bahn des Merkur ist stark elliptisch, seine Entfernung zur Sonne schwankt zwischen 46 und 70 Millionen Kilometer.

Machen wir eine Rechnung:

$$59 = \frac{2}{3}\,88$$

Wenn sie mit ihren durch dieses Buch erworbenen Kenntnissen Eindruck schinden möchten, dann können sie sagen: Merkur besitzt eine Spin-Bahn-Resonanz. Die Umlaufdauer und die Rotation stehen in einem ganzzahligen Verhältnis. Übrigens: Der Mond zeigt uns immer dieselbe Seite, da seine Rotationsdauer seiner Erdumlaufdauer entspricht, auch hier liegt eine Spin-Bahn-Resonanz vor.

Merkur besitzt keine Atmosphäre und nur ein extrem schwaches Magnetfeld. Wegen seiner Nähe zur Sonne erscheint diese etwa dreimal so groß am Himmel und es ist so heiß an seiner Oberfläche, dass Blei schmelzen würde. Die Merkuroberfläche sieht auf den ersten Blick ähnlich aus wie die des Mondes, also mit Kratern übersät. Es könnte an den Polen des Merkur Eis geben, das durch Kometeneinschläge dorthin gebracht wurde und im ewigen Schatten liegt. Die geschätzte Masse des Merkureises entspricht in etwa der Masse des Bodenseewassers.

Merkurs Oberfläche ähnelt der des Mondes. Die Farben dienen nur zur Verdeutlichung. Merkur besitzt einen relativ großen Kern vorwiegend aus Eisen.

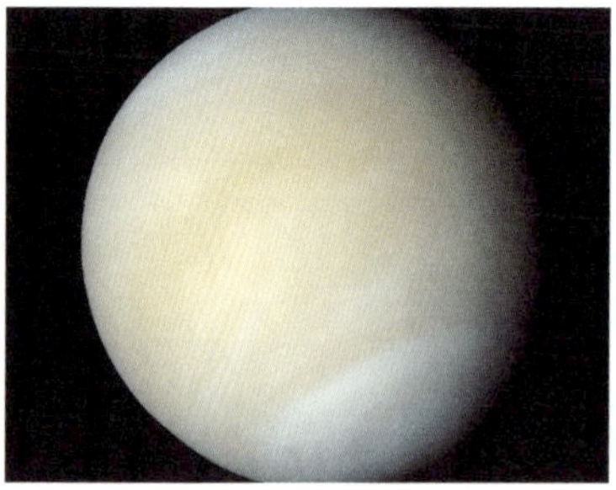

links: Die Oberfläche der Venus bleibt durch ihre dichte Wolkenhülle verborgen.
rechts: Größenvergleich Venus-Erde. Die Oberfläche der Venus wurde mittels Radar abgetastet.

✶ VENUS: DIE HÖLLE IM SONNENSYSTEM?

Kein anderer Planet kann der Erde so nahekommen wie die Venus, die mit einem Durchmesser von etwa 12 100 Kilometern nur geringfügig kleiner ist als die Erde, weshalb man sie oft auch als Schwester der Erde bezeichnet. Aber trotz ihrer Nähe zur Erde wusste man lange Zeit nichts über ihre Oberfläche, da sie unter einer extrem dichten Wolkenhülle verborgen bleibt.

Es gelang dann mit Radarabtastungen, die Oberfläche zu erkunden, und man fand Krater ähnlich wie auf dem Mond, aber auch große höhergelegenen Gebiete ähnlich den Kontinenten auf der Erde.

Zunächst dachte man, dass es auf der Venus etwas wärmer sein müsse als auf der Erde, da ihr Abstand zur Sonne nur etwa zwei Drittel des Abstandes Erde zur Sonne ausmacht. Dann stellte sich jedoch heraus, dass ihre Oberfläche alles andere als angenehm warm ist, es ist die Hölle. Die Temperatur ist so hoch, dass wiederum Blei sofort schmelzen würde, und infolge der dichten Atmosphäre ist es überall gleich heiß, egal ob auf der Tag- oder Nachtseite, an den Polen oder am Äquator. Die Atmosphäre hat an der Oberfläche etwa den 100-fachen Druck wie die Erdatmosphäre an der Oberfläche. Ein Venusumlauf um die Sonne dauert 224 Tage, sie rotiert in 243 Tagen einmal um die eigene Achse. Der Grund für die hohen Temperaturen ist nicht die Nähe zur Sonne, sondern der extreme Treibhauseffekt, da die Venusatmosphäre fast ausschließlich aus Kohlendioxid besteht. Hier sehen wir drastisch, was passiert, wenn wir unsere Treibhausgasemission nicht in den Griff bekommen. Die Wolken bestehen auch aus Schwefelsäureverbindungen.

WO GEHT DIE SONNE VERKEHRT AUF? ✶

Venus rotiert nicht im selben Sinne wie sie um die Sonne läuft. Sie rotiert retrograd. Das hat zur Folge, dass die Sonne am Venushimmel im Westen auf- und im Osten untergeht. Die verkehrte Rotation der Venus kann man durch eine Kollision in der Frühgeschichte des Planeten erklären oder auch dadurch, dass Merkur ein entkommener Venusmond sein könnte. Zur Zeit des frühen Sonnensystems vor mehr als vier Milliarden Jahren könnte Venus mit einem anderen Planeten zusammengestoßen sein und dadurch hat sich ihre Rotation umgekehrt. Aus dem ausgeworfenen Material könnte Merkur entstanden sein.

GIBT ES LEBEN AUF DER VENUS? ✶

Zunächst scheint diese Frage absurd. Die Temperaturen sind an der Oberfläche viel zu hoch, und es gibt einen ganz wichtigen Baustein für Leben nicht: Wasser. Aber in der Venusatmosphäre gibt es durchaus Zonen, wo angenehme Temperaturen herrschen und sogar Wasser ist in Form von Wasserdampf in geringen Spuren zu finden. Deshalb gibt es Vermutungen, dass es hier Leben zumindest in sehr primitiver Form beispielsweise als Bakterien geben könnte. Beim Eintauchen einer US-Sonde in die Venusatmosphäre hat man sogar in den Wolken Teilchen in Bakteriengröße gefunden. Ob es sich wirklich um Leben handelt, ist aber noch reine Spekulation. Im Jahr 2020 wurde in der Venusatmosphäre erstmals das Gas Phosphin nachgewiesen. So wie wir dieses Gas von der Erde her kennen, braucht es zu seiner Entstehung biologische Prozesse. Ist die Entdeckung von Phosphin der Venusatmosphäre also ein Beweis für Leben? Es könnte auch durch bisher unbekannte andere chemische Prozesse entstanden sein.
Vielleicht hatte Venus in ihrer Frühgeschichte vor mehr als 4 Milliarden Jahren Wasser in flüssiger Form, das dann durch die etwas heller werdende Sonne verdampft ist.

So könnte es auf der Venusoberfläche aussehen. Künstlerische Darstellung, ESA, J. Whatmore.

MARS – DER ROTE PLANET

Mars ist ein besonderer Planet. Er kann nach Venus der hellste Planet am Himmel sein und leuchtet dann auffällig rötlich. Er kann aber auch, außerhalb seiner Oppositionszeit relativ unscheinbar am Himmel stehen und fällt dann nur Kennern des Sternenhimmels wirklich auf. Zur Zeit seiner Opposition kann er der Erde im Idealfall bis auf weniger als 60 Millionen Kilometern nahekommen, aber es gibt auch Marsoppositionen, bei denen der Planet mehr als 100 Millionen Kilometer von uns entfernt bleibt. Grund dafür ist die Marsbahn, die eine relativ hohe Exzentrizität aufweist. Zur Erklärung: Ein Kreis besitzt eine Exzentrizität von Null, eine Ellipse zwischen 0 und 1. Je größer der Wert, desto abgeflachter wird die Ellipse.
Johannes Kepler wurde in Prag zu Beginn des 17. Jahrhunderts von dem dänischen Adeligen und bekannten Astronomen Tycho Brahe mit der Berechnung der Marsbahn beauftragt. Schon bald erkannte Kepler, dass die Bahn des Mars elliptisch sein muss. Damit hat er sein erstes Gesetz der Planetenbewegungen formuliert: Die Umlaufbahnen der Planeten sind Ellipsen mit der Sonne in einem der Brennpunkte.
Mars ist etwa halb so groß wie die Erde, sein Durchmesser beträgt 6 800 Kilometer und seine mittlere Entfernung zur Sonne beträgt 228 Millionen Kilometer. Er ist daher 1,5-mal so weit von der Sonne entfernt wie die Erde. Somit war auch klar, dass es dort kälter sein muss.
Bei seiner Opposition, wenn er der Erde nahekommt, kann man mit erdgebundenen Teleskopen einige Oberflächendetails wie Polkappen und große Wüstengebiete erkennen, da seine Atmosphäre sehr dünn ist. Allerdings treten auch immer wieder Staubstürme auf, die einen großen Teil seiner Oberfläche verhüllen.

Mars, aufgenommen mit dem Hubble-Weltraumteleskop. Man sieht eine Polkappe sowie leichte Bewölkung.

KANÄLE AUF DEM MARS, ERRICHTET VON MARSBEWOHNERN? ✶

Schon im 18. Jahrhundert beobachtete man mit Teleskopen dunkle Flecken auf der Marsoberfläche sowie Polkappen, deren Größe sich je nach Jahreszeit auf dem Mars änderte. Die dunklen Gebiete hielten einige Astronomen für riesige Vegetationsgebiete. Der Astronom Giovanni Schiaparelli entdeckte um 1877 ein Netz von feinen Linien, die er als *Canali* bezeichnete. Andere Astronomen beobachteten, dass diese Kanäle von den dunklen Gebieten ausgingen und schlossen daraus, es müsse sich bei den Kanälen um von Marsbewohnern künstlich angelegte Wasserläufe zur Verteilung des Wassers auf dem Planeten handeln. Es gab sogar einen Astronomen, Percival Lovell, der eine eigene Sternwarte zur besseren Marsbeobachtung erbauen ließ.

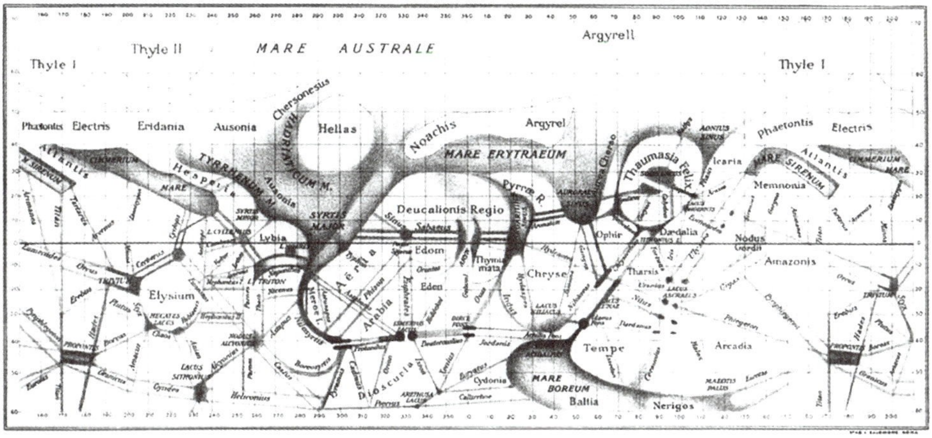

Mars mit seinen Kanälen. Zeichnung von Schiaparelli.

GRÜNE MARSMÄNNCHEN? ✶

Seither gab es auch die Idee von den grünen Männchen vom Mars. Im Jahr 1938 wurde ein Hörspiel von Orson Welles im Radio gesendet. Das Hörspiel hatte die Form der üblichen Nachrichten und löste eine Mars-Hysterie aus. Es geht auf das Buch „Krieg der Welten" zurück, in dem der Autor H. G. Wells beschreibt, wie Marsianer in dreibeinigen Raumschiffen das Vereinigte Königreich angreifen, um von dort aus die gesamte Erde in Besitz zu nehmen.

Genug Gründe also, um sich näher mit Mars zu beschäftigen. Die erste Raumsonde, die Mars erreichte, war Mariner 4. Sie flog am 15. Juli 1965 nach acht Monaten Flugzeit an Mars vorbei und funkte 22 Marsbilder zur Erde. Die Enttäuschung war

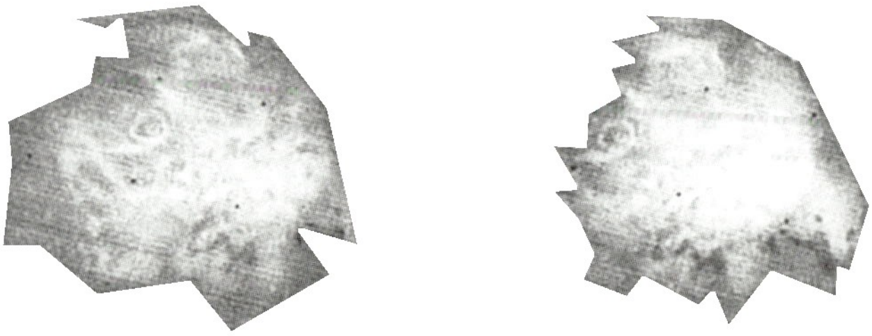

oben: Mars aufgenommen 1969 mit einer der US-Mariner-Sonden. Obwohl die Aufnahmen keine hohe Qualität besitzen, zeigen sie deutlich, dass es die Marskanäle nicht gibt. unten: Marskarte erstellt mit den Marsmissionen Viking. Man erkennt eine wüstenartige Landschaft sowie Eis an den Polen.

groß. Anstelle der Marskanäle fand man eine mondähnliche Wüstenlandschaft mit etlichen Kratern, von Wasser keine Spur. Natürlich auch keine Zeichen höherentwickelten Lebens.

✶ SPIELZEUGAUTOS AUF DEM MARS?

Aber man gab die Suche nach Leben auf dem Mars nicht auf. Zunächst gelang es den Amerikanern, zwei Sonden weich auf dem Mars landen zu lassen, Viking 1 und Viking 2. Viking 1 landete am 20. Juli 1976 auf der Marsoberfläche und funkte sensationelle Bilder zur Erde.

1997 landete Mars Pathfinder erfolgreich und ein kleines Roboterauto Sojourner erkundete den Mars. Im Jahr 2004 landete eine Marssonde mit dem Marsroboter Spirit erfolgreich auf der Oberfläche. 2009 blieb der Rover in einer Sanddüne stecken und kurz darauf riss auch der Funkkontakt ab. Am 25. Jänner 2004 brachte der Roboter Opportunity den endgültigen Beweis, dass Mars früher ein feuchtwarmes Klima gehabt haben muss. Dies ließ sich an der Ausrichtung der Gesteine ablesen. Möglicherweise gab es sogar richtige Meere auf dem roten Planeten. 2018 riss der Funkkontakt mit Opportunity ab. Im März 2008 wies die Marssonde Odyssee riesige Salzlagerstätten auf der Marsoberfläche nach, ebenfalls ein Zeichen, dass es früher Wasser auf Mars gegeben haben könnte.

links: Eines der ersten Bilder von der Marsoberfläche, aufgenommen mit Viking 1.
rechts: Künstlerische Darstellung des Marsrovers Opportunity.
unten: ausgetrocknete Salztümpel auf dem Mars. Die Austrocknung fand vor mehr als 3,5 Milliarden Jahren statt.

Im Juli 2020 startete die US-Mission Perseverance. An Bord dieser Mission befindet sich auch ein Hubschrauber, mit dem größere Gebiete auf dem Mars erkundet werden sollen. Neben den USA und Russland haben inzwischen auch China, Japan sowie die Vereinigten Arabischen Emirate eine Marsmission gestartet. Für das Jahr 2026 ist eine *Mars sample return mission* geplant. An der Marsoberfläche sollen Gesteinsproben gesammelt werden und zur Erde gebracht werden. Im Jahr 2004 kündigte US-Präsident Bush eine bemannte Mission zum Mars an, das Vorhaben wurde jedoch aus Kostengründen von seinem Nachfolger Obama gestrichen. Wann wirklich erste Menschen den Mars betreten werden, ist unklar, vermutlich nach 2035.

✶ AUF DEM MARS (ÜBER)LEBEN?

Stellen wir uns vor, wir wollten auf dem Mars leben. Wir haben es mit harten Bedingungen zu tun. Die Temperaturen können bis auf -90 Grad während der Nacht absinken und klettern nur selten über die Null-Grad-Grenze. Wegen der langen Umlaufdauer des Planeten um die Sonne dauern die Jahreszeiten auf dem Mars fast doppelt so lange wie bei uns. Die Atmosphäre ist lebensfeindlich, erstens ist sie sehr dünn (nur etwa 1/100 der Erdatmosphäre) und zweitens gibt es keinen Sauerstoff, sondern fast nur Kohlendioxid. Befindet sich der Mars auf seiner elliptischen Bahn in Sonnennähe, kommt es oft zu riesigen Staubstürmen, die den Marshimmel für viele Tage verdunkeln. Ein Blick zum Marshimmel zeigt zwei kleine Marsmonde, Phobos und Deimos, die sich sehr schnell bewegen. Darüber hinaus besitzt der Mars kein Magnetfeld, allenfalls Reste eines früheren Magnetfeldes, die aber im Vergleich zum Erdmagnetfeld sehr schwach sind. Ein Kompass funktioniert also auf dem Mars nicht, aber was noch viel gefährlicher ist, Teilchen des Sonnenwindes und andere hochenergetische Teilchen der sogenannten *kosmischen Strahlung* prasseln auf die Marsoberfläche und man muss sich vor ihnen schützen, am besten indem man seinen Wohnort unter die Marsoberfläche verlegt. Wasser gibt es auf dem Mars, einerseits in den Polgebieten, die neben Wassereis auch gefrorenes Kohlendioxideis enthalten, andererseits ist das Wasser im Marsboden gefroren. Wegen des geringen Drucks der dünnen Marsatmosphäre würde flüssiges Wasser auf der Marsoberfläche sofort verdampfen.

Gegenwärtig ist der Mars also kein sehr einladender Ort. Außerdem wären Marsbewohner beziehungsweise Astronauten auf dem Mars komplett auf sich allein gestellt. Ein Funkspruch zur Erde dauert immerhin etwa 15 Minuten. Man muss also bei Problemen etwa 30 Minuten auf Antwort warten.

Es gibt auch Überlegungen, den Mars bewohnbar zu machen, was als *Terraforming* bezeichnet wird. Würde man das im Boden gefrorene Wasser auftauen, wäre sicherlich reichlich Wasser vorhanden. Das Problem ist aber der viel zu geringe Atmosphärendruck: Bei den derzeitigen Verhältnissen würde flüssiges Wasser sofort verdampfen. Man könnte das Kohlendioxid, das in den Polkappen des Mars gefangen ist, auftauen, aber abgesehen vom technischen Aufwand würde der Prozess, aus dem Mars eine zweite bewohnbare Erde zu machen, sicher Jahrtausende dauern.

✶ WANN REGNETE ES AUF DEM MARS ZUM LETZTEN MAL?

Gegenwärtig ist der Mars ein extrem trockener kalter Wüstenplanet. Aber es gibt viele Anzeichen für das Vorhandensein von flüssigem Wasser in der Frühphase des Mars. Vor etwa 4,3 Milliarden Jahren könnte der gesamte Planet mit einer bis

Ein ausgetrockneter Flusslauf auf dem Mars?

über 1 200 Meter tiefen Wasserschicht bedeckt gewesen sein. Vermutlich waren damals und etwas später bis zu 70 Prozent der Oberfläche des Mars von Wasser bedeckt.
Was ist also passiert? Man schätzt, dass etwa 90 Prozent des ursprünglich vorhandenen Wassers verschwunden sind. Wasserdampf wird durch Winde zum Nordpol getragen und dort spaltet die UV-Strahlung der Sonne die Wassermoleküle auf in Wasserstoff (H_2) und Sauerstoff (O). Wasserstoff ist ein sehr leichtes Gas und die Schwerkraft des Planeten Mars kann dieses Gas nicht halten und es entweicht. Dieser Mechanismus funktioniert nur, wenn auf der Südhemisphäre des Mars Sommer ist. Die Jahreszeiten auf dem Mars sind wegen seiner elliptischen Umlaufbahn um die Sonne nicht gleich. Der Süden wird stärker erwärmt als der Norden. Die Sommer auf der Südhemisphäre des Mars sind deutlich wärmer als die Sommer der Nordhemisphäre. Während der wärmsten und stürmischsten Zeit des Mars-Jahres gab es demnach zehn- bis 100-mal mehr Wasserdampf in einer Höhe von mehr als 80 Kilometern, als es die Temperaturen eigentlich erlauben sollten.
Es kann also sein, dass Mars den Großteil des Wassers schneller als ursprünglich gedacht verloren haben könnte.

Dennoch bleibt Mars ein interessantes Objekt bei der Suche nach außerirdischem Leben. Flüssiges Wasser wird als Grundbaustein für Leben angesehen, zumindest für Leben, wie wir es kennen. Überall dort, wo Wasser in flüssiger Form existieren kann, spricht man von einer habitablen Zone. Es könnte also durchaus sein, dass sich in der Frühphase des Mars Leben entwickelte und in geschützten Bereichen vielleicht bis heute überlebte. Die neuen Marsmissionen werden hoffentlich Aufklärung bringen.

✶ SONNENFINSTERNISSE AUF DEM MARS?

Eine Sonnenfinsternis auf der Erde beobachten wir immer dann, wenn sich unser Mond genau zwischen Erde und Sonne schiebt, also die drei Himmelskörper auf einer Linie liegen. Dazu muss sich der Mond bei der Phase Vollmond genau in der Erdbahnebene befinden, sonst geht er nördlich oder südlich von der Sonne vorbei.
Unser Nachbarplanet Mars besitzt zwei Monde, Phobos und Deimos. Der Marsmond Phobos wurde erst 1877 entdeckt. Er bewegt sich nur 6 000 Kilometer von der Marsoberfläche entfernt um diesen. Für einen Umlauf benötigt er gerade einmal 7 Stunden 39 Minuten. Damit beträgt seine Umlaufperiode weniger als die Länge eines Marstages, der etwas länger als ein Erdentag ist. Phobos geht im Westen am Marshimmel auf und dann im Osten unter. Die Auf- und Untergänge erfolgen mit einer Periode von 11 Stunden 6 Minuten. Pro Marstag erfolgen sie also zwei- manchmal sogar dreimal. Seine Form ist die eines Ellipsoides mit den Abmessungen 27 mal 22 mal 19 Kilometer. Die Sonne wird wegen der großen Nähe von Phobos bei jedem Umlauf des Mondes abgedunkelt, jedoch nicht vollständig, da der Mond zu klein ist.
Phobos nähert sich langsam Mars, pro Jahrhundert um 1,5 Meter. In etwa 50 Millionen Jahren wird er durch die Gezeitenkräfte des Mars auseinandergerissen werden. Dann wird Mars einen Ring ähnlich wie Saturn besitzen.

*Der Marsmond Phobos.
Reconnaissance Orbiter, 2018, NASA.*

Der zweite Marsmond Deimos ist weiter von Mars entfernt – etwa 20 000 Kilometer von der Marsoberfläche. Er benötigt für einen Marsumlauf 1 Tag und 6 Stunden. Auch er wandert immer wieder vor der Sonne vorbei, ist jedoch kleiner als Phobos: 15 x 12 x 10 Kilometer.

Jupiter, aufgenommen von der Raumsonde Cassini, 2000.

JUPITER – EIN MINIATURSONNENSYSTEM? ✶

Jupiter ist der größte Planet im Sonnensystem, sein Durchmesser (143 000 km) beträgt das Zehnfache der Erde, seine Masse das 330-Fache. Im Vergleich zur Sonne ist aber selbst Jupiter klein. Er besitzt nur 1/10 ihres Durchmessers und 1/1000 ihrer gewaltigen Masse. Meist ist er nach Venus das hellste Objekt am Himmel. Jupiter rotiert in weniger als zehn Stunden um die eigene Achse und ist daher deutlich abgeplattet, was man schon in kleinen Teleskopen gut erkennen kann. Er ist ein Gasplanet ohne feste Oberfläche. Man kann also nicht auf ihm landen, sondern dringt in eine immer tiefere Atmosphäre ein. Auffällig ist sein parallel zum Äquator laufendes streifenförmiges reich strukturiertes Wolkensystem. Er ist etwa fünfmal so weit von der Sonne entfernt wie die Erde und deshalb ist es auf Jupiter auch wesentlich kälter. Für einen Umlauf um die Sonne benötigt er elf Jahre 315 Tage.
Wie sie vielleicht wissen, gibt es zwölf Sternbilder entlang der Ekliptik (der Ebene, auf der alle Planeten um die Sonne rotieren), und die Planeten stehen ja immer nahe der Ekliptik. Die Sternbilder heißen: Widder, Stier, Zwillinge, Krebs, Löwe, Jungfrau, Waage, Skorpion, Schütze, Steinbock, Wassermann und Fische. Im Jahr 2021 befand sich Jupiter im Sternbild Steinbock, daher wird er 2022 im Sternbild des Wassermanns zu finden sein.

MONDE, NEUE KANDIDATEN FÜR LEBEN? ✶

Galileo Galilei hat um 1610 zum ersten Mal mit einem Teleskop den Himmel beobachtet, unter anderem auch den Jupiter. Dabei entdeckte er vier kleinere Himmelskörper um den Planeten herum, deren Position sich laufend änderte. Einmal waren

 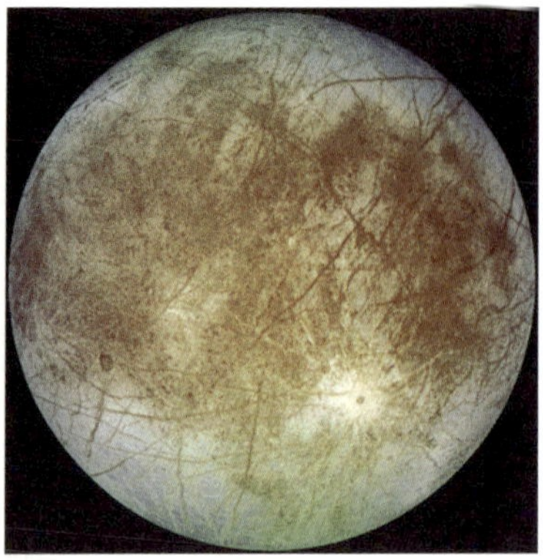

links: Der Jupitermond Io. Die links unten am Rande des Mondes erkennbare vulkanische Eruption ist etwa 140 Kilometer hoch. Galileo Raumsonde, NASA
rechts: Die glatte Oberfläche des mit Eis bedeckten Jupitermondes Europa. NASA, Galileo, 1996.

alle vier auf einer Seite zu finden, dann drei links, einer rechts, manchmal sah man nur drei und so fort. Galilei erkannte sofort, dass es sich hierbei um Monde des Jupiter handeln musste. Noch heute werden diese vier Monde, Io, Europa, Ganymed und Callisto, als *Galileische Monde* bezeichnet. Io ist der Jupiter am nächsten stehende Mond. Sein Durchmesser liegt bei 3 643 Kilometern und seine Entfernung zu Jupiter beträgt 421 600 Kilometer. An seiner Oberfläche findet man zahlreiche Vulkane. Der Vulkanismus dieses Mondes entsteht durch die starken Gezeitenkräfte, die die riesige Masse des Jupiters verursacht.

Noch interessanter ist allerdings der Mond Europa. Dieser Mond ist 670 900 Kilometer von Jupiter entfernt und besteht aus einem Metallkern, darüber liegt ein Steinmantel und dann folgt ein etwa 100 Kilometer tiefer Ozean aus Wasser. Dieser Ozean ist jedoch von der Oberfläche her bis zu einer Tiefe von zehn bis 20 Kilometern gefroren. Doch damit wird dieser Jupitermond zu einem interessanten Objekt bei der Suche nach außerirdischem Leben. Es gab sogar bereits die Idee, mit einer Sonde auf der Eisoberfläche zu landen und dann zu versuchen, die Eiskruste zu durchbohren. Allerdings wurde das aufgegeben, denn möglicherweise hätte man auf diese Weise dortige Lebensformen – so es überhaupt welche gibt – zerstört.

Der Jupitermond Ganymed besitzt einen Durchmesser von 5 262 Kilometern und ist der größte Mond im Sonnensystem (sogar größer als der Planet Merkur). Seine Entfernung zu Jupiter beträgt etwa 1 Million Kilometer. Auch hier dürfte es Eis geben.

Der letzte der Galileischen Monde ist Callisto. Dieser Mond hat einen Durchmesser von 4 821 Kilometern und ist 1,8 Millionen Kilometer von Jupiter entfernt. Er besteht aus einem Eisen-Stein-Gemisch, aber man hat mithilfe der Spektroskopie (Lichtananlyse) auch organische Verbindungen nachgewiesen, und in seinem Inneren dürfte es flüssiges Wasser geben.

Jupiter und seine Monde wurden bereits mit mehreren Sonden erkundet: Pioneer Missionen (1973/1974), Voyager Sonden (1979), Galileo Mission (1995), Juno (2016); weitere Missionen waren reine Vorbeiflüge.
Jupiter wird im Jahr 2030 wieder Besuch von uns bekommen, die europäische Mission JUICY (Jupiter Icy moon explorer) soll 2022 gestartet werden und vor allem die Jupitermonde erkunden.

Jupiter verfügt insgesamt über 73 Monde (Stand 2021), von denen 59 aber kleiner als 20 Kilometer sind. Die Galileischen Monde machen mehr als 99,9 Prozent der Masse aller Jupitermonde aus.

SATURN – DER EINZIGE PLANET MIT RING? ✶

Saturn ist ebenso wie Jupiter ein Gasplanet. Er ist etwas kleiner als Jupiter, sein Durchmesser beträgt 120 000 Kilometer und er ist etwa 1 400 Millionen Kilometer von der Sonne entfernt, das ist fast die zehnfache Strecke Erde–Sonne. Bereits in kleineren Teleskopen erkennt man die Saturnringe. Es handelt sich dabei um viele Einzelringe, die aus dezimetergroßen Eisteilchen bestehen. Deshalb sind die Ringe deutlich sichtbar. Auch Jupiter, Uranus und Neptun zeigen Ringe, die aber aus dunklem Material bestehen und erst bei Satellitenmissionen gefunden wurden (der Ringe des Uranus wurde bei einer Sternbedeckung von der Erde aus entdeckt). So wie Jupiter besteht Saturn zu etwa 96 Prozent aus Wasserstoff. Saturn hat noch mehr Monde als Jupiter, nämlich mehr als 80. Der größte Saturnmond ist Titan.

Saturn, der Ringplanet, Aufnahme aus einer Entfernung von 6 Millionen Kilometern von der Raumsonde Cassini.

✶ TITAN – BADEN IM ALKOHOL?

Lange Zeit dachte man, dass der im Jahr 1655 vom niederländischen Astronomen Christiaan Huygens entdeckte Saturnmond der größte Mond im Sonnensystem sei. Aber es stellte sich heraus, dass man seinen Durchmesser zu groß berechnet hatte, er besitzt nämlich eine sehr dichte Atmosphäre. Der Durchmesser des Mondes beträgt 5 150 Kilometer (ohne Atmosphäre). Titan ist der einzige Mond im Sonnensystem mit einer dichten Atmosphäre. Selbst Raumsonden blieb zunächst der Blick auf Titans Oberfläche verwehrt. Die Atmosphäre besteht überwiegend aus Stickstoff und organischen Verbindungen und der Druck an der Titanoberfläche beträgt etwa das 1,5-Fache des Druckes an der Erdoberfläche. Es wurden kleine Seen aus flüssigem Methan und Ethanol gefunden, diese Verbindungen können, ähnlich wie Wasser auf der Erde, dort in drei Aggregatzuständen vorkommen: fest, flüssig und gasförmig.

Übrigens könnten wir Menschen in der Atmosphäre Titans aus eigener Muskelkraft fliegen, weil diese so dicht ist. An der Oberfläche herrscht nur 1/7 der Fallbeschleunigung wie auf der Erde, eine 70 Kilogramm schwere Person würde also auf Titan nur zehn Kilogramm wiegen. Die Oberfläche des Titan entspricht der Fläche der Kontinente Europa, Asien und Afrika zusammen. An der Titanoberfläche herrscht eine Temperatur von etwa minus 200 Grad Celsius. Unterhalb der Eiskruste aus gefrorenem Wasser, Methan und Ethanol könnte ein flüssiger Ozean aus Wasser sein. Die Dicke der Eiskruste beträgt etwa 80 Kilometer. Das Wasser kann bei dem hohen Druck im Inneren und durch Beimengung von Ammoniak bis minus 20 Grad Celsius flüssig sein. Darüber hinaus gibt es Anzeichen für Kryovulkanismus, also Eisvulkane auf Titan.

Der Saturnmond Titan. Es kann dort sehr heftige Stürme und Methanregen geben.

EINE SONDE LANDET AUF TITAN ✶

Eine Sternstunde für die europäische Raumfahrt war die Landung der Huygens-Sonde am 14. Jänner 2005 auf der Oberfläche des Titan. Beim Abstieg wurden Bilder der sich nähernden und schließlich erreichten Oberfläche gesendet. Erst 20 Kilometer über der Oberfläche konnte die Sonde die Oberfläche des Titan fotografieren. Der Abstieg durch die Atmosphäre dauerte zweieinhalb Stunden, die Sonde prallte mit etwa 4,5 m/s auf und sendete dann noch für eine Stunde Daten.

Titan ist ein interessantes Objekt bei der Suche nach Leben. Man kann den Mond als schwaches Sternchen nahe Saturn bereits mit einem guten Fernglas erkennen.

ENCELADUS: EISVULKANE? ✶

Eine große Überraschung war die Entdeckung von Eisfontänen auf dem Saturnmond Enceladus. Der Mond umkreist Saturn in nur 237 900 Kilometer Entfernung und sein Durchmesser beträgt etwa 500 Kilometer, durch die starken Gezeitenkräfte des Saturn ist die Form dieses Mondes leicht elliptisch. Die Gesamtoberfläche entspricht der Englands und Frankreichs zusammengenommen (ohne Überseegebiete). Er ist mit reinem Wassereis bedeckt. Eis reflektiert das Sonnenlicht und deshalb ist es sehr kalt, Temperaturen unter minus 200 Grad Celsius. Man findet auf seiner Oberfläche Hunderte Kilometer lange Streifen, die aus etwa 300 Meter tiefen Spalten bestehen, in denen kristallines Wasser an die Oberfläche drängt. Wasser in flüssiger Form ist eine Grundlage für Leben. Damit wird Enceladus ebenfalls zu einem Kandidaten bei der Suche nach Leben.

URANUS UND NEPTUN, DIE EISRIESEN? ✶

Diese beiden Planeten weisen zum Teil ähnliche Eigenschaften auf. Sie werden auch als Eisriesen bezeichnet, im Unterschied zu den Gasriesen Jupiter und Saturn.

Uranus kann theoretisch unter sehr guten Bedingungen gerade noch mit freiem Auge erkannt werden. Dennoch war er im Altertum nicht bekannt. Mit einem guten Fernglas kann man beide Planeten sehen, allerdings unterscheiden sie sich nicht von den anderen Sternen. Nur wenn man sie über mehrere Tage beobachtet, sieht man, dass sie unter den Sternen weiterwandern.

✶ GAB ES EINE WEITERE PLANETENKOLLISION IM SONNENSYSTEM?

Uranus wurde am 13. März 1781 von Wilhelm Herschel entdeckt. In einem Teleskop erkennt man ihn als grünliches kleines Scheibchen. Sein Durchmesser liegt bei 51 000 Kilometern und beträgt damit etwa das Vierfache des Erddurchmessers. Seine *siderische Umlaufszeit* (darunter versteht man die Bewegung eines Objektes am Himmel relativ zu den Sternen) beträgt 84 Jahre, im Schnitt hält er sich daher etwa sieben Jahre in einem Sternbild auf. 2024 wandert er in das Sternbild Stier. Seine Entfernung zur Sonne beträgt etwa das 20-Fache der Entfernung Erde–Sonne. Trotz seiner 14-fachen Erdmasse beträgt die Fallbeschleunigung nur etwa 8,8 m/s^2, man wäre also auf Uranus um rund 10 Prozent leichter als auf der Erde. Er rotiert in nur 17 Stunden um seine eigene Achse. Die Neigung seiner Achse beträgt 97 Grad, er rotiert daher verkehrt, retrograd.

Diese ungewöhnliche Neigung erklärt man sich durch eine mögliche Kollision in der Frühzeit des Sonnensystems zwischen Uranus und einem Protoplaneten (Planet im Entstehungsprozess), den es heute nicht mehr gibt. Dieser Protoplanet müsste etwa die doppelte Erdmasse gehabt haben.

Uranus besitzt ein System von sehr dunklen Ringen, die man erst bei einer Sternbedeckung 1977 entdeckte. Kurz bevor Uranus den Stern verdeckte, verschwand das Sternenlicht infolge Bedeckung durch die Ringe. Später fand man heraus, dass die Ringe im infraroten Bereich beobachtet werden können.

Uranus erscheint blaugrün, da Methangas in seiner Atmosphäre das Sonnenlicht reflektiert beziehungsweise den langwelligen Bereich herausfiltert. Auf die mit zunehmender Tiefe immer dichter werdende Atmosphäre, die hauptsächlich aus Wasserstoff und Helium besteht, folgt ein Mantel aus Eis, und nahe dem Zentrum gibt es einen Kern aus Gestein und Eis. Im Mantel findet sich ein Ammoniak-Wasser-Gemisch. Die Masse des Kerns entspricht etwa der Masse der Erde. Uranus besitzt ein quadrupolares Magnetfeld, es hat also vier Pole. Außerdem hat er 27 Monde mit Durchmessern zwischen 10 und 1 600 Kilometern.

✶ EIN PLANET WIRD VORAUSBERECHNET

Neptun ist der äußerste bekannte Planet des Sonnensystems. Genaue Beobachtungen der Bahn des Uranus ergaben, dass seine Bahn durch die Anwesenheit eines weiteren Planeten gestört ist. Aus diesen Bahnstörungen berechnete der Himmelsmechaniker Urbain Le Verrier die Position des Planeten, der dann im Jahr 1846 von Johann Gottfried Galle gefunden wurde. Neptuns Durchmesser beträgt etwa 49 500 Kilometer, also etwas weniger als der Durchmesser des Uranus. Die Masse Neptuns ist etwas größer als die des Uranus, nämlich 17 Erdmassen. Für einen

links: Neptun, der eigentlich wirklich blaue Planet im Sonnensystem.
rechts: Der größte der Neptunmonde Triton.

Umlauf um die Sonne benötigt Neptun 164,79 Jahre. Die *synodische Umlaufszeit* beträgt 367,49 Tage (die Zeitdauer, bis ein Objekt von der Erde aus gesehen wieder dieselbe Stellung zeigt). Das sind also etwa zwei Tage mehr als ein Jahr: Ist also Neptun beispielsweise in diesem Jahr am 1. Oktober in Opposition, befindet er sich im darauffolgenden Jahr am 3. Oktober in Opposition. Er hält sich 15 Jahre in einem bestimmten Sternbild auf. In größeren Teleskopen erkennt man ein winziges blaues Scheibchen. Der Aufbau des Planeten ist ähnlich wie der des Uranus. Ähnlich wie Jupiter und Saturn strahlt Neptun mehr Wärme ab, als er von der Sonne empfängt (etwa das 2,7-Fache), er muss also eine innere Wärmequelle besitzen (radioaktiver Zerfall?).
Neptun besitzt ein sehr feines azurfarbenes Ringsystem, das nur mit Spezialinstrumenten gesehen werden kann. Die Ringe wurden erst 1989 beim Vorbeiflug der beiden Voyager-Sonden entdeckt.

EIN MOND STÜRZT AUF EINEN PLANETEN ✶

Bisher kennt man 14 Monde des Neptun, der größte davon ist Triton. Sein Durchmesser beträgt 2700 Kilometer, er ist also etwas kleiner als unser Mond, seine Oberfläche ist etwa doppelt so groß wie die Fläche Europas.

Triton läuft retrograd um den Planeten, also entgegen dem Rotationssinn des Neptun; deshalb dürfte es sich um einen eingefangenen Zwergplaneten handeln, ähnlich wie Pluto. Die Bahn des Pluto verläuft gelegentlich innerhalb der Bahn des Neptun. Während dieser Zeit steht er uns also näher als Neptun. Man hat auch festgestellt, dass sich Triton auf einer spiralförmigen Bahn dem Neptun nähert und irgendwann so nahekommen wird, dass er von den Gezeitenkräften des Neptun auseinandergerissen werden wird. Dann würde Neptun ein spektakuläres Ringsystem zeigen.

✶ WESHALB IST PLUTO KEIN PLANET MEHR?

Wir kommen nun zu den Grenzen des Planetensystems. Nach seiner Entdeckung im Jahre 1930 wurde Pluto noch zu den Planeten gezählt. Aber von seinen Dimensionen her passt das nicht. Pluto hat nur einen Durchmesser von etwas weniger als 2 400 Kilometern, ist also um ein Drittel kleiner als unser Mond. Seine Masse beträgt nur etwa ein Drittel der Masse des Mondes. Am 24. August 2006 wurde daher von der internationalen astronomischen Union beschlossen, Pluto nicht mehr zu den großen Planeten zu zählen.
Der neue Merksatz für die Planeten: Viele der Leser*innen erinnern sich wahrscheinlich an den Merksatz: „Mein Vater erklärt mir jeden Sonntag unsere neun Planeten". Mein steht für Merkur, Vater für Venus, erklärt für die Erde, mir für Mars, jeden für Jupiter, Sonntag für Saturn, unsere für Uranus, neun für Neptun und Planeten für Pluto. Diesen Merksatz kann man einfach abwandeln zu:
Mein Vater erklärt mir jeden Sonntag unseren Nachthimmel.

✶ WAS WISSEN WIR ÜBER PLUTO?

Im Jahr 2006 wurde die Sonde New Horizons zu Pluto gestartet, und sie ist am 14. Juli 2015 in nur 12 500 Kilometer Entfernung an Pluto vorbeigeflogen. Pluto benötigt für einen Sonnenumlauf 249 Jahre. Von 7. Februar 1979 bis 11. Februar 1999 war er uns näher als Neptun, da seine Bahn eine große Exzentrizität besitzt. Von

Detailaufnahme des Pluto von der Sonde New Horizons. Die Aufnahme entstand im Juli 2015 aus einer Entfernung von 450 000 Kilometern zu Pluto.

Pluto aus gesehen erscheint die Sonne nur mehr wie ein extrem heller Stern, der allerdings viel heller ist als der Vollmond. Es gibt zwischen Neptun und Pluto eine Bahnresonanz. Während sich Neptun dreimal um die Sonne bewegt, macht Pluto dies zweimal. Er rotiert in mehr als sechs Tagen retrograd. Auch hier dürfte es einen dicken Mantel aus Wassereis unter einer Oberfläche aus Stickstoffeis geben. Es gibt bis zu 1 500 Meter hohe Berge aus Wassereis an seiner Oberfläche.
Pluto gehört zur Gruppe der Zwergplaneten. Mittlerweile wird auch der erste der entdeckten Kleinplaneten, Ceres, zu den Zwergplaneten gezählt, sowie einige weitere Objekte.

KOMETEN – UNHEILSBRINGER?

Das Planetensystem selbst wird umhüllt von der sogenannten Oortschen Wolke, in der sich einige Milliarden kometenartiger Objekte befinden. Durch zufällige Störungen gelangen diese *Kometen* dann in das innere Sonnensystem. Wenn sie sich der Sonne nähern, verdampfen die leicht flüchtigen Bestandteile der Kometen und bilden einen mehrere Millionen Kilometer langen Schweif. Der Kopf der Kometen selbst hat nur einige zehn Kilometer Durchmesser und besteht aus Gestein und verschiedenen gefrorenen Verbindungen, unter anderem auch Wasser.

Wann ein Komet aus der Oortschen Wolke ins Innere des Sonnensystems gelangt, lässt sich nicht vorhersagen und die Bahnen der Kometen liegen auch nicht in der Erdbahnebene, Ekliptik. Da sich die Kometen so gar nicht an die Regeln halten, galten sie lange Zeit als Unheilsverkünder für Kriege oder Seuchen. Durch

Der im Jahre 2020 mit bloßem Auge sichtbare Komet Neowise.

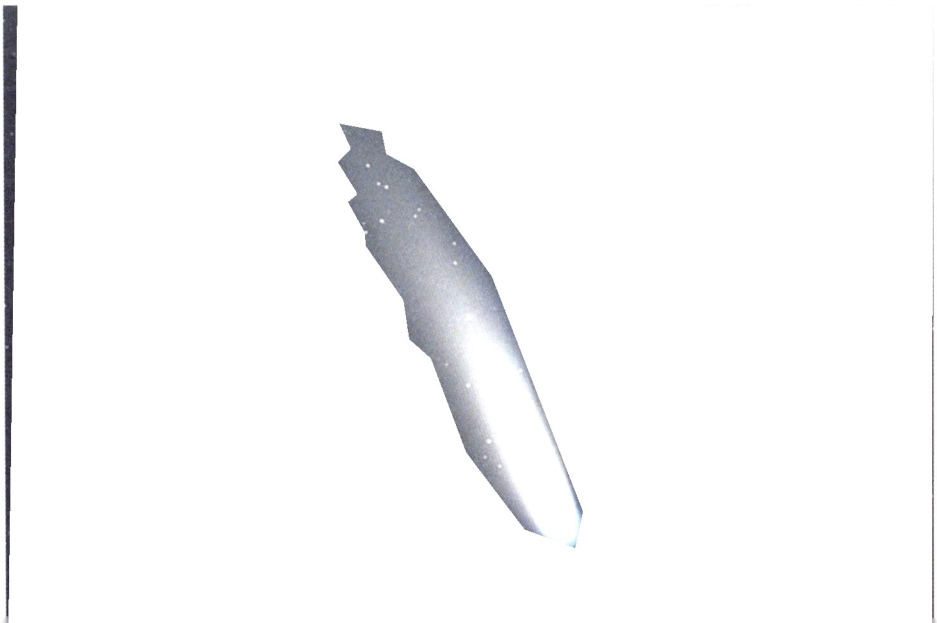

Einflussnahme der großen Planeten auf die Bahn der kleinen Kometen werden diese umgelenkt und so entstehen aus langperiodischen Kometen, die – wenn überhaupt – nur alle paar Tausend Jahre wiederkehren, kurzperiodische Kometen.

✶ WAS IST DER HALLEY'SCHE KOMET?

Der wohl bekannteste der kurzperiodischen Kometen ist der Halley'sche Komet, der im Mittel alle 75,3 Jahre wiederkehrt. Die letzten und zukünftigen Erscheinungen dieses Kometen waren und werden sein: 20. April 1910, 9. Februar 1986, 28. Juli 2061. Dieser Komet ist deshalb so berühmt, weil er meistens sehr hell am Himmel leuchtet. Der sonnennächste Punkt seiner langgestreckten Ellipsenbahn liegt zwischen den Umlaufbahnen von Venus und Merkur, der sonnenfernste Punkt jedoch im Bereich der Neptunbahn.

✶ KOMETEN- UND STERNSCHNUPPENSCHAUER

Bei Sonnenannäherungen verlieren Kometen an Masse, deshalb ändern sich auch ihre Bahnen. Der Massenverlust beträgt beim Halley'schen Kometen etwa 50 000 Kilogramm pro Sekunde, bei jeder Sonnenannäherung verliert er so in etwa 500 Millionen Tonnen, was etwa 0,25 Prozent seiner Gesamtmasse entspricht. Kometen lösen sich daher im Lauf der Zeit auf. Die Reste dieses Kometen sieht man als Meteorströme (Orioniden im Oktober, Eta Aquariden im Mai). Diese Meteorströme bestehen aus unzähligen oft nur wenige Millimeter großen Teilchen, verstreut entlang der Kometenbahn. Immer dann, wenn die Erdbahn die Kometenbahn kreuzt, kommt es zu solchen Meteorströmen. Der bekannteste Meteorstrom sind die Perseiden, deren Maximum am 12. August ist. Sie sind Auflösungsprodukte des Kometen Swift/Tuttle. Dieser besitzt eine Umlaufdauer von etwa 133 Jahren und wird 2126 wiederkehren.

✶ DAS SONNENSYSTEM MIT DEM FLUGZEUG

Um die Dimensionen des Sonnensystems zu erfassen, bedienen wir uns nun eines kleinen Beispieles: Stellen wir uns dazu einfach vor, wir würden mit einem Flugzeug unterwegs sein, das sich (der Einfachheit halber) mit 1 000 km/h bewegt. In einem solchen Flugzeug würde man in weniger als zwei Tagen die Erde umrunden. Wie lange würde eine Flugreise unter diesen Voraussetzungen (natürlich nur rein hypothetisch) von der Erde zu den einzelnen Objekten im Sonnensystem dauern?

Als erstes Ziel nehmen wir uns unseren Mond vor und setzen voraus, dass man Tag und Nacht mit derselben Geschwindigkeit unterwegs ist. In gut drei Wochen würden wir dann auf unserem Mond landen. Die Reise zur Sonne dauerte allerdings deutlich länger, die Sonne ist ja bekanntlich 400 mal weiter entfernt als der Mond. Man würde mit einem Flugzeug daher fast 20 Jahre benötigen.
Mars kann uns im günstigsten Fall bis auf 60 Millionen Kilometer nahekommen, für diese Distanz würden wir 450 Wochen oder 9 Jahre brauchen. Wenn wir den Saturn mit seinen Ringen erkunden möchten, dann dauert die Reise schon mehr als 200 Jahre.

Selbst wenn wir mit einem Raumschiff unterwegs wären, dass 100 mal so schnell unterwegs ist, dauerte die Reise 2 Jahre. Zum Pluto wären wir mit diesem Raumschiff schon 6 Jahre unterwegs. Zur Sonne hingegen würde die Reise nur 0,23 Jahre, also gut 2 3/4 Monate dauern.
Reisen innerhalb unseres Planetensystems sind daher im Bereich des Möglichen, wenn man die nötige Geduld aufbringt.

WIE GROSS SIND DIE PLANETEN? ✶

Wir können uns auch ein Abstandsmodell des Planetensystems vorstellen. Nehmen wir grob an, die Sonne habe einen Durchmesser von 1 Meter. Dann würde in einem Abstand von 100 Metern die nur 1 Zentimeter große Erde die Sonne umkreisen. Jupiter wäre dann etwa 10 Zentimeter groß, wie eine Orange, und wäre etwa 500 Meter von der Sonne entfernt. Der Mond wäre eine winzige Kugel von 0,3 Zentimeter Durchmesser in nur 25 Zentimeter Abstand von der Erde.
Damit man es sich leichter vorstellen kann: Ein Fußballfeld hat eine Länge von etwa 100 Metern.
Um das Sonnensystem auf einem Fußballfeld darstellen zu können, nehmen wir den Abstand zwischen Erde und Sonne mit 15 Metern an. Jupiter wäre dann 75 Meter von der Sonne entfernt. Pluto allerdings sprengt alle Grenzen und ist etwa 450 Meter entfernt. Die Sonne wäre in diesem Model zu einer Orange von 15 cm geschrumpft, die Erde wäre nur 0,15 cm groß, das sind 1,5 Millimeter. Dieses Modell gibt uns also eine Ahnung von den Dimensionen im Sonnensystem.

DER KOSMOS DER STERNE

✶ WIE VIELE STERNE SEHEN WIR AM HIMMEL?

Viele von uns kennen leider keinen dunklen Nachthimmel mehr, da wir meist in Gegenden mit hoher sogenannter Lichtverschmutzung leben. Die Lichtverschmutzung ist nicht nur ein Problem für die Beobachtung der Sterne, sondern sie stört auch den Nachtflug von Insekten und andere nachtaktive Tiere. Zahllose Insekten kreisen so lange orientierungslos um eingeschaltete Lampen oder eine Lichtreklame, bis sie erschöpft sterben. Ein guter Teil des Insektensterbens ist also der völlig unsinnigen und energieverschwendenden Beleuchtung zuzuschreiben. Dabei könnte man moderne Straßenbeleuchtungsanlagen so konstruieren, dass sie wirklich nur das beleuchten, wozu sie eigentlich gebaut werden, nämlich die Straßen und Gehwege.
[✶ Was ist Lichtverschmutzung? S. 214]
Stellen wir uns vor, wir beobachten einen wirklich dunklen Nachthimmel ohne Lichtverschmutzung und natürlich auch ohne Mondlicht. Dann haben wir den Eindruck, dass wir unzählige Sterne erkennen. Aber haben Sie schon einmal versucht, die Sterne abzuzählen? Es würde etwa eine Stunde dauern, denn mit freiem Auge erkennt man maximal etwa 3 000 Sterne. Schon ein Fernglas zeigt uns wesentlich mehr, je nach Güte des Glases bis zu 50 000 Sterne und mehr. Und ein Blick durch ein Teleskop zeigt uns nochmals schwächere Sterne.

✶ WIE ERSCHEINT UNS DER STERNENHIMMEL?

Früher dachte man, die Sterne erscheinen uns als Lichtpunkte, die an einer sich um die Erde wölbende Himmelskugel angeheftet sind. Im Prinzip ist das genau der Eindruck, den wir bei der Betrachtung bekommen. Die Sterne sind tief nahe dem Horizont und hoch am Himmel nahe dem Punkt, der sich genau über uns befindet. Diesen Punkt nennen wir Zenit.

So dachte man sich früher den Sternenhimmel. Die Sterne sind angeheftet an der Himmelskugel. Nach Nicolas Camille Flammarion.

Die beiden Keck-Teleskope auf Hawaii. Jedes der beiden Teleskope besitzt einen Durchmesser von 10 Metern.

WIE HELL LEUCHTEN STERNE? ✶

Ein Blick zum Himmel zeigt ganz klar, dass Sterne unterschiedlich hell leuchten. Im Winter sehen wir zum Beispiel im Süden den sehr hellen Sirius, dessen Helligkeit nur von den Planeten Venus, Jupiter und manchmal Mars übertroffen wird. Doch weshalb leuchten Sterne unterschiedlich hell?

Die Helligkeit eines Sternes hängt ganz einfach von zwei Faktoren ab:

- Der Leuchtkraft des Sternes, also wie hell der Stern tatsächlich strahlt, und
- der Entfernung des Sternes.

Es ist klar, dass in Wirklichkeit sehr hell leuchtende Sterne uns schwach erscheinen, wenn sie sehr weit von uns entfernt sind. Der hellste Stern am Himmel ist ja bekanntlich unsere Sonne. Aber sie erscheint uns nur deshalb so hell, weil sie so nah ist. Licht breitet sich mit einer Geschwindigkeit von 300 000 Kilometern pro Sekunde aus. Von der Erde zum Mond benötigt es etwas mehr als eine Sekunde, von der Sonne zur Erde circa 8 Minuten. Der nächste Stern nach der Sonne, Alpha Centauri, ist etwa 260 000-mal so weit von uns entfernt wie die Sonne. Das Licht, das uns von Alpha Centauri erreicht, ist mehr als 4 Jahre zu uns unterwegs! Würde unsere Sonne zum Beispiel 30 Lichtjahre = 3 000 000 000 000 000 Kilometer von uns entfernt sein, würde man sie von einer Großstadt aus am Nachthimmel aufgrund der Lichtverschmutzung gar nicht mehr erkennen können.

✶ WAS SIND GRÖSSENKLASSEN?

Zur Angabe der Helligkeit eines Sternes verwendet man den irreführenden Begriff „Größenklasse". Größe heißt auf lateinisch *magnitudo*. Bereits im Altertum bezeichnete man die hellsten Sterne am Himmel als Sterne 1. Größe, dann folgen die etwas schwächeren Sterne 2. Größe und mit freiem Auge am dunklen Himmel kann man gerade noch Sterne 6. Größe erkennen. Bei nicht allzu großer Lichtverschmutzung sieht man noch Sterne bis etwa 4. Größe. Diese seltsame Skala hat man dann noch ausgedehnt. Venus ist wesentlich heller als alle Sterne und besitzt eine Helligkeit von bis zu -4,5, Sirius hat eine Helligkeit von etwa -1,5. Der Vollmond hat eine Helligkeit von -12 und die Sonne von -26,7 Magnitudo.
Wichtig ist hier nochmals zu betonen, dass Größenklasse nichts mit der Größe eines Teleskops oder eines Himmelskörpers zu tun hat.
Mit den derzeit besten Teleskopen der Welt, die einen Durchmesser von 10 Metern haben, kann man Sterne erkennen, deren Helligkeit einer Kerze, beobachtet aus einer Entfernung von 6 000 Kilometern, entspricht.

✶ WIE WEIT SIND DIE STERNE VON UNS ENTFERNT?

Natürlich wollen wir wissen, in welcher Entfernung sich die Sterne von uns befinden. Machen wir zunächst ein Experiment. Strecken wir die Hand aus, halten den Daumen hoch und beobachten wir diesen abwechselnd mit dem linken und dem rechten Auge. Dann sehen wir, dass der Daumen vor dem weit entfernten Hintergrund hin- und herspringt. Diesen Effekt bezeichnet man als *Parallaxe*. Man beobachtet ein näheres Objekt – im obigen Fall eben den Daumen – von zwei voneinander entfernten Punkten aus (entspricht dem Abstand der beiden Augen) und sieht wie das Objekt vor dem weiter weg liegenden Hintergrund seine Position verändert.

Wie kann man diesen Parallaxeneffekt zur Ermittlung der Entfernung der Sterne anwenden? Wir bewegen uns im Lauf eines Jahres einmal um die Sonne. Dadurch verändert sich unsere Position. Näher gelegene Sterne mussten also im Lauf eines Jahres ihre Position am Himmel ändern. Aber kann man das beobachten? Als Kopernikus 1543 sein heliozentrisches Weltsystem vorstellte, war dies einer der Haupteinwände gegen seine Theorie, da man den Eindruck hat, dass alle Sterne am Himmel fix stehen, weswegen man sie auch als Fixsterne bezeichnet, im Unterschied zu den Wandelsternen, den Planeten.
Aber einige Astronomen vermuteten schon, weshalb man keine Parallaxen messen konnte: Die Sterne sind sehr weit von uns entfernt, daher ist auch deren Parallaxe sehr klein.

Der Astronom und Mathematiker Friedrich Wilhelm Bessel (1784–1846) erkannte, dass der Stern mit der Bezeichnung 61 Cygni (ein schwacher Stern im Sternbild Cygnus=Schwan) sich im Lauf der Zeit bewegte. Bessel verglich nämlich Sternkarten, die von zwei weit auseinanderliegenden Jahren stammten. Bessel vermutete, dass dieser Stern uns möglicherwiese sehr nahe sein könnte. Deshalb versuchte er, dessen Parallaxe zu messen, die ja für nahe Sterne größer ist als für weiter entfernte. Und tatsächlich gelang es ihm als erstem, eine Fixsternparallaxe zu bestimmen.

Friedrich Wilhelm Bessel nach einem Porträt von Johann Eduard Wolff (1834).

Der Stern 61 Cygni ist ein Doppelstern, 2 Sterne umkreisen einander. Die beiden Sterne erscheinen von der Erde aus relativ weit voneinander entfernt, sodass man annehmen konnte, dass dieses System relativ nah sei. Bessels Messungen dauerten von August 1837 bis Oktober 1838. Er maß eine Parallaxe von 0,31 Bogensekunden. Wie groß ist dieser Winkel, wie kann man sich das vorstellen? Nehmen wir eine 1-Euro-Münze, deren Durchmesser rund 1 Zentimeter beträgt. Nun bitten wir jemanden, diese Münze 6 Kilometer von uns entfernt aufzustellen. Der Winkel, unter dem diese Münze erscheint, entspricht dann genau dem Wert von 0,33 Bogensekunden. Nicht gerade viel oder?

WAS IST EIN LICHTJAHR? ✶

Entfernungsangaben in der Astronomie führen rasch zu extrem großen Zahlen. Man gibt daher die Entfernungen nicht in Metern oder Kilometern an, sondern in Lichtjahren. Licht breitet sich mit einer Geschwindigkeit von 300 000 km/s aus. Die gemessene Parallaxe von 61 Cygni lässt auf eine Entfernung von 10,28 Lichtjahren schließen.

Das Licht von 61 Cygni ist also 10,28 Jahre lang zu uns unterwegs. Mit dem Weltraumsatelliten HIPPARCOS wurde dann die Entfernung auf 11,4 Lichtjahre bestimmt (ein Lichtjahr = ca. 10 000 000 000 000 Kilometer). Bessel hatte also für die damaligen Verhältnisse recht genau gemessen.

Außer der Parallaxe gibt es aber auch noch andere Methoden, die zur Entfernungsbestimmung von astronomischen Objekten herangezogen werden können. Der uns am nächsten stehende Stern – abgesehen von der Sonne – ist, wie bereits erwähnt, Alpha Centauri, genauer gesagt ist es sein Begleiter Proxima Centauri. Alpha Centauri steht im nur am südlichen Sternenhimmel sichtbaren Sternbild des Centauren. In einer Entfernung von nur 0,22 Lichtjahren wird Alpha Centauri vom Stern Proxima Centauri umkreist, und dieser rote Zwerg ist der uns am nächsten gelegene Stern, nur etwa 4,242 Lichtjahre von uns entfernt. Proxima Centauri ist von Alpha Centauri etwa 500 mal so weit entfernt wie Neptun von der Sonne.

Wir können uns leicht ausrechnen, wie viele Kilometer ein Lichtjahr beträgt. Pro Sekunde breitet sich das Licht um 300 000 Kilometer aus. Ein Jahr enthält etwas mehr als 30 Millionen Sekunden. Daher ist ein Lichtjahr circa 10 Billionen Kilometer (10^{13} km). Proxima Centauri ist also rund 40 000 000 000 000 Kilometer von uns entfernt, das entspricht etwa der 266 000-fachen Entfernung Erde–Sonne.

✶ EINE REISE ZU ALPHA CENTAURI?

Wie lange würde eine Reise zu unserem Nachbarstern dauern? Mit der Geschwindigkeit eines Flugzeuges müsste man sehr viel Geduld aufbringen. Zur Sonne dauerte die Reise etwa 20 Jahre. Alpha Centauri ist jedoch 40 000 000 000 000 Kilometer von uns entfernt, daher würde die Reise dorthin mit einem Flugzeug 4 553 920 Jahre dauern, also gut viereinhalb Millionen Jahre. Stellen wir uns ein superschnelles Raumschiff vor, das 1 000 Mal so schnell unterwegs ist wie ein Flugzeug. Dieses Raumschiff würde für eine Erdumkreisung nur 2,4 Minuten und zur Sonne 150 Stunden brauchen, das ist weniger als eine Woche!
Zu Alpha Centauri dauert es dann aber immer noch 4 554 Jahre. Und das ist erst der nächste Stern!
Reisen zu Sternen sind also wegen der enormen Distanzen nicht möglich – zumindest nicht in absehbarer Zeit.

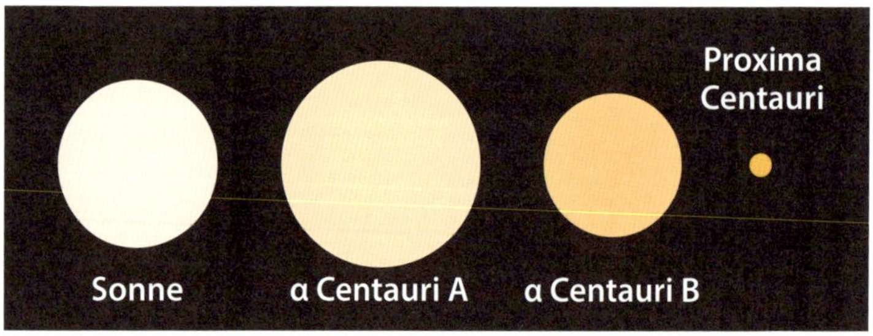

Größenvergleich zwischen Sonne (links), Alpha Centauri, Beta Centauri und Proxima Centauri (rechts).

WIE UNTERSCHEIDEN WIR STERNE VON PLANETEN AM HIMMEL?

Sterne scheinen sich an fixen Positionen zu befinden, die Planeten wandern, was man nach wenigen Tagen deutlich auch mit freiem Auge erkennen kann. Aber in Wirklichkeit ändern sich auch die Positionen der Sterne am Himmel, die Astrophysiker sprechen von einer Eigenbewegung. Da die Sterne jedoch sehr weit von uns entfernt sind, kann man die Eigenbewegung der meisten Sterne nur mit Spezialinstrumenten feststellen.

Die Positionen vieler Himmelskörper finden sich schon im Messier-Katalog. Charles Messier (1730–1817) war ein französischer Astronom, der ein Verzeichnis von Himmelsobjekten erstellte.

Aber die hellen, mit freiem Auge sichtbaren Planeten unterscheiden sich noch in einem anderen Punkt von den Sternen. Ihr Licht flackert deutlich weniger als das der Sterne. Das lässt sich aus ihrer relativen Nähe zu uns erklären, wir sehen in Wirklichkeit ein Lichtbündel.

Physikalisch gesehen ist der Unterschied klar. Sterne leuchten selbst, produzieren Energie. Obwohl, ganz stimmt das nicht. Jupiter, Saturn und Neptun strahlen mehr als die doppelte Energie ab, die sie von der Sonne empfangen, sie besitzen also eine innere Wärmequelle.

Sterne sind auch meist deutlich größer als die Planeten.

WO ENTSTEHEN STERNE?

Betrachten wir ein sehr bekanntes wunderschönes Objekt am Himmel, den Orionnebel. Im Messier-Verzeichnis hat er die Nummer 42, wird also *M42* genannt. Dieser Gasnebel ist bereits mit bloßem Auge im sogenannten Schwert des Orion zu erkennen, mit einem Fernglas sieht man das Objekt deutlich und durch ein Teleskop betrachtet ergibt sich ein fantastischer Anblick. Das Objekt befindet sich in einer Entfernung von 1 300 Lichtjahren, sein Durchmesser beträgt 20 Lichtjahre. Man schätzt, dass er ungefähr die 700-fache Masse der Sonne besitzt, eventuell sogar weit über die 1 000-fache Masse. Dieser Gasnebel, der besonders im roten Licht leuchtet, wird durch den jungen heißen Stern mit der Bezeichnung. θ^1 *Orionis* zum Leuchten angeregt. Dieser Stern besitzt die 200 000-fache Leuchtkraft der Sonne, gehört zu einer kleinen Gruppe von Sternen und bildet das sogenannte Trapez des Orionnebels. Der Nebel leuchtet nicht nur rot, sondern auch grün. Das rote Licht stammt vom häufigsten Element im Kosmos, dem Wasserstoff, das grüne Licht vom Element Sauerstoff.

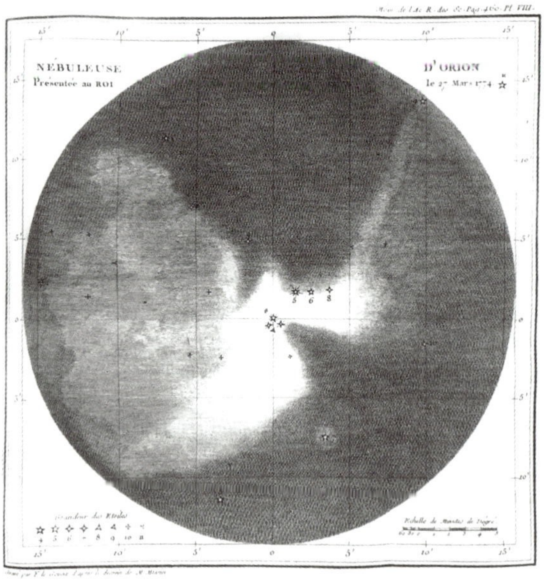

links: Eine Zeichnung des Orionnebels, Charles Messier, 1774 mit einem 16-cm-Teleskop.
rechts: Der Orionnebel, eines der meistuntersuchten astronomischen Objekte, auch für kleine Teleskope reizvoll. NASA, Hubble Weltraumteleskop.

Man spricht von einem Emissionsnebel. Diese Nebel leuchten nur in bestimmten Wellenlängen. Wir erinnern uns – blaues Licht besitzt eine kürzere Wellenlänge als rotes Licht:
Wellenlänge für blaues Licht: 400 nm (Nanometer, 1 nm = 1/1 000 000 000 m = 10^{-9} m),
Wellenlänge für rotes Licht 600 nm.
Der Orionnebel ist unser nächstgelegenes Beispiel für ein Sternentstehungsgebiet. Aus Verdichtungen des Nebels bilden sich neue Sterne. Wahrscheinlich wird es diesen Nebel in einigen Millionen Jahren nicht mehr geben, da das gesamte Gas zu Sternen gebildet worden ist; dafür sehen wir dann in einem Teleskop einen wunderschönen Sternhaufen.
Sterne entstehen aus sich zusammenballenden Gaswolken.

✶ WAS IST DAS SIEBENGESTIRN?

Sterne entstehen nicht als Einzelsterne, sondern immer in Gruppen. Diese Gruppen kann man dann als offene Sternhaufen am Himmel beobachten.

Ein sehr schönes Beispiel für einen offenen Sternhaufen sind die Plejaden im Sternbild Stier. Dieser Sternhaufen, auch als „Siebengestirn“ bekannt, wird von Laien manchmal mit dem Sternbild kleiner Wagen verwechselt. Allerdings sieht man, da einige Sterne ihre Helligkeit ändern, mit bloßem Auge entweder 6 oder 9 Sterne. Diese hübsche Sternengruppe spielte in vielen Kulturen eine Rolle. Sie ist zum

Die hellsten Sterne der Plejaden (bereits mit bloßem Auge sichtbar) zeigen Reflexionsnebel um sie herum.

Beispiel in den Höhlenmalereien von Lascaux erkennbar oder auf der Himmelsscheibe von Nebra. In der Bibel werden die Plejaden als Tauben bezeichnet, als Frühlingsgestirn, welches die Natur wieder zum Leben erweckt. Der Sternhaufen ist 400 Lichtjahre von uns entfernt und enthält etwa 500 Sterne. Das Alter der Plejaden wird auf 100 Millionen Jahre geschätzt. Um einige der hellen Sterne sieht man Nebel leuchten, hier handelt es sich um Reflexionsnebel aus Gas und Staub, die das Licht der hellen Sterne reflektieren. [✶ Sternhaufen am Himmel S. 238]

WESHALB ROTIEREN STERNE? ✶

Die Gaswolke, aus der sich Sterne bilden, zieht sich zusammen, sie kontrahiert. Zu der Kontraktion kommt es, wenn die Schwerkraft den Druck des Gases, aus dem die Wolke besteht, überwiegt. Die Atome und Moleküle in einer solchen Wolke bewegen sich alle in zufälligen Richtungen. Aber es wird immer sein, dass es etwas mehr Gasteilchen gibt, die sich in eine Richtung bewegen. Somit beginnt eine sich zusammenziehende Wolke langsam in diese Richtung zu drehen. Nun ist es ähnlich wie bei einer Person, die zu einer Pirouette auf dem Eis ansetzt, sie bringt sich mit ausgestreckten Armen in Rotation, winkelt dann die Arme an, um sich so noch schneller zu drehen. Je kleiner also die Gaswolke durch die Kontraktion wird, desto schneller rotiert sie. Die Physik dahinter ist die Erhaltung des Drehimpulses.

✶ WIE ENTSTEHEN STERNE UND PLANETEN?

Je mehr sich die Gaswolke zusammenzieht, desto schneller rotiert sie. Durch Rotation entstehen Fliehkräfte und die Wolke flacht sich zu einer Scheibe ab, im Zentrum bildet sich ein Stern, aus der Scheibe können sich durch weitere Verdichtungen Planeten formen. In relativ kurzer Zeit – nur einige Millionen Jahre – ist auf diese Weise ein Stern entstanden.

Durch die Kontraktion wird Gravitationsenergie frei (ähnlich wie bei einem Stein, der auf die Erde fällt, hier wird potenzielle Energie frei) und der kontrahierende Stern wird immer heißer. Zunächst leuchten solche als Protosterne bezeichnete Objekte vorwiegend im infraroten Bereich. Sie sind noch eher kühl. Sobald aber

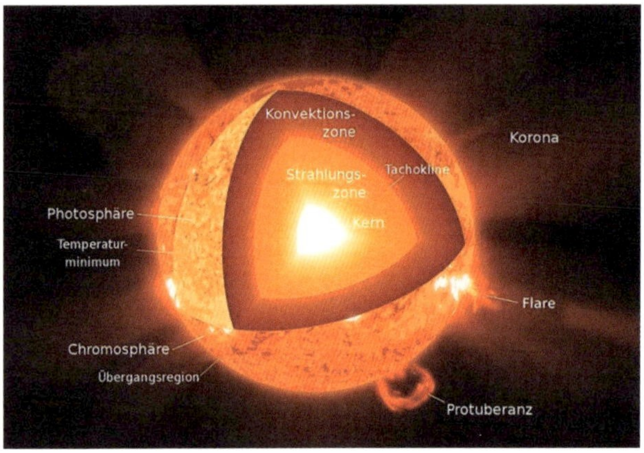

Der Aufbau unserer Sonne beziehungsweise eines sonnenähnlichen Sternes. Im Kernbereich wird bei mehr als 10 Millionen Grad Wasserstoff zu Helium fusioniert.

die Temperatur im Inneren des Sternes auf mehrere Millionen Grad gestiegen ist, beginnt die Fusion von Wasserstoff zu Helium. Es gibt dann ein Gleichgewicht zwischen der nach innen wirkenden Schwerkraft und dem Gasdruck aufgrund der hohen Temperaturen im Inneren des Sternes. Astrophysiker nennen dies auch *hydrostatisches Gleichgewicht*. Unsere Sonne ist beispielsweise seit etwa 4,5 Milliarden Jahren im hydrostatischen Gleichgewicht.

✶ WAS SIND ROTE RIESEN?

Solange genügend Wasserstoff nahe dem Kern eines Sternes vorhanden ist, erzeugt der Stern die zu seiner Leuchtkraft benötigte Energie durch Fusion von Wasserstoff zu Helium. Sterne, die noch massereicher und heißer als unsere Sonne sind, fusionieren auch Wasserstoff zu Helium über den Umweg der Bildung von Kohlenstoff, der als Katalysator dient. Irgendwann geht allerdings der Vorrat an Wasserstoff im Kernbereich zu Ende Dann wandert die Zone, in der Wasserstoff zu

Größenvergleich Sonne mit dem Roten Riesen Aldebaran, dieser Stern besitzt den 44-fachen Durchmesser der Sonne. Würden wir in 150 Millionen Kilometern Entfernung um diesen Stern kreisen, dann würden wir am Himmel eine rote Kugel sehen, die 44 mal so groß erscheint wie unsere Sonne.

Helium verbrannt wird, langsam nach außen. Das hat zur Folge, dass sich der Stern aufbläht. Sein Durchmesser nimmt um das etwa 100-Fache zu, der Stern wird zu einem Roten Riesen. Wir kennen zahlreiche Beispiele für Rote Riesen am Himmel. Der Stern Beteigeuze ist der zweithellste Stern im bekannten Wintersternbild Orion. Seine Helligkeit übertrifft die der Sonne um das 50 000-fache. Noch beeindruckender allerdings ist sein Durchmesser, er beträgt das 1 000-Fache des Durchmessers der Sonne. Würde man Beteigeuze an die Stelle der Sonne setzen, dann würde er bis über die Bahn des Saturn ragen.

WIE LANGE LEBEN STERNE?

Die Masse des Sterns Beteigeuze beträgt 20 Sonnenmassen. Er ist im Inneren heißer als die Sonne und verbrennt wesentlich mehr Wasserstoff zu Helium. Das hat zur Folge, dass seine Entwicklung wesentlich schneller als die der Sonne verläuft. Je massereicher ein Stern ist, desto heller leuchtet er am Himmel. Aber die hohe Leuchtkraft hat einen Preis. Er muss wesentlich mehr Wasserstoff zu Helium verbrennen und folglich ist seine Lebenserwartung geringer. Vergleichen wir Beteigeuze mit unserer Sonne:

- Lebenserwartung Sonne: insgesamt etwa 9 Milliarden Jahre
- Lebenserwartung Beteigeuze: insgesamt nur etwa 10 Millionen Jahre.

Man nimmt sogar an, dass sich Beteigeuze innerhalb der nächsten Jahrtausende zu einer Supernova entwickeln könnte. Da dieser Stern nur 700 Lichtjahre von uns entfernt ist, gäbe das ein großartiges Naturschauspiel. Beteigeuze würde so hell am Himmel leuchten, dass es auch nachts, wenn sich der Stern über dem Horizont befindet, nicht dunkel würde.

✶ BESTEHEN WIR AUS STERNENSTAUB?

Sterne entwickeln sich also zu einem Roten Riesen, wenn die wasserstoffbrennende Schale nach außen wandert. Im Inneren des Sternes, im Kernbereich, nimmt die Temperatur zu, und es setzen andere Fusionsprozesse ein: So wird beispielsweise Helium zu Kohlenstoff fusioniert, dann setzt das Sauerstoffbrennen ein und so fort. Unser Körper besteht aus Kohlenstoff, Sauerstoff, Wasserstoff … All diese Elemente sind im Inneren längst erloschener Sterne durch Kernfusionsprozesse gebildet worden. Alle Elemente schwerer als Helium sind so entstanden. Wir können also mit Recht sagen, dass wir aus Sternstaub bestehen.

✶ WAS IST EINE SUPERNOVA?

Je nach Masse des Sternes gibt es dann unterschiedliche Schalen, in denen die Kernfusion stattfindet und immer schwerere Elemente durch Fusion von leichteren entstehen. Aber es gibt eine Grenze: Elemente, die schwerer als Eisen sind, können nicht durch Fusion gebildet werden. Bei sehr massereichen Sternen hat man daher am Ende dieser Fusionsprozesse einen Eisenkern, der infolge der weiter außen nach wie vor laufenden Fusionsprozesse langsam anwächst. Aber dieser Eisenkern kann nicht beliebig groß werden, seine Masse ist beschränkt.
Das liegt am hydrostatischen Gleichgewicht. Die Gravitation, also die Schwerkraft, wirkt auf jedes Massenelement eines Sternes nach innen, es muss also einen nach außen wirkenden Gegendruck geben. Bei normalen Sternen ist dies der Gasdruck, bei Sternen im fortgeschrittenen Alter leisten sogenannte entartete Elektronen Widerstand gegen die starken Gravitationskräfte. Entartung bedeutet hier, dass der Druck nicht mehr wie sonst von der Temperatur und der Dichte des Gases abhängt, sondern

Der Homunculus Nebel ist ein Überbleibsel einer Supernova-Explosion, die den Stern Eta Carinae (nur am südlichen Sternenhimmel zu sehen) in der Zeit 1833–1843 zum zweithellsten Stern (nach Sirius) am Himmel machte.

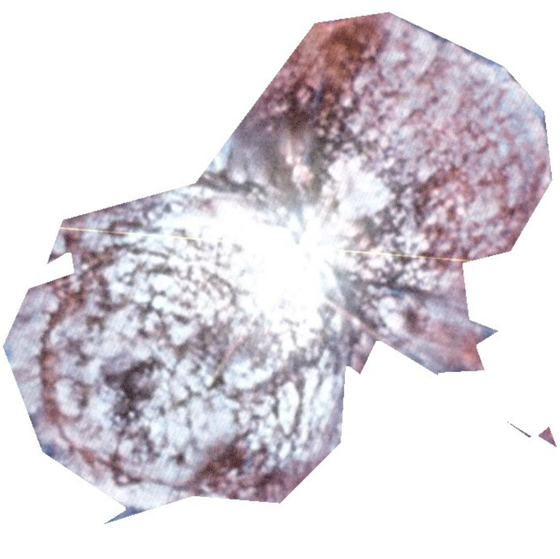

nur mehr von der Dichte. Ab einer Massenobergrenze von 1,4 Sonnenmassen fällt der Eisenkern in sich zusammen, er kollabiert. Das erzeugt eine sehr schnell nach außen laufende Schockwelle und der Stern explodiert. Er wird dabei extrem hell, so hell, dass er eine ganze Galaxie, die aus Hunderten Milliarden Sternen besteht, überstrahlen kann. Man spricht von einer Supernova, die einige Monate hell leuchtet.

WAS SIND WEISSE ZWERGE? ✶

Beträgt die Masse eines Sternes grob gesagt mehr als 1,4 Sonnenmassen, explodiert er zu einer Supernova, bei kleineren Massen stößt er langsam die äußeren Hüllen ab (die jedoch fast nichts zur Gesamtmasse beitragen) und wird zum Weißen Zwerg. Um den Stern herum bildet sich ein Nebel, dessen Leuchten durch die Strahlung des Sternes entsteht. In kleineren Teleskopen sehen solche Nebel wie kleine Planetenscheibchen aus. Deshalb nennt man sie auch planetarische Nebel, obwohl sie überhaupt nichts mit Planeten zu tun haben. Ein sehr bekanntes Beispiel für einen planetarischen Nebel ist der Ringnebel M57 im Sternbild der Leier. In mittelgroßen Teleskopen erkennt man einen Ring um ein Zentralsternchen herum.
Vor etwa 20 000 Jahren hat der Zentralstern die äußere Hülle abgestoßen, der Nebel dehnt sich mit einer Geschwindigkeit von 19 km/s aus. Die Entfernung beträgt 2 300 Lichtjahre und der Durchmesser des Nebels etwa 1,3 Lichtjahre. Der Zentralstern ist sehr heiß, er hat eine Temperatur von 70 000 Grad, ist also mehr als zehnmal so heiß wie die Oberfläche der Sonne. Man würde natürlich erwarten, dass dieser Stern sehr hell leuchten müsste. Aber er leuchtet sehr schwach und ist nur mit mittelgroßen Teleskopen zu sehen. Der Grund dafür ist einfach: Die Helligkeit eines Sternes hängt von zwei Größen ab: (a) seiner Temperatur und (b) seiner Oberfläche. Wenn also ein sehr heißer Stern sehr schwach leuchtet, muss er eine sehr kleine Oberfläche besitzen, also sehr klein sein. Der Zentralstern des Ringnebels ist ein sogenannter Weißer Zwerg. Weiße Zwerge sind sehr heiß, aber nur von der Größe der Erde, also etwa 1/100 des Sonnendurchmessers.

Der Ringnebel im Sternbild Leier. Man erkennt in der Mitte den Weißen Zwerg.

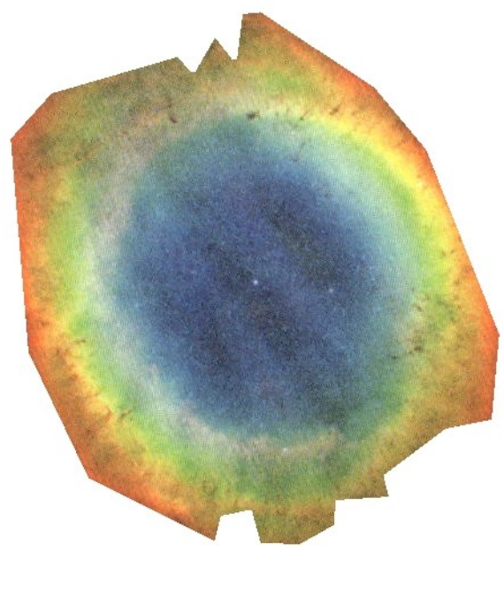

DAS RÄTSEL DES SIRIUS

Ein weiteres sehr bekanntes Beispiel für einen Weißen Zwerg ist der Begleiter des Sternes Sirius. Sirius ist der hellste Stern am Himmel und im Winter im Süden sehr auffällig. Seine Masse beträgt 2,12 Sonnenmassen. Genaue Beobachtungen dieses Sternes zeigten aber, dass seine Position am Himmel leicht mit einer Periode von etwa 50 Jahren variiert. Friedrich Bessel, der schon bei der Bestimmung der ersten Fixsternparallaxe erwähnt wurde, vermutete deshalb, dass Sirius einen Begleiter haben muss, den man *Sirius B* nannte. Es zeigte sich, dass die Bahn dieses Begleiters von Sirius eine große Halbachse von nur 20 astronomischen Einheiten besitzt; eine astronomische Einheit ist die mittlere Entfernung Erde–Sonne, also 150 Millionen Kilometer. Aus den Daten konnte man sogar die Masse dieses Sternes ableiten: etwa eine Sonnenmasse. Da Sirius nur 8,4 Lichtjahre von uns entfernt ist, stellte sich natürlich die Frage, weshalb man Sirius B nicht sehen kann. Ein Stern von der Masse der Sonne in dieser Entfernung sollte gut erkennbar sein. Das Rätsel wurde gelöst mit der Entdeckung des Physikers Subrahmanyan Chandrasekhar (1910–1995), wonach es weiße Zwerge nur bis zu einer Masse von 1,4 Sonnenmassen geben kann. Sirius B ist also ein weißer Zwerg. Wegen seiner Nähe zum sehr hellen Sirius ist er auch mit großen Teleskopen nur sehr schwer zu finden, da er von Sirius überstrahlt wird.

Künstlerische Darstellung des Sirius mit seinem Begleiter.

Übrigens, weiße Zwerge sind extrem kompakt. Die Dichte beträgt etwa eine Million Gramm (1 Tonne) pro Kubikzentimeter.

WAS WIRD EINMAL AUS DER SONNE?

Unsere Sonne ist etwa 4,6 Milliarden Jahre alt. Astronomisch gesehen ist sie in ihrem besten Alter. In ihrer Frühzeit war sie aktiver als heute, leuchtete jedoch etwas schwächer. Sie nimmt langsam an Helligkeit zu und in einigen 100 Millionen Jahren wird die Erde unbewohnbar sein, da es zu heiß wird. Endgültig vorbei mit der Erde wird es dann in gut 4 Milliarden Jahren sein.

Die Sonne wird sich dann langsam ausdehnen, möglicherweise sogar bis über die Erdbahn. Wir werden also von der Sonne quasi verschluckt werden. Sie wird dann zu einem Roten Riesen. Dieses Stadium der Sonne wird wesentlich kürzer als ihre vorige Entwicklung dauern, „nur“ einige 100 Millionen Jahre. Die Sonne wird ihre äußeren Hüllen abstoßen und übrig bleibt – vielleicht erahnen Sie es schon – ein Weißer Zwerg. Die Sonne hat sich dann, was ihre Größe anbelangt, deutlich verändert:

Stadium der Entwicklung der Sonne	Dauer des Stadiums	Größe der Sonne in Einheiten der Erde
Jetzige Sonne	insgesamt etwa 9 Milliarden Jahre	100
Roter Riese	einige 100 Millionen Jahre	10 000
Weißer Zwerg	unendlich	1

WAS WIRD AUS WEISSEN ZWERGEN? ✶

Man kann generell sagen, alle Sterne, deren Massen unterhalb der Chandrasekhar-Masse von 1,4 Sonnenmassen liegt, werden zu einem Weißen Zwerg von etwa der Größe der Erde.

Anfangs sind Weiße Zwerge extrem heiß, Temperaturen oberhalb 50 000 K (Zur Erinnerung: 0 K = -273,2 °C). Aber Weiße Zwerge besitzen zwei Eigenschaften: (a) Sie leuchten aufgrund ihrer geringen Größe nur schwach, (b) sie erzeugen keine Energie mehr. Das bedeutet, dass sie langsam auskühlen. Der Prozess der Auskühlung dauert mehrere Milliarden Jahre, aber langsam entwickeln sich Weiße Zwerge zu sogenannten Schwarzen Zwergen. Diese sind so weit abgekühlt, dass sie nur mehr sehr schwach leuchten. Da aber die Entwicklung so lange dauert, hat man bisher keine Schwarzen Zwerge gefunden.

WAS SIND NEUTRONENSTERNE? ✶

Jocelyn Bell und Anthony Hewish entdeckten 1967 ein seltsames Objekt am Himmel. Das Objekt sendet Pulse von Radiostrahlung aus und die erste Idee war, dass es sich hierbei um eine außerirdische Zivilisation handeln müsse, die uns eine Art Morsezeichen sendet. Deshalb wurde das Objekt auch als *LGM-1* bezeichnet. Die Abkürzung LGM steht für *little green man*, also sind wir wieder bei den grünen Männchen, die uns eine Botschaft senden, angelangt? Eine Reise dorthin war aber nicht möglich, das Objekt ist immerhin 2 000 Lichtjahre von uns entfernt.

Doch bereits zwei Jahr später hatte man eine andere, ebenso spannende Erklärung: Es handelt sich bei dem auch als „Pulsar“ bezeichneten Stern um einen rasch rotierenden Neutronenstern. Neutronensterne bilden sich am Ende der Entwicklung massereicher Sterne. Die Masse muss also größer als 1,4 Sonnenmassen sein. Sobald der Eisenkern diese Masse überschreitet, können die entarteten Elektronen der Gravitation nicht mehr standhalten. Der Kern fällt in sich zusammen, die Hülle des Sternes expandiert rasch, es gibt eine Supernova-Explosion. Doch wenn die Masse des Eisenkerns unterhalb drei bis vier Sonnenmassen war, gibt es noch ein Aufhalten des totalen Kollapses. Die Elektronen vereinigen sich mit den Protonen. Elektronen sind negativ geladen, Protonen positiv, also ergibt die Vereinigung ein neutrales nicht geladenes Neutron. Die Neutronen werden so dicht, dass sie irgendwann genug Druck aufbauen, um einen weiteren Kollaps zu verhindern. Man hat dann anstelle der entarteten Elektronen entartete Neutronen. Der Stern ist also zu einem Neutronenstern geworden. Dabei beträgt sein Durchmesser nur um die zehn Kilometer.

LEUCHTTÜRME AM HIMMEL ODER WAS SIND PULSARE?

Nun erinnern wir uns an die Eiskunstläuferin, die zu einer Pirouette ansetzt. Erst dreht sie sich langsam, dann beim Anwinkeln der Arme sehr rasch. Genau das passiert beim Kollaps zu einem Neutronenstern. Der Stern hat nur mehr einen Durchmesser von etwa zehn Kilometern, rotiert sehr rasch, braucht meist deutlich weniger als 1 Sekunde pro Umdrehung. Auch das Magnetfeld des Sternes verstärkt sich dabei und das hat eine Bündelung der Strahlung zur Folge. Immer dann, wenn uns ein Strahlenbündel trifft, sehen wir daher den Stern aufblitzen. Es ist ähnlich wie bei einem Leuchtturm.

Pulsare können sich zwischen sieben und 40 000 mal pro Minute um sich selbst drehen.

Zeichnung eines Pulsars. Mehr als 500 000 Erdmassen in einer Kugel von etwas mehr als 10 Kilometern Durchmesser vereinigt.

Die Überreste eines im Jahr 1054 mit bloßem Auge erkennbaren explodierten Sternes, der Crabnebel. NASA, Hubble Teleskop.

EIN HELLER STERN AM HIMMEL ✶

Venus kann unter sehr guten Umständen mit freiem Auge sogar am Tageshimmel gesehen werden, allerdings muss man schon sehr genau wissen, wo sich der Planet befindet. Im Jahre 1054 beobachteten chinesische Astronomen einen hellen Stern am Tageshimmel im Sternbild Stier. Nach einigen Wochen verschwand der Stern wieder. Heute finden wir an der Stelle, wo dieser Stern aufleuchtete, einen wunderschönen Nebel, den Crabnebel. Durch Explosion expandiert das Gas auch heute noch mit einer Geschwindigkeit von 1 500 km/s. Der Nebel ist etwa 6 300 Lichtjahre von uns entfernt. Im Zentrum befindet sich ein Pulsar. Die Periode der Pulse ist sehr kurz, alle 33 Millisekunden wiederholen sich die Pulse (Eine Millisekunde = 1/1000 Sekunde). Doch diese Pulsdauer ist nicht konstant. Die Pulsdauer nimmt langsam zu infolge der durch die gebündelte Abstrahlung langsam abbremsenden Rotation. Je älter also ein Neutronenstern ist, desto langsamer rotiert er. Die Beobachtungen ergaben einen Durchmesser des Neutronensterns von 20 bis 30 Kilometern, und die abgegebene Energiemenge entspricht dem 100 000-Fachen dessen, was die Sonne ausstrahlt.

SCHWARZE LÖCHER – GIBT ES SIE WIRKLICH? ✶

Wenn es eine kritische Masse gibt, ab der die Elektronen dem Gravitationsdruck nicht mehr Widerstand leisten können, die Chandrasekhar-Masse, dann ist klar, dass dies auch für Neutronen gelten muss. Die Neutronen können der Gravitation nur bis zu einer Masse des Sterns (bzw. dem, was von dem Stern nach einer Supernova-Explosion übrigbleibt) von drei bis vier Sonnenmassen den Gegendruck leisten, um einen totalen Kollaps zu verhindern. Ab dieser Masse gibt es kein Halten mehr, der Stern kollabiert völlig, es entsteht ein Schwarzes Loch. Ganz neu ist die Idee eines Schwarzen Loches nicht. Bereits Isaac Newton hatte vor mehr als 300 Jahren die Hypothese aufgestellt, dass es Objekte geben könnte, deren Anziehung so stark ist, dass nicht einmal Licht entweichen kann. Um 1783 wurde über Dunkle Sterne spekuliert, die das von ihnen ausgestrahlte Licht wieder einfangen und daher dunkel sein müssten. Und genau das sind die Schwarzen Löcher.

✶ AB WANN WIRD MAN VON EINEM SCHWARZEN LOCH GEFANGEN?

Das Verständnis dieser seltsamen Objekte ist nicht einfach und im Rahmen der klassischen Physik gar nicht möglich. Mathematisch gesehen kollabiert der Stern bei der Bildung eines Schwarzen Lochs bis auf den Punkt Null. Trotzdem spricht man vom Radius eines Schwarzen Lochs. Dieser Radius heißt auch *Ereignishorizont*. Ab diesem Punkt gibt es kein Entkommen mehr. Falls Sie, liebe Leserin, lieber Leser, also Dinge loswerden möchten, bieten sich Schwarze Löcher an. Einmal hinter dem Ereignishorizont verschwindet alles.

Für Mathematiker: Gefangen im Schwarzen Loch

Die Größe des Ereignishorizonts können wir leicht abschätzen. Wir brauchen uns nur zu überlegen, ab wann die zum Entweichen notwendige Geschwindigkeit gleich der Lichtgeschwindigkeit wird.

Die Geschwindigkeit, mit der sich Licht ausbreitet, beträgt 300 000 km/s, also würde ein Lichtstrahl in einer Sekunde mehr als siebenmal um die Erde laufen.

Vereinfacht kann man sagen, dass die Anziehungskraft des Schwarzen Loches so groß ist, dass selbst Licht zu langsam ist, um daraus zu entweichen. Die Geschwindigkeit, die notwendig ist, um der Anziehung eines Himmelskörpers, dessen Masse M und dessen Radius R sei, lässt sich aus

$$v = \sqrt{\frac{2GM}{R}}$$

berechnen. Setzen wir zur Übung die Werte für die Erde ein:

- Die Masse der Erde beträgt $M = 6\ 10^{24}$ kg
- Die Gravitationskonstante $G = 6{,}67\ 10^{-11}$
- Der Radius der Erde $R = 6\,500\,000$ m

Dann bekommt man für die Entweichgeschwindigkeit = 11 000 m/s = 11 km/s
Nun setzen wir für die Entweichgeschwindigkeit = *c (Lichtgeschwindigkeit)* = 300 000 000 m/s ein, also 3 10^8 m/s.
Dann ergibt sich der Radius des Ereignishorizonts, auch *Schwarzschildradius* genannt, zu:

$$R = \frac{2GM}{c^2}$$

Anders ausgedrückt: Sobald eine Masse M den Schwarzschildradius R besitzt, ist es ein Schwarzes Loch.

UNSERE ERDE, EIN SCHWARZES LOCH?

Theoretisch könnten wir daher die Erde in ein Schwarzes Loch verwandeln, wenn wir sie so groß machen würden wie den Schwarzschildradius. Die Erde müsste dann folgenden Radius besitzen:

$$R = \frac{2 \times 6{,}67 \times 10^{-11} \times 6 \times 10^{24}}{(3 \times 10^8)\,(3 \times 10^8)}$$

Wir bekommen folgenden Wert: $R_{Schwarzschild,\ Erde}$ = 0,008 m, also rund 1 Zentimeter. Nein, es ist kein Rechenfehler! Wir könnten theoretisch aus unserer Erde ein Schwarzes Loch machen, wenn wir sie auf eine Größe von einem Zentimeter komprimieren!

SCHWARZE LÖCHER ALS STERNLEICHEN?

Bei Sternen sieht die Sache etwas anders aus. Angenommen, unsere Sonne würde zu einem Schwarzen Loch, dann betrüge ihr Schwarzschildradius etwa 3 Kilometer. Wir müssten also die riesige Sonne, die einen Durchmesser von 1 400 000 Kilometern besitzt, auf eine Größe von 3 Kilometern zusammenschrumpfen, also um das 400 000-Fache.
Die berühmte Prüfungsfrage, wann unsere Sonne zu einem Schwarzen Loch wird, lässt sich aber ganz einfach beantworten: Niemals, ihr endgültiges Schicksal ist das eines Weißen Zwerges.
Schwarze Löcher stehen am Ende der Entwicklung von massereichen Sternen. Ab einer Masse von drei bis vier Sonnenmassen steht am Ende der Sternen-Evolution der Kollaps zu einem Schwarzen Loch.

ZUSAMMENFASSUNG: WIE ENDEN DIE STERNE?

Astrophysik ist in mancherlei Hinsicht eine sehr einfache Wissenschaft. Die Entwicklung eines Sternes wird nur von einer einzigen Größe bestimmt: der Masse des Sternes. Es ist eigentlich die im Kern befindliche Masse und nicht die gesamte Sternmasse. Allerdings ist bei allen Sternen der Großteil der Masse im Kernbereich und der Massenbetrag der abgestoßenen Hülle bei der Bildung eines planetarischen Nebels oder eines Supernovaausbruchs relativ klein.
Deshalb sagt man vereinfachend:

- Sterne mit einer Masse unterhalb der Chandrasekhar-Grenze von 1,4 Sonnenmassen entwickeln sich am Ende zu einem Weißen Zwerg, der etwa 10 000 Kilometer groß ist.
- Sterne mit Massen zwischen 1,4 und 3 bis 4 Sonnenmassen entwickeln sich zu Neutronensternen (Pulsaren), die einige 10 Kilometer groß sind.
- Sterne mit noch größeren Massen werden schließlich zu Schwarzen Löchern.

KANN MAN SCHWARZE LÖCHER SEHEN?

Schwarzes Loch bedeutet, das nicht einmal Licht entweichen kann, deshalb sind Schwarze Löcher vollkommen dunkel. Aber sie befinden sich nicht alleine im Kosmos. Materie stürzt auf sie auf einer spiralförmigen Bahn ein, es bildet sich eine *Akkretionsscheibe* um das Schwarze Loch, in der sich Materie sammelt. In dieser Akkretionsscheibe wird die Materie sehr stark erhitzt und es kommt zur

Künstlerische Darstellung von Cygnus X-1. Ein Schwarzes Loch (links) saugt Materie von einem Blauen Riesen ein.

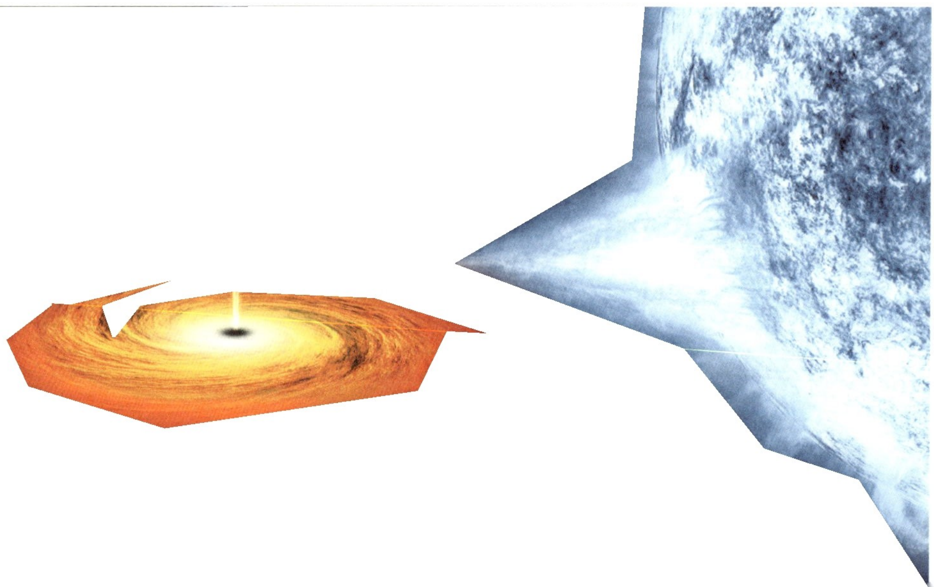

Aussendung von Röntgenstrahlung. Mithilfe von Teleskopen, die das Röntgenlicht einfangen, kann man Schwarze Löcher nachweisen. Allerdings geht das nur vom Weltraum aus. Auf der Erdoberfläche kommt keine Röntgenstrahlung von Sternen oder anderen Objekte an, da sie in der Erdatmosphäre absorbiert wird. Wir wissen ja um die Gefährlichkeit der Röntgenstrahlung, deshalb ist die Abschirmung der Röntgenstrahlung wichtig für das Leben auf der Erdoberfläche.

Im Jahre 1972 wurde eine starke Röntgenquelle am Himmel gefunden, die als Cygnus X-1 bezeichnet wurde. *Cygnus* ist die lateinische Bezeichnung für das Sternbild Schwan. Das Objekt ist etwa 7 700 Lichtjahre von uns entfernt. Man hat herausgefunden, dass es sich um einen Doppelstern handelt. Ein sehr heißer Stern gibt Materie an seinen Begleiter ab, dieser ist ein Schwarzes Loch. Dabei wird eine Masse von $3\ 10^{-6}$ Sonnenmassen pro Jahr an das Schwarze Loch abgegeben. Das ist in etwa 1/10 der Erdmasse. Dabei entsteht eine Leuchtkraft, welche die der Sonne um das 10 000-Fache im Röntgenbereich übertrifft. Die Masse des Schwarzen Lochs beträgt 15,8 Sonnenmassen, die Ausdehnung (Schwarzschildradius) ist daher 50 Kilometer. Der Begleitstern, der die Masse abgibt, hat eine Temperatur von 30 000 Grad und eine Masse von 25–35 Sonnenmassen. Er ist etwa 30 bis 40 mal so groß wie die Sonne. Interessant ist auch, dass die beiden Objekte nur 14 Millionen Kilometer voneinander entfernt sind. Das ist etwa ein Viertel des Abstandes Merkur–Sonne. Das Alter des Systems kann man auf etwa nur 5 Millionen Jahre schätzen.

WAS SIND WURMLÖCHER? ✶

Denken wir uns einen Wurm, der sich durch einen Apfel frisst. Sobald er an die Oberfläche des Apfels gelangt, hat er verschiedene Punkte der Oberfläche des Apfels, nennen wir sie A und B, miteinander verbunden. Denken wir uns eine Ameise, die vom Punkt A zum Punkt B eines Apfels gelangen möchte. Sie könnte diese Reise über die Oberfläche des Apfels antreten. Aber sie könnte auch den Tunnel finden, den der Wurm durch den Apfel gefressen hat, und wäre dann wesentlich schneller von A nach B gekommen.

Es ist ungefähr so, als wenn wir von Europa nach Australien reisen wollten. Wir könnten mehr als 24 Stunden lang mit dem Flugzeug fliegen oder einen Tunnel durch die Erde graben. Wurmlöcher verbinden also weit auseinanderliegende Teile des Universums. Allerdings gibt es die Wurmlöcher nur als mathematische Lösungen und selbst dort erscheinen sie als äußerst instabil. Reisen in Wurmlöchern zu den entferntesten Teilen des Universums werden also wohl nur in der *Science Fiction* möglich sein. Einige Wissenschaftler*innen meinen aber, dass es durch exotische, bisher nicht bekannte Materie zu einer gewissen Stabilität von Wurmlöchern kommen könnte. Schwarze Löcher und Wurmlöcher sind beides Lösungen der Gleichungen. Wurmlöcher hat man bisher nicht beobachtet.

✶ EINE REISE IN EIN SCHWARZES LOCH

Davon wäre dringend abzuraten! Eine Reise in ein Schwarzes Loch ist eine Einbahnstraße. Es gibt kein Zurück mehr. Nehmen wir an, zwei Personen machen das Experiment. Person A ist mutig und beschließt, in das Schwarze Loch zu reisen, Person B hält sich in sicherer Entfernung zum Schwarzen Loch auf. Person A nähert sich dem Schwarzen Loch. Da Schwarze Löcher eine extrem heiße Scheibe aus Gas und Staub um sich herum haben, die allerdings stark abgeflacht ist, muss Person A diese Scheibe umgehen und sich auch vor der sehr starken UV- und Röntgenstrahlung, die dort ausgesendet wird, schützen. Die Scheibe ist wesentlich ausgedehnter als das Schwarze Loch. Nähert man sich von oben, würde man einen kleinen dunklen Punkt sehen, umgeben von einem extrem hell leuchtenden Ring, eine Art Supersaturn also. Das Schwarze Loch selbst ist unsichtbar. Doch langsam nähert sich die Person A dem Schwarzen Loch und spürt plötzlich enorme Gezeitenkräfte.

Der Spaghetti-Effekt

Wenn die Füße zum Schwarzen Loch zeigen, werden diese wesentlich stärker von ihm angezogen als der Kopf. Man sieht dies an folgender einfacher Überlegung: Nehmen wir zwei Entfernungen vom Schwarzen Loch an: 1,8 Meter außerhalb des Schwarzschildradius (wir nehmen eine Person mit einer Körpergröße von 1,8 Metern an) und genau am Schwarzschildradius.

Die Schwerebeschleunigung ist dann aus der Formel zu berechnen:

$$g = \frac{GM}{(R+d)^2}$$

Setzen wir folgende Werte ein: $M = 1 = 10^{30}$ kg Sonnenmasse, $R = 3000$ m, dann beträgt die Beschleunigung am:

- Schwarzschildradius: $g_S = 7{,}4\ 10^{12}$, also fast das 700-Milliarden-Fache der Beschleunigung auf der Erdoberfläche.
- Nur einen Meter vom Schwarzschildradius entfernt, also quasi einen Meter, bevor man auf Nimmerwiedersehen verschwindet: $g=6{,}6\ 10^7$.

Die zum Schwarzen Loch gerichteten Füße der Person A werden viel stärker angezogen als der Kopf. Wie kann man sich das vorstellen? Eigentlich gar nicht. Die Füße sind schwerer als der Kopf, da sie stärker angezogen werden. Sie würden sich viel schwerer anfühlen, man wird auseinandergezogen. Wissenschaftler*innen nennen dies auch den Spaghetti-Effekt. Der Körper wird bei Annäherung an das Schwarze Loch extrem auseinandergezogen.

Die Zeit vergeht langsamer …

Doch was beobachtet Person B aus sicherer Entfernung? Sie sieht, wie Person A langsam verschwindet und immer schwächer wird, mehr aber nicht. Für die Person B dauert es strenggenommen unendlich lange, ehe Person A verschwindet. Dies ist eine Folge der Allgemeinen Relativitätstheorie von Albert Einstein, die er im Jahre 1915 vorstellte. Eine der Kernaussagen dieser Theorie ist, dass Uhren von außen betrachtet in der Nähe großer Massen langsamer gehen. Man spricht von der *gravitativen Zeitdilatation*. Nehmen wir wieder zwei Personen an: Person A befindet sich auf der Erde, Person B im Weltraum. Person B sieht Uhren langsamer gehen als Person A. Umgekehrt sehen wir Uhren im Weltall schneller gehen als auf der Erde. Natürlich bedarf es zur Messung dieses Effektes extrem hochpräziser Uhren (Atomuhren).

Deshalb scheint für die in das Schwarze Loch fallende Person die Zeit normal zu vergehen, während die weit genug entfernte Person beobachtet, dass es extrem lange dauert, ehe Person A im Schwarzen Loch verschwindet.

Machen wir wieder eine kleine Rechnung dazu. Ein einfacher Fall ist die Berechnung des Gravitationsfeldes um eine einzige Masse herum, dies wurde zum ersten Mal von Karl Schwarzschild durchgeführt, der auch für den Schwarzschildradius bekannt wurde.

Die Verlangsamung der Uhren in einem Gravitationsfeld ist vereinfacht aus der folgenden Formel ableitbar.

$$\Delta t = \frac{1}{1 - \frac{r_s}{r}}$$

r ist der Radius des Objektes, r_s sein Schwarzschildradius.

Führen wir diese Rechnung für folgende Objekte aus:

- Erde: Radius = 6 500 000 m, der Schwarzschildradius der Erde beträgt 1 cm = 0,01 m. Daher findet man: 1,000 000 002; Eine Uhr auf der Erdoberfläche geht also um diesen Betrag langsamer, wenn man sie mit einer Uhr im Weltraum vergleicht.

- Sonne: Radius = 700 000 000 m, der Schwarzschildradius beträgt 3 km = 3 000 m. Man findet: 1,000004.
- Weißer Zwerg: Masse sei 1 Sonnenmasse, Radius sei 5 000 000 m. Wir erhalten 1,0006.
- Neutronenstern: Durchmesser sei 20 km, Masse sei 1 Sonnenmasse, dann finden wir den Wert 1,4. Hier gibt es also einen deutlichen Unterschied. Ein außenstehender Beobachter misst, dass 14 Tage zwischen 2 Ereignissen auf dem Neutronenstern liegen, für den Beobachter auf dem Neutronenstern sind aber nur 10 Tage vergangen.
- Bei einem Schwarzen Loch versagt unsere Formel, denn wir würden dann herausbekommen (da ja der Radius gleich dem Schwarzschildradius ist):

$$\frac{1}{1-\frac{1}{1}}$$

Also den Wert unendlich. Je näher sich die Größe des Objekts dem Schwarzschildradius nähert, desto langsamer vergeht die Zeit.

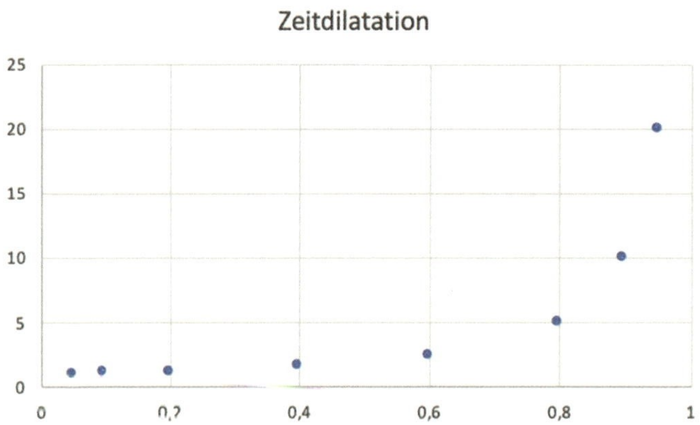

In der Abbildung ist der Wert der Zeitdilation als Funktion des Verhältnisses des Schwarzschildradius zum tatsächlichen Radius eines Objektes aufgetragen. Je weiter sich ein Objekt dem Schwarzschildradius nähert, desto langsamer vergeht die Zeit. Für einen außenstehenden Beobachter oder eine Beobachterin dauert es also unendlich lange, ehe die Person im Schwarzen Loch verschwindet.

WAS IST HINTER DEM EREIGNISHORIZONT? ✶

Hinter dem Ereignishorizont verbirgt sich eine Singularität. Um Sie als Leser zu verwirren: Es drehen sich die Koordinaten um. Aus der Zeit werden Raumkoordinaten und aus Raumkoordinaten wird die Zeit.
Eine Singularität ist etwas Unangenehmes. Man ist hier mit der Physik am Ende. Wir alle kennen Singularitäten. Versuchen Sie einmal, irgendeine Zahl durch Null zu dividieren! Falls Sie das Dividieren verlernt haben, tippen sie doch einfach in einen Rechner ein 7:0. Sie erhalten eine Fehlermitteilung. Die Division einer beliebigen Zahl durch Null ist nicht definiert. Wir sehen das ja auch an der gravitativen Zeitverschiebung. Je mehr sich die Größe eines Objektes seinem Schwarzschildradius nähert, desto größer werden die Zahlen.

EWIG GEFANGEN IM SCHWARZEN LOCH? ✶

Ist man also ewig im Schwarzen Loch gefangen? Nochmals, für einen außenstehenden Beobachter dauert es unendlich lange, ehe dieser feststellt, dass der andere in das Schwarze Loch gefallen ist, in der Praxis wird aber der kühne, in das Schwarze Loch reisende Beobachter irgendwann einmal unsichtbar. Innerhalb des Ereignishorizontes angekommen, gibt es kein Entweichen mehr. Man müsste dazu eine Geschwindigkeit aufbringen, die höher ist als die des Lichtes. Gemäß der Relativitätstheorie gibt es jedoch keine Geschwindigkeiten, die höher als die Lichtgeschwindigkeit sind. Wenn versucht wird, eine Masse so zu beschleunigen, dass sie Lichtgeschwindigkeit erreicht, würde man unendlich viel an Energie aufbringen müssen. Nur Teilchen, deren Masse im Zustand der Ruhe Null beträgt, können sich mit Lichtgeschwindigkeit ausbreiten. Das sind die Photonen, aus denen das Licht besteht.
Aber es gibt doch einen Ausweg, aus dem Schwarzen Loch zu entkommen, dazu brauchen wir aber die Quantenphysik.

DIE QUANTENMECHANISCHE RADARFALLE? ✶

Die zwei großen modernen Theorien der Physik sind die schon erwähnte Relativitätstheorie Einsteins sowie die Quantentheorie. Die Quantentheorie stellte alle bisherigen Erkenntnisse der Physik in einem völlig neuen Licht dar. In dieser Theorie gibt es keine absolut sicheren Messergebnisse mehr. Wir erläutern dies anhand der berühmten *Unschärferelation*. Denken wir uns ein Teilchen im Universum. Für uns erscheint es völlig klar, dass man genau sagen kann, wo sich das Teilchen befindet und mit welcher Geschwindigkeit es unterwegs ist. Wir alle kennen dies bei einer

Radarfalle. Das Radar misst die Geschwindigkeit der Fahrzeuge und man erhält dann eine hübsche Aufnahme zusammen mit der Angabe des Ortes, wo man unterwegs war, sowie natürlich einen Zahlschein – vorausgesetzt, man war zu schnell unterwegs. In der Physik würde man also sagen: Wir haben

- die Geschwindigkeit sowie
- den Ort

des Fahrzeuges gemessen. Uns erscheint es auch logisch, dass diese beiden Messgrößen exakt bestimmbar sind. In der Quantenphysik liegt die Sache aber anders. Das Produkt der beiden Größen Ort und Geschwindigkeit (eigentlich ist es der Impuls, aber der ist Masse mal Geschwindigkeit) lässt sich nur bis zu einer bestimmten Genauigkeit ermitteln. Was bedeutet das? Die Polizei kann entweder genau feststellen, wo Sie mit dem Fahrzeug unterwegs waren, kann aber dann keine Geschwindigkeit messen, oder sie kann exakt ihre Geschwindigkeit messen, hat aber dann keine Ahnung, wo Sie mit dem Fahrzeug unterwegs gewesen sind.

✶ QUANTENPHYSIK, ALLES WIRD UNSCHARF?

Eine der wesentlichsten Aussagen der Quantenphysik ist: Man kann nur Wahrscheinlichkeiten angeben, Messgrößen werden unscharf.
In der Welt der Quantenphysik ist daher das Produkt der Unschärfe der Orts- und Impulsbestimmung ein endlicher Wert. Je schärfer (genauer) man eine Größe bestimmen kann, desto größer wird die Unschärfe der anderen.

Die Unschärferelation mathematisch betrachtet:
Die Formel für die Unschärferelation lautet

$$\Delta x \Delta p \geq \frac{h}{2\pi}$$

Dabei bedeutet Δ eine Unschärfe, die Ortskoordinate und der Impuls (Produkt aus Masse mal Geschwindigkeit).
Das Zeichen *h* steht für das Planck'sche Wirkungsquantum. Das ist eine unvorstellbar kleine Größe: $h=6{,}626\ 10^{-34}$. Erinnern wir uns, was das bedeutet:

$$h = \frac{1}{6{,}626 \times 10^{34}} = \frac{1}{6{,}626 \times 10\,000\,000\,000\,000\,000\,000\,000\,000\,000\,000\,000}$$

Je genauer man also zum Beispiel den Ort bestimmt, desto kleiner wird die Unschärfe Δx. Damit die Formel weiterhin gültig ist, muss aber der Wert von Δp zunehmen.

WARUM LEBEN WIR ÜBERHAUPT IN EINER GEORDNETEN WELT? ✶

In der Quantenphysik kann man also Dinge nicht exakt messen. Wieso merkt man das im praktischen Leben nicht?
Die Kleinheit der Größe des Planck'schen Wirkungsquantum ist dafür verantwortlich, dass wir in einer halbwegs geordneten Welt leben. Auf unseren großen gewohnten Skalen spielt die Unschärferelation praktisch keine Rolle.

GEISTERTEILCHEN AUS DEM NICHTS? ✶

Jetzt wird es wirklich spukhaft. Die Unschärferelation kann man auch noch anders darstellen. Das Produkt aus Energieunschärfe und Zeitunschärfe beträgt ebenfalls $h/2\pi$.

$$\Delta E \Delta t \geq \frac{h}{2\pi}$$

Was bedeutet diese Formel? Ein Teilchen kann mit einer gewissen Energie für eine kurze Zeit aus dem Nichts entstehen. Je kleiner das Zeitintervall t wird, desto größer wird die Energie E. Da scheint sich der Spaß endgültig aufzuhören. Sie können also gemäß den Gesetzen der Quantenphysik aus dem Nichts für sehr kurze Zeit Teilchen mit sehr hoher Energie entstehen lassen, aber eben nur für sehr kurze Zeit. Aha, werden Sie als Leser*innen sagen, wir sind am Ende der Physik angelangt: Weder kann man Geschwindigkeiten genau messen, noch den Ort, noch die Energie und auch die Zeit nicht. Die Quantenphysik sagt, dass man immer nur Wahrscheinlichkeiten angeben kann. Sie hat unsere Auffassung der Welt völlig auf den Kopf gestellt.

IST MODERNE TECHNIK OHNE QUANTENPHYSIK DENKBAR? ✶

Bestimmt stellen sich jetzt viele Leser*innen die Frage, ob dies nicht reine akademische Überlegungen und Floskeln sind, die im alltäglichen Leben bedeutungslos erscheinen? Die Antwort darauf ist eindeutig: Nein. Unsere moderne Technik würde ohne Quantenphysik nicht funktionieren. Die Wirkungsweise eines Transistors beruht auf den Gesetzmäßigkeiten der Quantenphysik. Und Transistoren finden wir überall: in jedem Chip, der für Computer und Mikroprozessoren verwendet wird. Es gäbe also keine Computer, keine Handys, keine Steuerungspogramme für Waschmaschinen und Ähnliches ohne die Quantenphysik. Ohne die Erkenntnisse der Quantenphysik wäre unser Leben heute undenkbar.

Moderne Technik wäre ohne Quantenphysik nicht möglich. Der Grund, weshalb wir davon im Alltag nichts bemerken, liegt, um es noch einmal zu betonen, in dem winzigen Zahlenwert der Naturkonstanten h, dem Planck'schen Wirkungsquantum.

✶ DIE QUANTENPHYSIK UND SCHWARZE LÖCHER

Nach diesem Schnelleinführungskurs in die Quantenphysik wieder zurück zu den Schwarzen Löchern. Wir haben gesehen, dass plötzlich für sehr kurze Zeit Teilchen aus dem Nichts entstehen können. Genauer gesagt, sind es immer Teilchen-Antiteilchenpaare. Diese vernichten sich innerhalb kurzer Zeit selbst. Diese Teilchen-Antiteilchenpaare wurden in den 1930er-Jahren vom Physiker Dirac gefunden und in Experimenten nachgewiesen. Aber durch das starke Gravitationsfeld eines Schwarzen Lochs besteht eine gewisse Wahrscheinlichkeit, dass das Antiteilchen dieses Paares in das Schwarze Loch verschwindet und das reale Teilchen frei ist. Man hat den Eindruck, dass das Schwarze Loch dieses Teilchen abstrahlt. Diese Strahlung wurde von Stephen Hawking postuliert und heißt daher Hawking-Strahlung. Ganz schwarz, also ohne Strahlung sind die Schwarzen Löcher also gar nicht, sie strahlen ab. Schwarze Löcher verlieren auch an Masse, da das im Ereignishorizont verschwindende Teilchen negative Energie besitzt und nach Einstein Energie und Masse dasselbe sind.

Stephen Hawking (1942–2018), der durch eine Krankheit an den Rollstuhl gefesselt war und nur mit dem Blick seiner Augen über einen Computer kommunizieren konnte, befasste sich mit der Quantenphysik Schwarzer Löcher.

✶ WIE LANGE LEBEN SCHWARZE LÖCHER?

Durch die Hawking-Strahlung nimmt daher die Masse der Schwarzen Löcher ab. Man kann sogar ausrechnen, wie groß die Temperatur eines Schwarzen Loches sein muss: Wichtig ist, sie hängt von dessen Masse ab. Je größer die Masse, desto geringer die Temperatur. Sehr „kalte" Schwarze Löcher leben länger, da sie ja weniger abstrahlen. Je massereicher also ein Schwarzes Loch ist, desto länger wird es leben. Ein Schwarzes Loch mit einer Sonnenmasse würde also länger leben als ein Schwarzes Loch mit nur einer Erdmasse. Die Lebensdauer eines Schwarzen Lochs mit einer Sonnenmasse beträgt 2,2 10^{67} Jahre.

Die Lebensdauer eines Objektes der Masse *M*, angegeben in Kilogramm, in Sekunden ausgedrückt ergibt sich aus:

$$\tau \sim \frac{M^3}{12\ 10^{15}}$$

Rechnen wir nun aus, wie lange ein Schwarzes Loch mit einer Erdmasse leben könnte, ehe es zerstrahlt: t = 6 10^{50} Jahre. Zum Vergleich: Das Universum hat ein Alter von „nur" 13,7 Milliarden Jahren = 13,7 10^9 Jahre.
Relativ massearme Schwarze Löcher zerstrahlen viel schneller. Wir haben den Marsmond Phobos kennengelernt. Dessen Masse beträgt nur 1 10^{16} kg. Dieser Wert ist weniger als 1/10 000 000 000 der Erdmasse. Die Rechnung zeigt, dass ein Schwarzes Loch von der Größe dieses Mondes eine Lebenserwartung von nur mehr 2,7 10^{24} Jahren hätte. Oder nehmen wir ein Objekt von der Masse einer Boeing 747 (Jumbo Jet). Ein solches Flugzeug hat eine maximale Startmasse von etwa 400 Tonnen = 400 000 kg. Ein Schwarzes Loch dieser Masse würde in weniger als 1/10 000 000 Sekunden zerstrahlen.

IST UNSERE SONNE EIN BESONDERER STERN? ✶

Für die Astrophysiker nennt man Sterne sonnenähnlich, wenn sie in der Masse, Größe, Zusammensetzung, Temperatur der Sonne sehr ähnlich sind. Es zeigt sich, dass die meisten Sterne, die wir kennen, von der Masse her etwas weniger als die Sonne besitzen. Andererseits gibt es auch Sterne, deren Massen deutlich größer sind als die der Sonne. Je nachdem, wie eng man das Kriterium anwendet, nach welchem ein Stern als sonnenähnlich gilt, kann man sagen, dass etwa 15 Prozent aller Sterne ähnlich wie unsere Sonne sind.
Es gibt deutlich weniger Sterne, die heller und massereicher als unsere Sonne sind. Für die Suche nach Leben im Universum interessiert man sich vor allem für Planeten, die um sonnenähnliche Sterne kreisen. Nur diese Sterne existieren lange genug, um die Entwicklung des Lebens auf solchen Planeten zu ermöglichen. Man bedenke dabei, dass auf der Erde etwa eine Milliarde Jahre vergehen mussten, ehe sich Leben in einfachster Form entwickelte, und etwa vier Milliarden Jahre, ehe sich das Leben explosionsartig entwickelte.

HUNDERTE MILLIARDEN VON STERNEN: UNSERE MILCHSTRASSE

✶ VERSPRITZTE MILCH AM HIMMEL?

In einer klaren mondlosen Nacht können wir im Sommer und Herbst am Abendhimmel – fernab von künstlichen Lichtquellen – ein zartleuchtendes Band am Himmel sehen: die Milchstraße. Besonders eindrucksvoll erscheint sie von hohen Bergen aus. Die alten Griechen gaben ihr den Namen „Galaxis". Das Wort bedeutet „Milch". Man stellte sich die Entstehung der Milchstraße so vor: Aus einer der zahlreichen Liebschaften des Gottes Zeus ging Herakles hervor. Zeus wollte ihm besondere Fähigkeiten verleihen und legte ihn heimlich seiner Gattin Hera an die Brust. Der kleine Herakles trank so heftig, dass Milch verspritzt wurde und daraus die Milchstraße am Himmel entstand.

✶ DIE MILCHSTRASSE – VIELE STERNE?

Aber es waren auch griechische Philosophen, welche die Idee hatten, die Milchstraße könnte aus zahlreichen weit entfernten Sternen bestehen, die wir mit bloßem Auge nur mehr als Schimmer wahrnehmen. Zu dieser Ansicht war Demokrit (etwa 460–370 v. Chr.) gekommen.
Als Galilei um 1609 zum ersten Mal mit einem Fernrohr den Himmel beobachtete, erkannte er, dass das zartschimmernde Band sich in zahllose Sterne auflöst.

Der hellste Teil der Milchstraße befindet sich im Sternbild Sagittarius, Schütze. Dieses steht für die Nordhalbkugel der Erde im Sommer und Frühherbst tief am

Galilei erklärt die Benutzung des Teleskops.

Horizont. Für Bewohner südlicher Breitengrade steht dieses Sternbild sehr hoch und deshalb kann man die Milchstraße von der Südhalbkugel der Erde aus besser beobachten als von der Nordhalbkugel. [✶ Wieviele Sterne sehen wir am Himmel S. 104]

Haben Sie sich schon einmal gefragt, wie viele Sterne man mit bloßem Auge am Himmel sehen kann? Die meisten meinen, es müssen viele Tausende Sterne sein, aber selbst unter den besten Beobachtungsbedingungen kann man mit bloßem Auge nur etwa 3 000 Sterne erkennen. Für unser Empfinden sind die Sterne nicht regellos verteilt, man erkennt Muster, und daraus leiteten wir unsere bekannten Sternbilder ab. Etwas genauer mit der Verteilung der Sterne befasste sich der Astronom Wilhelm Herschel (um 1785). Er war der Erste, der eine Skizze vom Aufbau der Milchstraße erstellte. Er ging auch davon aus, dass alle Sterne, die man am Himmel erkennt, zur Milchstraße gehören müssen, also natürlich auch unsere Sonne und somit das gesamte Sonnensystem. Aber es konnte noch nicht bewiesen werden.

WO BEFINDEN WIR UNS IN DER MILCHSTRASSE? ✶

Doch wo genau befinden wir uns? Nahe dem Zentrum der Milchstraße oder etwas außerhalb? Der hellste Teil der Milchstraße liegt im Sternbild Schütze und deshalb vermutete man, dass sich dort auch das Zentrum befinden muss. Das eigentliche Zentrum kann man wegen dunkler Staubwolken nicht sehen.

Die Sonne und alle Sterne kreisen um das Zentrum. Für einen Umlauf um das Zentrum der Milchstraße benötigt die Sonne aber sehr lange, etwa 220 Millionen Jahre. Die Erde kreist innerhalb eines Jahres um die Sonne, deshalb scheint von der Erde aus gesehen die Sonne im Lauf eines Jahres durch die 12 Tierkreissternbilder zu laufen. Im Winter steht die Sonne tief am Himmel, in den Sternbildern Skorpion, Schütze und Steinbock. Deshalb ist der helle Teil der Milchstraße, also das Zentrum, im Winter nicht zu sehen. Am Winterabendhimmel sieht man auf der Nordhalbkugel der Erde die Milchstraße kaum. Wenn wir uns die Milchstraße, wie es Herschel tat, als flache Scheibe vorstellen und annehmen, die Sonne befinde sich nicht im Zentrum, sondern außerhalb, wird sofort klar, dass wir im Winter

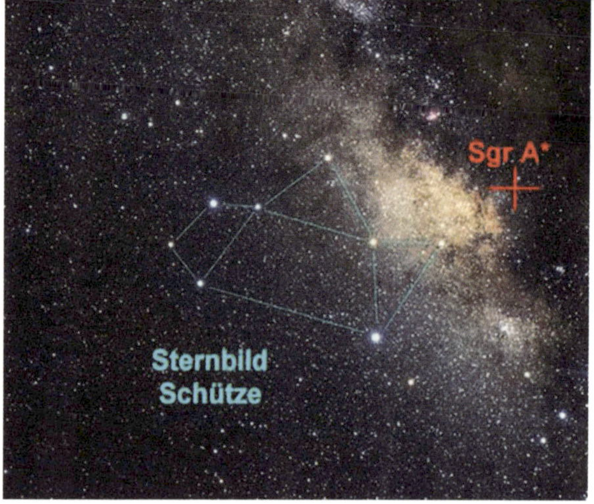

Die Milchstraße im Sternbild Sagittarius. Für Mitteleuropa steht dieses Sternbild im Sommer tief am Abendhimmel im Süden. Sgr A markiert das Zentrum der Milchstraße, das man wegen dunkler Staubwolken nicht sehen kann.

den weniger dichten Teil der Milchstraße beobachten, folglich also die Milchstraße nicht so hell am Himmel erscheint.

✶ WIE IST DIE MILCHSTRASSE AUFGEBAUT?

Moderne Messungen ergeben folgendes Bild der Milchstraße: Von außen betrachtet erscheint sie wie eine flache Scheibe mit einer zentralen Verdickung, im Englischen auch als *Bulge* bezeichnet. Die Ausdehnung der Scheibe beträgt etwa 100 000 Lichtjahre.

Ein Funksignal benötigt also etwa 100 000 Jahre, um von einem zum anderen Ende der Milchstraße zu gelangen. In der Wissenschaft bezeichnet man die Milchstraße als „Galaxis". Könnten wir die Galaxis von oben betrachten, dann erschiene sie uns wie eine riesige Spirale. Wir leben also in einer *Spiralgalaxie*. Die Spirale besitzt mehrere Arme und auf einem dieser Arme befindet sich auch unsere Sonne.

Die Sonne kreist in etwa 220 Millionen Jahren einmal um das galaktische Zentrum, von dem sie etwa 27 000 Lichtjahre entfernt ist.

Die Milchstraße nach Aufnahmen der ESO (European Southern Observatory)

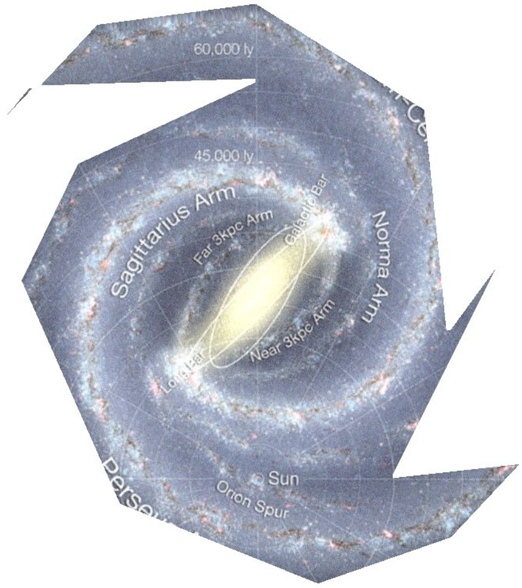

Von oben betrachtet würde unsere Milchstraße wie eine riesige Spirale erscheinen. Die Sonne befindet sich im Orion-Arm dieser Spirale.

RADIOSTRAHLUNG VON DER MILCHSTRASSE? ✶

Das Zentrum der Milchstraße im Sternbild Schütze ist von Mitteleuropa aus besonders im Sommer gut zu sehen. Allerdings fällt schon bei der Betrachtung mit bloßem Auge auf, dass es Regionen mit nur sehr wenigen bis gar keinen Sternen gibt. Auch im Sternbild Schwan (Cygnus) findet man beispielsweise solche Regionen.
Als man zum ersten Mal den Himmel mit Radioteleskopen erforschte, fand man eine starke Radioquelle. Zunächst vermutete man als Radioquelle unsere Sonne, da sie sich in ungefähr der Richtung befand, aus der die Strahlung kommt. Man hatte die Messungen im Winter durchgeführt. Da sich die Erde um die Sonne bewegt, erscheint es uns als Beobachter, als ob sich die Sonne im Lauf eines Jahres über den ganzen Himmel bewegen würde. Im Dezember steht die Sonne im Schützen, im Januar ist sie in das Sternbild Steinbock gewandert. Die Position der Radioquelle blieb aber im Schützen; die Sonne konnte daher nicht die Ursache für die starke Radiostrahlung sein, sondern es war das Zentrum unserer Galaxis. Mit Radioaugen betrachtet wäre also das galaktische Zentrum am Himmel viel heller als unsere Sonne. Mit immer größeren Radioteleskopen konnte man die Radioquelle genauer lokalisieren und erkannte, dass die Strahlung aus einem relativ kleinen Bereich kommen musste.

✶ DEM MONSTER IM ZENTRUM AUF DER SPUR …

Im sichtbaren Licht kann man das galaktische Zentrum kaum beobachten, da es in diesem Bereich riesige Staubwolken gibt, die das Licht dahinter gelegener Sterne absorbieren. Strahlung im Infrarot geht durch den Staub hindurch und mit Detektoren, die im Infraroten Bereich empfindlich sind (man denke an Nachtsichtgeräte, wo man Lebewesen bei völliger Dunkelheit durch ihre Wärmeabstrahlung entdecken kann), gelang es mit modernen Großteleskopen wie den Keck-Teleskopen, deren Durchmesser über zehn Meter beträgt, Sterne zu entdecken, die sich nur wenige Lichtjahre vom galaktischen Zentrum entfernt befinden. Das wirklich Spannende war aber nicht die Entdeckung der Sterne. Als man Aufnahmen dieser Sterne miteinander verglich, die in einigen Jahren Abstand gewonnen wurden, sah man, wie sich die Position dieser Sterne deutlich veränderte. Nun kann man mithilfe des dritten Keplerschen Gesetzes berechnen, wie groß die Masse sein muss, um die sich diese Sterne bewegen. Daraus folgt eine Masse von mehreren Millionen Sonnenmassen. Die Sterne bewegen sich also um ein Objekt, dessen Masse das Millionenfache unserer Sonne beträgt. Da man dieses Objekt nicht sehen kann, ist es ein supermassives Schwarzes Loch.

Man hat auch herausgefunden, dass sich eine Gaswolke mit der dreifachen Masse der Erde dem Zentrum des Schwarzen Lochs in der Milchstraße mit hoher Geschwindigkeit nähert.

Wir berechnen die Masse des galaktischen Schwarzen Lochs: Wie groß ist die Masse des Schwarzen Lochs im Zentrum unserer Milchstraße? Wir verwenden zu dessen

links: Simulation des Zerfalls der Gaswolke, nachdem sie nahe an dem Schwarzen Loch im Zentrum der Milchstraße vorbeigeflogen ist. Die Bahnen der anderen Sterne, die sich nahe dem Schwarzen Loch befinden, sind ebenfalls eingezeichnet.
rechts: Sternbahnen im Zentrum der Galaxis. Der neu entdeckte Stern S0-102 braucht 11,5 Jahre für einen Umlauf um das supermassereiche Schwarze Loch.

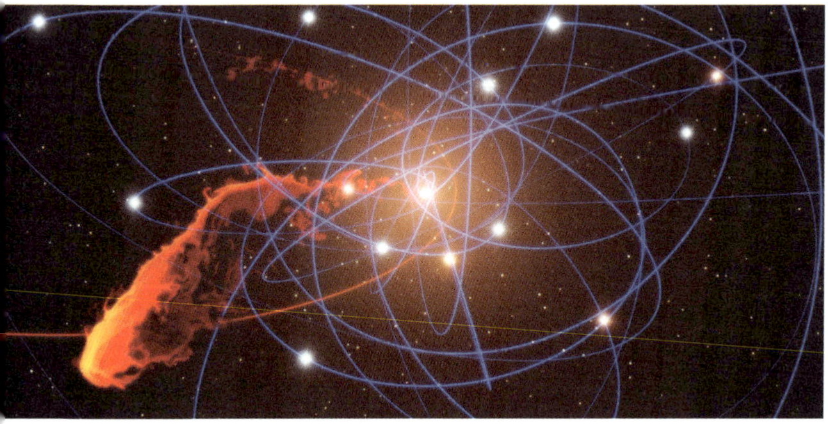

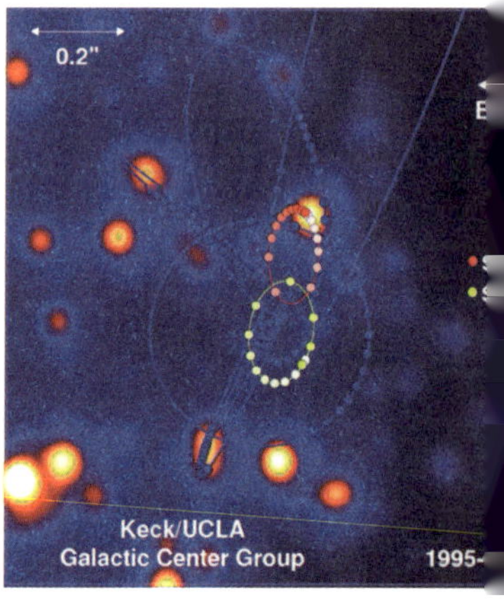

Berechnung das dritte Keplersche Gesetz. Ein Objekt der Masse M_1 soll sich in einem Abstand *a* um ein Objekt der Masse M_2 bewegen; die Umlaufdauer sei *P*, dann gilt:

$$\frac{a^3}{P^2} = \frac{G}{4\pi^2}(M_1 + M_2)$$

M_2 ist die gesuchte Masse des Objekts, um das sich der Stern mit der Masse M_1 bewegt. Setzen wir die Werte ein, dann finden wir ein unerwartetes Ergebnis: Der Stern muss sich um eine Masse bewegen, die mehr als einer Million Sonnenmassen entspricht. Es gibt keine Sterne, die eine derartige Masse besitzen; die massereichsten Sterne, die wir kennen, haben um etwa 100-fache Sonnenmassen. Außerdem sieht man die Masse nicht. Deshalb spricht man von einem *supermassiven Schwarzen Loch*. Wir können sogar sehr einfach die Ausdehnung dieses supermassiven Schwarzen Lochs ermitteln. Wäre unsere Sonne ein Schwarzes Loch dann würde ihr Radius nur etwa 3 Kilometer betragen (Schwarschildradius). Ein Objekt mit 1 Million Sonnenmassen hätte also einen Schwarzschildradius von 3 Millionen Kilometern. Das entspricht etwa der achtfachen Entfernung Erde–Mond. Das Schwarze Loch im Zentrum der Galaxis ist also von uns aus gesehen winzig.

WAS IST DIE UMGEBUNG DER SONNE UND DES SONNENSYSTEMS? ✶

Wie bereits erwähnt, besteht die Milchstraße aus einigen 100 Milliarden Sternen. Etwa 15 Prozent dieser Sterne sind unserer Sonne ähnlich, können sich aber durchaus in einem unterschiedlichen Entwicklungsstadium befinden. Durch Vergleich unserer Sonne mit diesen Sternen können wir die Entwicklung unserer Sonne nachvollziehen. Wir beobachten Sterne, die nur wenige Millionen Jahre alt sind und sich kosmisch gesehen gerade erst aus einer interstellaren Gaswolke gebildet haben, aber wir können auch Sterne untersuchen, die zum Beispiel fast doppelt so alt sind wie unsere Sonne.

Unsere Sonne und damit das Sonnensystem befindet sich in einer von Astronomen als *lokale Blase* bezeichneten Struktur. Wir haben in unserer näheren Umgebung keine Riesensterne. Die ganz hell am Himmel leuchtenden Sterne sind entweder relativ nah oder weit entfernte Riesensterne. Dazu einige Beispiele. Alpha Centauri, der uns nach der Sonne am nächsten steht, ist für Mitteleuropäer*innen nicht sichtbar, man muss weit in den Süden fahren. Der Stern ist der vierthellste Stern am Himmel und etwa 4,3 Lichtjahre von uns entfernt. Der hellste Stern am Himmel, der auch von Mitteleuropa aus im Winter sehr gut zu sehen ist, ist der weiß-blau leuchtende Stern Sirius. Er ist 8,6 Lichtjahre von uns entfernt und leuchtet deutlich heller als die anderen Sterne. Der Stern Deneb ist der hellste Stern im Sternbild Schwan, das manchmal auch als Kreuz des Nordens bezeichnet wird. Zwar ist dieser

Stern heller als die Sterne in seiner Umgebung, aber er ist beispielsweise deutlich schwächer als der Stern Wega. Das kommt daher, dass Wega nur 25,3 Lichtjahre von uns entfernt ist, Deneb jedoch 1 500 Lichtjahre, aber im Gegensatz zu Wega ein Riesenstern ist. Deneb gehört nicht mehr zur lokalen Blase, die eine Ausdehnung von 300 Lichtjahren besitzt.

✶ LEBEN WIR IN EINER BLASE?

Die lokale Blase ist unsere unmittelbare Umgebung in der Galaxis. Es handelt sich um eine Region extrem geringer Dichte. Sie besteht aus neutralem Wasserstoff mit einer Dichte von etwa 0,07 Atomen pro Kubikzentimeter und heißem Plasma mit einer Dichte von 0,001 bis 0,005 Atomen pro Kubikzentimeter. Dieses Plasma hat eine Temperatur von mehr als einer Million Grad und es wurde anhand schwacher Röntgenstrahlung nachgewiesen. Wie bitte, werden sich jetzt einige Leser*innen fragen. Wir sind also umgeben von einem heißen Plasma mit einer Temperatur von mehr als einer Million Grad? Es besteht aber kein Grund zur Sorge! Erstens bedeutet Temperatur in der Physik immer die Geschwindigkeit der Teilchen. „Die Temperatur ist ein Maß für die mittlere kinetische Energie der Teilchen", sagen die Physiker. Die kinetische Energie hängt vom Produkt der Masse des Teilchens und dem Quadrat seiner Geschwindigkeit ab. Ein Fahrzeug, das mit einer Masse von 2 000 Kilogramm mit 100 km/h unterwegs ist, hat die 100-fache Energie, als wenn dieses Fahrzeug mit nur 10 km/h unterwegs wäre. Wir haben also in der Umgebung der Sonne Teilchen, die sich sehr schnell bewegen. Nun kommt aber der zweite Effekt zu tragen. Ein Auto, das mit einer Geschwindigkeit von, sagen wir, 100 km/h in eine Betonwand kracht, wird wesentlich mehr Schaden anrichten als ein Fahrrad, das im Vergleich zum Auto eine viel geringere Masse hat. Unsere Teilchen, also Atome, sind sehr leicht und außerdem ist die Anzahl der Atome äußerst gering. Wir merken daher nichts von der hohen Temperatur.

Vergleichen wir die Dichte des Gases in der lokalen Blase mit der Dichte von beispielsweise Luft in einem Raum: In Meereshöhe beträgt die Dichte etwa $2{,}55\ 10^{19}$ Teilchen pro Kubikzentimeter. Die Dichte in der lokalen Blase ist also um das 10 000 000 000 000 000 000 000-fache geringer als die Dichte von Luft!
Doch weshalb ist die Dichte in der lokalen Blase geringer als sonst in der Galaxis? Der Grund dafür dürften Supernovaexplosionen sein, die sich vor mehreren 100 000 Jahren ereigneten. Ein Kandidat für eine solche Explosion ist das Objekt Geminga im Sternbild der Zwillinge. Dieses Objekt dürfte etwa 800 Lichtjahre von uns entfernt sein. Eine Supernovaexplosion in dieser Entfernung wäre sicherlich ein äußerst spektakulärer Anblick am Himmel gewesen, ein Stern, der fast soll hell wird wie der Vollmond.

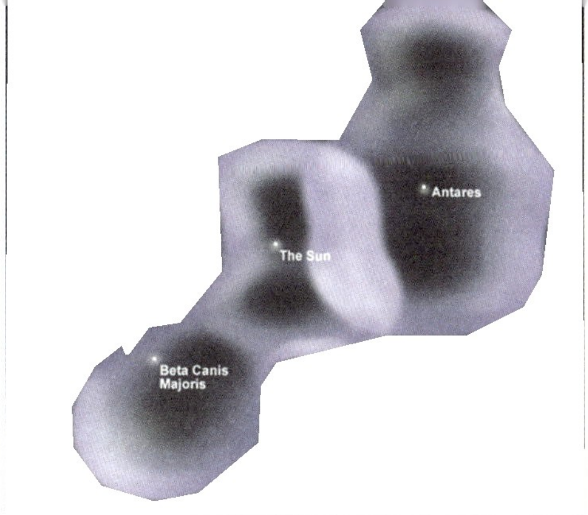

Die Lokale Blase, unsere engere Heimat in der Milchstraße.

KEIN LEERER RAUM ZWISCHEN DEN STERNEN? ✶

Der Raum zwischen den Sternen in unserer Milchstraße ist also nicht leer, sondern von der *interstellaren Materie* erfüllt. Die Dichte schwankt in einem Bereich von etwa 10^{-4} bis zu 10^5 Atomen pro Kubikzentimeter. Selbst 100 000 Atome pro Kubikzentimeter (also 10^5) ist extrem wenig im Vergleich zu den 10^{19} Atomen in einem Kubikzentimeter Luft. Die dichtesten Teile der interstellaren Materie sind also um das 100 000 000 000 000-Fache weniger dicht als unsere Atmosphäre am Erdboden! Dennoch wissen wir, dass sich aus dieser Materie Sterne bilden können, mit Massen von mehr als 10^{30} Kilogramm. Einfach weil die interstellare Materie riesige Räume erfüllt.

AUS (FAST) NICHTS ENTSTEHEN STERNE? ✶

Überlegen wir einmal, wie groß die Gesamtmasse einer Gaswolke aus interstellarer Materie mit einem Radius von einem Lichtjahr sein könnte. Wir nehmen der Einfachheit halber eine Dichte von 100 Atomen pro Kubikzentimeter an und eine kugelförmige Wolke. Das Volumen dieser Wolke errechnet sich aus

$$V = \frac{4\pi}{3} R^3$$

Der Radius $R = 1$ Lichtjahr, 1 Lichtjahr = 10^{13} km = 10^{18} cm. Wir bekommen also ein Volumen von $V = 4{,}2\ 10^{57}$ cm^3, und da pro Kubikzentimeter 100 Atome angenommen werden, enthält unsere Wolke $4{,}2\ 10^{59}$ Atome. Also eine Zahl mit 59 Stellen! Jetzt müssen wir nur noch die Masse eines Atoms kennen, und wir nehmen dafür einfach die Masse des Wasserstoffatoms: Ein Wasserstoffatom wiegt unvorstellbare $1{,}67\ 10^{-27}$ Kilogramm. Somit haben wir in einer Wolke von einem Lichtjahr Ausdehnung eine Masse von etwa $7\ 10^{30}$ Kilogramm! Erinnern wir uns, die Masse der Sonne beträgt $2\ 10^{30}$ Kilogramm, also wären in dieser Wolke bereits mehr als 3 Sonnenmassen enthalten. Sterne entstehen also aus riesigen Gaswolken mit unvorstellbar geringer Dichte. Wir sehen: Die Menge macht es aus, in diesem Falle die riesigen Dimensionen!

✶ GASNEBEL – GEBURTSSTÄTTEN NEUER STERNE?

Typische interstellare Gaswolken sind noch viel größer als unser Beispiel. Betrachten wir den wohl bekanntesten Gasnebel, der bereits mit einem Fernglas gesehen werden kann, den Orionnebel. Dieser Nebel ist etwa 1 300 Lichtjahre von uns entfernt, seine Gesamtmasse beträgt etwa 700–2 100 Sonnenmassen. Also ist genügend Masse da, um viele Sterne entstehen zu lassen. Die Ausdehnung beträgt etwa 24 Lichtjahre. Damit Materie zu Sternen komprimiert, wirkt von außen eine Art Schockwelle auf das Gas. Diese Schockwelle kann von einer Sternenexplosion kommen oder durch den Zusammenstoß von Galaxien. Der Nebel wird vor allem durch den Stern θ^1 Orionis zum Leuchten angeregt, dieser Stern besitzt die 200 000-fache Leuchtkraft der Sonne und ist der hellste Stern im sogenannten Trapez des Orionnebels, das bereits mit kleineren Teleskopen gesehen werden kann. Er besitzt eine Oberflächentemperatur von mehr als 40 000 Grad.
Der ganze Orionnebel dürfte nur wenige Millionen Jahre alt sein.

✶ LEUCHTENDER WASSERSTOFF?

Auf Fotografien sieht man, dass diese Gasnebel meist rötlich leuchten. Emissionsnebel sind Nebel, die von sich aus leuchten. Die Atome, aus denen sie bestehen, werden von eingebetteten heißen Sternen zum Leuchten angeregt.
Dieses Licht stammt vom Element Wasserstoff. Es handelt sich dabei um die sogenannte *H-Alpha-Linie* des Wasserstoffatoms. [✶ Wo entstehen Sterne? S. 109]

Quantenphysik: Nicht alles ist erlaubt …
Erinnern wir uns kurz an den Aufbau eines Wasserstoffatoms. Es besitzt einen positiv geladenen Kern, der aus nur einem Proton besteht, und einem Elektron, das sich auf einer Kreisbahn um den Kern herum bewegt. Das Elektron ist negativ geladen und positive und negative Ladungen ziehen einander an. Ohne die Kreisbewegung würde das Elektron sofort auf den Kern stürzen, ähnlich wie die Planeten, die um die Sonne kreisen und ohne deren Kreisbewegung wegen der großen Sonnenanziehung in diese stürzen würden. Aber in der Welt der Atome ist vieles anders als in unserem Alltagsleben. Anfang des 20. Jahrhunderts wurde dafür eine neue Theorie entwickelt, die die gesamte Physik auf den Kopf stellte und die von vielen Physikern, unter anderen auch von Albert Einstein zunächst für Unsinn gehalten wurde, die Quantentheorie. Und diese Theorie besagt nun, dass sich das Elektron nur auf bestimmten Bahnen, das heißt in bestimmten Abständen um den Atomkern herum bewegt. In der Physik bezeichnet man diese als *Energieniveaus*. Das Elektron kann sich also ganz nahe beim Kern befinden, dann nennt man das den Grundzustand

Ein wegen seiner Form als Nordamerikanebel *bezeichneter Emissionsnebel.*

n=1, dann etwas weiter weg vom Kern, *n=2*, noch weiter weg *n=3*. Aber es sind nur ganz bestimmte Abstände vom Atomkern möglich. In unserer Alltagswelt erscheint uns das völlig absurd; es wäre etwa so, als ob wir mit dem Auto nur exakt 10, 30, 60 km/h fahren könnten, aber zum Beispiel niemals 24 km/h. Doch zurück zum Wasserstoffatom. Die Natur ist so wie die Menschheit träge. Normalerweise befindet sich das Elektron im Grundzustand n=1, also ganz nahe beim Kern. Wenn jedoch die richtige Energie zugeführt wird, dann wird das Elektron auf den Zustand n=2 gehoben. Zwischen den beiden Zuständen n=1 und n=2 gibt es jedoch einen exakten Zahlenwert an Energie, das heißt, wenn unser Elektron dann wieder von n=2 auf den Grundzustand übergeht, wird diese Energie abgegeben.

Bei der H-Alpha-Linie findet der Übergang von n=3 zu n=2 statt. Es muss also eine gewisse Grundenergie da sein, damit das Elektron nicht wieder in den Grundzustand n=1 übergeht, sondern in den nächsten Zustand n=2. Diese Energie stammt von den heißen Sternen im Nebel. Es gibt auch noch genügend Energie, um das Elektron auf den Zustand n=3 zu heben. Und genau beim Übergang n=3 auf n=2 wird nun die im roten Licht sichtbare H-Alpha Linie erzeugt. Deshalb leuchten alle Gasnebel rötlich.

STAUB IN DER MILCHSTRASSE? ✶

Neben dem interstellaren Gas, das besonders spektakulär leuchtet, gibt es auch Gebiete erhöhter Staubdichte. Hierbei handelt es sich um winzige Staubkörnchen, hauptsächlich aus Kohlenstoff bestehend, die eine Masse von weniger als 1/1000 Gramm besitzen. Staub ist natürlich wichtig, um die Entstehung von Gesteinsplaneten wie Erde, Venus, Mars, Merkur zu erklären. Die Dichte des Staubes in Erdumgebung beträgt etwa 1 Teilchen pro Kubikzentimeter. Auch hier macht es wieder die Menge aus.

GALAXIEN

WELTENINSELN

WIE GROSS IST DAS UNIVERSUM?

Zu Beginn des 20. Jahrhunderts gab es die sogenannte große Debatte, einen Streit unter den Astrophysikern. Worum ging es dabei? Es gab zwei Vorstellungen:
Unsere Milchstraße ist praktisch das gesamte Universum; die vielen Nebel, die man kannte, sollten alle ähnlich wie der Orionnebel zur Milchstraße gehören.
Man kannte bereits den Andromedanebel sowie andere Spiralnebel, und es gab auch Astrophysiker, die meinten, es könnte sich hier um eigene Systeme handeln, also Objekte ähnlich wie unsere Milchstraße, die aber mit unserer Galaxis nichts zu tun haben. Man sprach deshalb auch von *Welteninseln*.
Im ersten Fall wäre unser Universum nicht viel größer als die Milchstraße, also etwa 100 000 Lichtjahre, was genau betrachtet auch schon unvorstellbar groß wäre. Im zweiten Fall jedoch wäre das Universum ungeheuer groß, denn die erwähnten Nebel könnten Millionen von Lichtjahren von uns entfernt sein.

EINE EINFACHE ABSCHÄTZUNG – WIE WEIT IST DER ANDROMEDANEBEL VON UNS ENTFERNT?

Nehmen wir einmal an (Annahmen sind in der Physik verboten, aber äußerst nützlich!), der Andromedanebel wäre so groß wie unsere Milchstraße, also 100 000 Lichtjahre im Durchmesser. Seine Ausdehnung am Himmel beträgt etwa 3 Grad (das ist das 6-Fache des Durchmessers des Vollmondes!). Wie weit wäre er unter der Voraussetzung wie oben angeführt von uns entfernt. Die Winkelausdehnung sei α, der Durchmesser d sei 100 000 Lichtjahre, dann gilt:

$$\sin \alpha = \frac{d}{r}$$

Daher bekommen wir für die Entfernung: r = 2 Millionen Lichtjahre. Also ist der Andromedanebel nicht Teil der Milchstraße. Aber wie gesagt, wir haben ja angenommen, dass der Nebel so groß wie die Milchstraße sei, und daher kann dies nicht als Beweis dafür gelten, dass der Andromedanebel eine eigenständige Galaxie ist. Aber es sollte Ihnen, liebe Leserin, lieber Leser, klar werden, dass man an einfachen Annahmen viele Dinge ableiten kann.

WIE WEIT IST DER ANDROMEDANEBEL WIRKLICH ENTFERNT?

Die einzige Möglichkeit zu zeigen, ob der Andromedanebel eine eigenständige Galaxie ist oder zur Milchstraße gehört, ist, dessen Entfernung unabhängig von

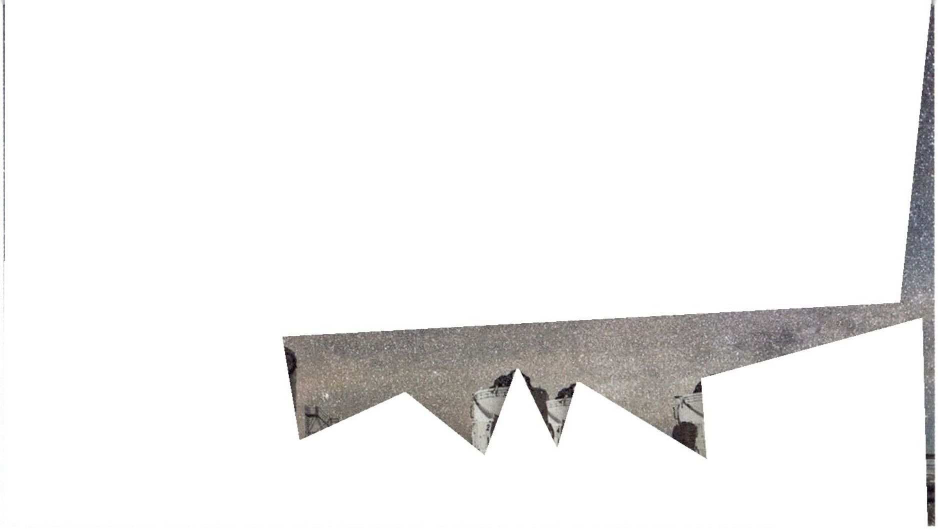

Die große und die kleine Magellan'sche Wolke, zwei Begleiter unserer Milchstraße; im Vordergrund erkennt man die Großteleskope der Europäischen Südsternwarte ESO (Chile).

irgendwelchen Annahmen zu ermitteln. Aber so einfach ist die Sache nicht. Wir haben schon die jährliche Parallaxe besprochen, die durch den Umlauf der Erde um die Sonne entsteht, und weshalb nahe Sterne winzige Ellipsen am Himmel beschreiben. Doch diese Methode funktioniert nur für relativ nahe Sterne. Allerdings konnte man inzwischen mit Satellitenmessungen Entfernungen bis zu Tausenden von Lichtjahren ermitteln.

Im Jahr 1912 beobachtete die Astronomin Swan Levitt *veränderliche Sterne* in der kleinen Magellan'schen Wolke; dies ist eine Ansammlung von einigen Millionen Sternen, eine Art Minigalaxie, die aber noch zu unserer Milchstraße gehört. Dabei machte sie eine folgenschwere Entdeckung: Es scheint einen Zusammenhang zu geben zwischen der Leuchtkraft der Sterne und der Dauer ihres Lichtwechsels. Lichtwechsel bedeutet, dass die Objekte periodisch heller und schwächer werden. Die Leuchtkraft lässt sich in diesem Fall sehr einfach ermitteln, man beobachtet einfach die Helligkeit der Sterne. Es sind ja alle Sterne dieser Sternenwolke etwa gleich weit von uns entfernt. Dieser Helligkeitswechsel entsteht durch ein regelmäßiges Aufblähen und Zusammenziehen des Sternes.
Sobald wir also gemessen haben, mit welcher Periode diese Sterne ihre Helligkeit ändern, wissen wir, wie hell sie wirklich sind. Und nun kommt der Punkt: Wir messen die scheinbare Helligkeit der Sterne, diese hängt aber ab von:

- der wahren Helligkeit, Leuchtkraft der Sterne und
- der Entfernung der Sterne.

Sobald wir also die wahre Helligkeit kennen, die aus der Periode des Helligkeitswechsels folgt, haben wir über die leicht zu messende scheinbare Helligkeit die Entfernung des veränderlichen Sternes. Der erste gefundene veränderliche Stern, der sich nach diesem Muster ändert, war der Stern δ im Sternbild Cepheus. Deshalb nennen wir diese Sterne auch *Cepheiden*. Cepheiden sind also so etwas wie Standardkerzen im Universum. Aus der Periode des Lichtwechsels, die einige Tage beträgt, folgt deren Entfernung.

Um also die Entfernung des Andromedanebels zu bestimmen, müsste man Cepheiden in diesem Nebel ausmachen. Das ist keine einfache Aufgabe, denn es bedarf großer Teleskope, um Einzelsterne in diesem Objekt zu erkennen.

EDWIN POWELL HUBBLE – GENIE OHNE NOBELPREIS

E. P. Hubble wurde am 20. November 1889 in Marshfield, Missouri, geboren und starb am 28. September 1953 in San Marino, Kalifornien. Er studierte Physik und Astronomie. Das Studium schloss er 1910 als *Bachelor of Science* ab. Aber seine Familie war der Meinung, dass sich mit Astronomie kein Geld verdienen ließe, und der junge Hubble wurde zum Studium der Rechtswissenschaften nach Oxford geschickt; er schloss dieses nach nur drei Jahren als Magister ab und kehrte in die USA zurück.

E. P. Hubble

Die Begeisterung für Astronomie ließ ihn nicht los und er begann weiterführend, Mathematik und Astronomie zu studieren und promovierte an der University of Chicago 1917.

Im Jahr 1912 gelang es dem Astronomen Vesto Slipher, die Geschwindigkeit eines Spiralnebels zu messen. Solche Messungen beruhen auf dem Dopplereffekt. Zerlegt man das Licht eines Spiralnebels in die Regenbogenfarben, so erkennt man in dem Spektrum dunkle Linien. Wenn sich ein Spiralnebel auf uns zu bewegt, dann sind diese Linien nach blau verschoben, entfernt sich dieser von uns, sind die Linien nach rot verschoben. Die Situation ist ähnlich wie bei einem sich nähernden Fahrzeug mit Folgetonhorn. Der Ton scheint bei Annaherung höher zu werden, bei Entfernung dann jedoch tiefer. Hubble interessierte sich sehr für diese Messungen. Als Student bekam er den Auftrag, die Geschwindigkeit des Andromedanebels zu messen. Als auf dem Mount Wilson Observatorium das neue 2,5 Meter große Hooker-Teleskop in Betrieb ging, erhielt Hubble die Gelegenheit, mit diesem damals größten Teleskop der Welt zu arbeiten.

Er nutzte seine Chance und es gelang ihm, Cepheidensterne im Andromedanebel zu isolieren. Nach etlichen Beobachtungstagen konnte er deren Periode des Lichtwechsels bestimmen und daraus folgern, wonach man so lange gesucht hatte: die

Entfernung des Andromedanebels. Hubble fand eine Entfernung von etwa 700 000 Lichtjahren, das ist etwa siebenmal so viel wie der Durchmesser unserer Milchstraße. Damit war klar: Der Andromedanebel ist eine eigenständige Galaxie, eine Welteninsel. Mit einer Messung wurde also bewiesen, dass unser Universum wesentlich größer sein muss also unsere Milchstraße. Der moderne Wert für die Entfernung der Andromedagalaxie beträgt etwa 2,5 Millionen Lichtjahre, also das mehr als Dreifache der Messung Hubbles. Das hängt damit zusammen, dass Hubble noch nicht wusste, dass es zwei Typen von Cepheiden mit unterschiedlichen Perioden-Leuchtkraft-Beziehungen gibt.

Das Hooker-Teleskop auf dem Mount Wilson, um 1920 das weltgrößte Teleskop.

Wichtig war jedoch damals, dass nun feststand, der Andromedanebel und die anderen Spiralnebel, die man schon kannte, sind eigenständige Galaxien.

HAUFEN VON GALAXIEN? ✶

Halten wir noch einmal fest: Galaxien sind ähnlich wie unsere Milchstraße aus bis zu einigen 100 Milliarden Sternen aufgebaut. Sie besitzen unterschiedliche Formen, viele sind spiralförmig, einige elliptisch, andere, meist kleine, sind irregulär. Betrachtete man unsere Milchstraße, die Galaxis, würde auch sie wie eine Spirale aussehen. Die Andromedagalaxie ist unsere nächste Galaxie. Die beiden nur am südlichen Sternenhimmel zu sehenden Magellan'schen Wolken sind irreguläre Zwerggalaxien, die noch gravitativ an die Milchstraße gebunden sind.
Unsere Milchstraße gehört wie unsere Nachbargalaxie, die Andromedagalaxie, zu einem relativ kleinen Galaxienhaufen, der als *Lokale Gruppe* bezeichnet wird. Die Milchstraße und die Andromedagalaxie sind die größten Mitglieder dieser Gruppe und, was die Masse und den Durchmesser anbelangt, etwa gleich groß. Die Lokale Gruppe hat einen Durchmesser von zwischen 5 und 8 Millionen Lichtjahren. Insgesamt umfasst die lokale Gruppe etwa 70 Galaxien, die große Mehrheit sind Zwerggalaxien. Eine noch im Fernglas gut erkennbare Galaxie ist der Dreiecksnebel, *M33*

Die Andromedagalaxie, unser Nachbar im Kosmos.

genannt. Die Andromedagalaxie trägt die Bezeichnung M31 oder im neuen Generalkatalog (NGC) die Bezeichnung *NGC 224*.

Ein wesentlich größerer Galaxienhaufen ist der *Virgohaufen*, benannt nach dem Sternbild Virgo (Jungfrau), wo man diese Galaxien findet. Dieser Haufen enthält etwa 2 000 Galaxien.
Charles Messier, der verschiedene Himmelsobjekte in seinem Katalog eintrug, schreibt darüber: „Das Sternbild Jungfrau und speziell sein nördlicher Teil ist eines der Sternbilder, das die meisten Nebel enthält. Der Katalog nennt 13, die bestimmt wurden, nämlich die Nummern 49, 58, 59, 60, 61, 84, 85, 86, 87, 88, 89, 90 und 91. All diese Nebel scheinen keine Sterne zu enthalten und sind bei gutem Wetter während des Meridiandurchgangs sichtbar. Auf die meisten dieser Nebel hat mich Herr Méchain aufmerksam gemacht."
Die Mitglieder dieses Haufens sind etwa 65 Millionen Lichtjahre von uns entfernt und der Haufen scheint eine zigarrenförmige Struktur zu besitzen mit etwa 9 Millionen Lichtjahren Ausdehnung. Der Haufen enthält Spiralgalaxien und elliptische Galaxien. Die Spiralgalaxien findet man eher am Rand des Haufens, da hier die Gezeitenkräfte zwischen den Galaxien nicht so groß sind, die sonst die Spiralstruktur zerstören würden.

✶ EIN SCHWARZES LOCH SICHTBAR MACHEN?

Die größte Galaxie im Virgohaufen ist M87. Sie enthält etwa die 300-fache Masse unserer Milchstraße und ist auch als starke Radioquelle bekannt. Zum ersten Mal konnte man auch quasi den Schatten des riesigen Schwarzen Lochs im Zentrum

 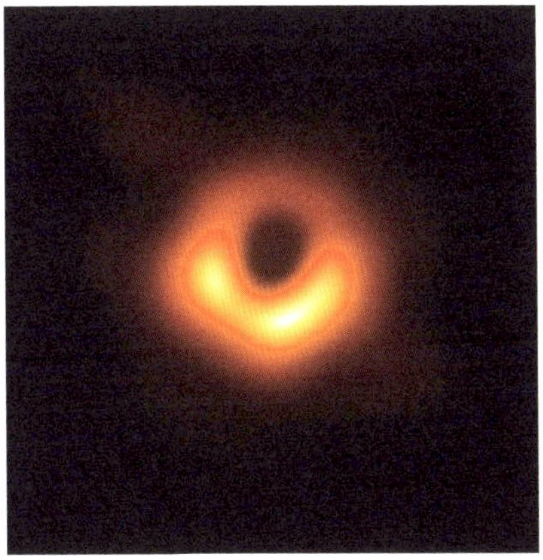

links: Die Galaxie M87 mit dem Materiejet. M87 besitzt ein zentrales Schwarzes Loch sowie ungewöhnlich viele Kugelsternhaufen (etwa 12 000, unsere Milchstraße enthält nur 200). rechts: Das zentrale supermassive Schwarze Loch (als dunkler Schatten erkennbar) in der Galaxie M 87. Die Materie um das Schwarze Loch erhitzt sich stark und leuchtet deshalb.

dieser Galaxie mit Radioteleskopen beobachten. Da die Ausdehnung des supermassiven Schwarzen Lochs sehr gering ist, bedarf es einer hohen Auflösung, und diese erzielt man mithilfe von Radioteleskopen am besten mit Interferometrie. Man schaltet dazu weltweit verteilte Radioteleskope zusammen und kann so feinste Details erkennen. Natürlich ist der Aufwand der Reduktion und Auswertung der Daten sehr groß und erfordert enorme Rechenleistung der Computer.

DIE FEHLENDE MASSE BEI GALAXIENHAUFEN? ✶

Die Gesamtmasse eines Galaxienhaufens kann man aus der Bewegung der Galaxien des Haufens ableiten. Die Bewegung der Galaxien wird ja durch deren gegenseitige Anziehung, also von der Gravitation, bestimmt. Und, wie wir bereits wissen, hängt die Schwerkraft nur von der Masse ab. Je größer daher die Masse des Haufens, desto turbulenter verlaufen die Bewegungen der Galaxien untereinander. Genau dies drückt der *Virialsatz* aus. Untersucht man die Bewegungen der Galaxien im Virgohaufen, dann ergibt sich eine Masse von etwa 1,2 Billiarden Sonnenmassen. Nimmt man jedoch für jede Galaxie an, dass sie dieselbe Masse wie die Galaxis enthält, also sagen wird 100 Milliarden Sonnenmassen, dann kommen wir bei 2 000 Galaxien nur auf etwa $2\,000 \times 10^{11} = 2\ 10^{14}$ Sonnenmassen für den Virgohaufen, das sind 200 Billionen Sonnenmassen, also nur 1/6 der Masse, die sich aus dem Virialsatz ergibt. Astronomen sagen auch: Die leuchtende Masse ist kleiner als die schwere Masse. Irgendetwas scheint hier nicht zu stimmen. Dies ist ein Hinweis auf die Existenz der sogenannten *Dunklen Materie*. Es muss sich dabei um eine neuartige Materie handeln, die zwar über die Gravitation wirkt, aber selbst nicht leuchtet, auch nicht, wenn sie angestrahlt wird.

✶ WAS SIND SUPERHAUFEN?

Auch die Galaxienhaufen sind untereinander verbunden und bilden sogenannte Superhaufen. Unsere kosmische Heimat, die lokale Gruppe, gehört mit dem Virgohaufen zum lokalen Superhaufen. Das Universum scheint eine netzartige Anordnung von Galaxien und Galaxienhaufen zu haben. Dazwischen befinden sich leere Räume, die man auch als *Voids* bezeichnet.

✶ STERNE, DIE SICH ZU SCHNELL UM DAS ZENTRUM BEWEGEN?

Es gibt für die Existenz der sogenannten Dunklen Materie, die sich nur durch die Schwerkraft bemerkbar macht, noch einige weitere Hinweise.

Wie schon bei der Milchstraße erwähnt, rotieren die Sterne einer Galaxie um deren Zentrum. Erinnern wir uns an das Sonnensystem: Je näher ein Planet bei der Sonne steht, desto schneller bewegt er sich um diese. Merkur benötigt nur 88 Tage, die Erde hingegen ein Jahr für einen Sonnenumlauf. Dasselbe würden wir nun für die Bewegung der Sterne um das galaktische Zentrum erwarten. Je näher beim Zentrum, desto schneller die Bewegung um dieses. Die Sonne befindet sich in einer Entfernung von 27 000 Lichtjahren zum galaktischen Zentrum und benötigt etwa 220 Millionen Jahre für einen Umlauf. Noch weiter entfernte Sterne müssten also entsprechend länger für einen Umlauf benötigen. Die Messungen ergeben jedoch ein völlig anderes Bild. Die sogenannte *galaktische Rotationskurve* sieht für die meisten Galaxien folgendermaßen aus:

Sterne nahe dem Zentrum: Je weiter weg, desto schneller bewegen sie sich um dieses. Dieses Verhalten kann man als eine starre Rotation interpretieren. Es lässt sich auch leicht verstehen: Wegen der hohen Dichte der Sterne nahe dem Zentrum rotiert dieses quasi wie ein starrer Körper.

Weiter entfernt vom Zentrum: Hier beobachten wir annähernd das Verhalten, das wir erwarten; je weiter weg, desto langsamer die Bewegung.

In größerer Entfernung vom Zentrum finden wir jedoch ein völlig unerwartetes Verhalten. Die Rotationskurve flacht nicht ab, sondern bleibt konstant oder nimmt sogar noch leicht zu. Mit anderen Worten: Sterne, die weit entfernt sind vom galaktischen Zentrum, bewegen sich zu schnell!

DUNKLE MATERIE AUCH IN DER MILCHSTRASSE? ✶

Um eine Bewegung hervorzurufen, benötigen wir eine Kraft. Die einzige Kraft, die auf Sterne wirkt, ist die Gravitation, also die Schwerkraft. Die Schwerkraft wird jedoch von der Masse bestimmt. Da sich die Sterne in den Außenbereichen einer Galaxie zu schnell bewegen, muss es eine Kraft geben, also eine von einer zusätzlichen, jedoch unsichtbaren Masse verursachte Schwerkraft. Wiederum liegt nahe: Es gibt Dunkle Materie. Man kann sogar ableiten, wie groß der Anteil der Dunklen Materie in einer Galaxie im Vergleich zur normalen sichtbaren Materie in etwa sein dürfte und findet: Eine typische Galaxie wie unsere Milchstraße enthält etwa fünfmal so viel Dunkle Materie wie sichtbare. Mit anderen Worten: Das, was wir mit unseren Teleskopen und Satelliten beobachten, umfasst nur etwa 1/6 der Materie, die tatsächlich vorhanden ist!

WORAUS BESTEHT DIE DUNKLE MATERIE? ✶

Woraus die Dunkle Materic besteht, ist noch nicht eindeutig klar. Es könnte sich um schwere, bisher noch nicht entdeckte Teilchen handeln, die aus bestimmten physikalischen Theorien, die den Aufbau der Materie beschreiben, folgen. Man könnte auch annehmen, dass es sich dabei um „gewöhnliche Materie" handelt, die eben nicht (oder nur extrem schwach) leuchtet wie Schwarze Löcher oder Planeten, die frei im Raum verteilt sind ohne Mutterstern. Dies wird jedoch in der Astrophysik eher ausgeschlossen. Es wurde sogar die Idee vertreten, dass unter Umständen das Gravitationsgesetz bei großen Dimensionen anders aussieht. Dies wäre natürlich äußerst problematisch, da sich dann unsere Vorstellungen der Wirkungsweise von Kräften und der allgemeinen Gültigkeit der Naturgesetze radikal ändern müssten. Seit Newton gehen wir ja davon aus, dass sich die Kraft, die einen Apfel auf der Erde zu Boden fallen lässt, mit demselben Gesetz beschreiben lässt, wie die Kraft, mit der sich zwei Galaxien anziehen.

DUNKLE PLANETEN VERBIEGEN DEN RAUM? ✶

Eine der Kernaussagen der Allgemeinen Relativitätstheorie ist, dass durch Massen der Raum – besser gesagt die Raumzeit – verbogen wird. Ein Lichtstrahl, der durch einen solchen gekrümmten Raumbereich geht, wird entsprechend abgelenkt oder kann sogar, wie bei einer Linse, verstärkt werden. Bei nicht sehr massiven Objekten, etwa Planeten, kommt es zu einem Mikrolinseneffekt (*Microlensing*).
[✶ Ist der Raum gekrümmt? S. 176]

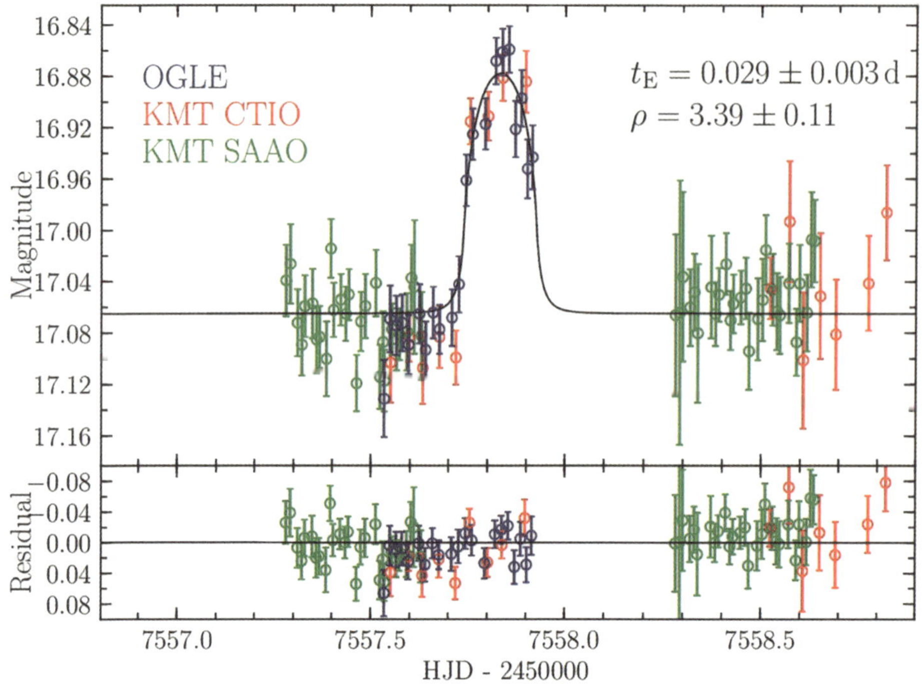

Ein Stern ändert plötzlich seine Helligkeit; ein Indiz für einen dunklen Planeten im Vordergrund?

Gibt es viele Planeten, die sich unabhängig von einem Mutterstern frei bewegen? Könnte man damit die Dunkle Materie erklären? Mit dem OGLE (Optical gravitational lensing experiment) sucht man nach solchen Objekten.

Geht ein dunkler unsichtbarer Planet zufällig vor oder in der Nähe eines Hintergrundsternes vorüber, dann wird das Licht dieses Hintergrundsternes für kurze Zeit verstärkt. Man spricht von einem Mikrolinseneffekt. Gibt es viele solche dunklen Planeten oder andere Objekte, sollte man so etwas relativ häufig beobachten können. Deshalb wurde das Projekt *OGLE* gegründet: *Observational Gravitational Lensing Experiment*. Mit relativ kleinen Teleskopen sucht man den Himmel systematisch nach solchen Helligkeitsschwankungen von Sternen ab. Es wurden einige Ereignisse gefunden; die relativ geringe Zahl der Ereignisse deutet aber darauf hin, dass es viel zu wenige von diesen dunklen Objekten gibt, um die Dunkle Materie zu erklären.

In der Abbildung ist der plötzliche Helligkeitsanstieg eines Sternes zu sehen. Auf der Abszisse (x-Achse) ist die Zeit in Julianischen Tagen eingetragen (man zählt einfach die Tage ab einem gewissen Anfangsdatum durch).

AKTIVE GALAXIEN – WENN DAS SCHWARZE LOCH MATERIE VERSCHLINGT ✶

Man hat Galaxien beobachtet, deren Kerne deutlich heller sind als die von normalen Galaxien. Bei den sogenannten *Quasaren* – das Wort kommt von *Quasi Stellar* – sieht man nur ein sternförmiges Objekt, also den hellen Kern einer Galaxie, und nur in wenigen Fällen erkennt man auf lange belichteten Aufnahmen die Galaxie, in welche der Kern eingebettet ist.

links: Modell eines aktiven Galaxienkerns. Sehr häufig beobachtet man einen aus dem Kern herausragenden Jet. rechts: Die aktive Galaxie Herkules A. Das Bild ist eine Kombination aus Beobachtungen im sichtbaren Licht und im Radiobereich (rot eingefärbt). Man erkennt die beiden Jets.

Man nennt diese Objekte mit aktivem Kern *AGN's*, also *Active Galactic Nuclei*. Woher kommt die Aktivität des Kerns? Die Antwort steht schon in der Überschrift: vom supermassiven Schwarzen Loch im Zentrum. In dieses Schwarze Loch (mehrere Millionen Sonnenmassen) fällt Materie, dabei wird Energie frei. Man kann zeigen, dass es locker ausreicht, wenn pro Jahr etwa eine Sonnenmasse in einem supermassiven Schwarzen Loch verschwindet, um die extrem hellen Kerne zu erklären. Und eine Sonnenmasse ist im Vergleich zu den etwa 100 Milliarden Sternen einer Galaxie völlig unbedeutend.
Aktive Galaxien sind also immer ein Anzeichen dafür, dass Materie in deren Schwarze Löcher im Zentrum fällt. Das dürfte aber nicht immer so sein, unsere Milchstraße ist zum Glück keine Galaxie mit einem aktiven Kern. Es könnte nämlich sein, dass durch die intensive Strahlung eines hellen Galaxienkerns Leben in einer gesamten Galaxie unmöglich oder ausgelöscht wird.

✶ GALAXIENKANNIBALISMUS

Falls Sie, liebe Leserin, lieber Leser, an die Wiedergeburt glauben, dann stellen Sie bitte den Wecker in etwa drei Milliarden Jahren. Wenn sie dann aufwachen und den nächtlichen Sternenhimmel betrachten, werden sie ein prachtvolles Schauspiel sehen: nicht eine, sondern zwei Milchstraßen. Unsere Milchstraße kollidiert nämlich mit der Andromedagalaxie. Wie wir heute wissen, nähert sich die Andromedagalaxie unserer Milchstraße mit einer Geschwindigkeit von etwa 300 km/s. Das macht pro Jahr etwa 9 Milliarden Kilometer aus oder die 30 000-fache Entfernung Erde–Mond. In 1 000 Jahren nähert sich die Andromedagalaxie unserer Galaxie um ein Lichtjahr, in einer Million Jahre also um 1 000 Lichtjahre, in einer Milliarde Jahre um etwa eine Million Lichtjahre. Dies ist natürlich nur eine grobe Schätzung. Doch was passiert bei der Kollision? Bedeutet dies das vorzeitige Ende der Erde und des gesamten Sonnensystems? Die Antwort lautet eindeutig:

So könnte der Abendhimmel in etwa drei Milliarden Jahren aussehen. Die uns nahe gekommene Andromedagalaxie und unsere Milchstraße. Fotomontage.

Nein. Die Abstände zwischen den Sternen sind so groß, dass die Wahrscheinlichkeit einer Kollision zwischen zwei Sternen äußerst gering ist. Es könnte jedoch passieren, dass das Sonnensystem zur Andromedagalaxie überwechselt.

Galaxiekollisionen sind nichts Ungewöhnliches. Halten wir uns einmal die Dimensionen vor Augen: Unsere Milchstraße besitzt eine Ausdehnung von etwa 100 000 Lichtjahren, die Andromedagalaxie ist nur etwa 20 mal so weit entfernt. Galaxienkollisionen werden relativ häufig beobachtet. Zwar stoßen dabei meist keine Sterne zusammen, aber die Materie zwischen den Sternen, die interstellare Materie, wird zusammengestaucht und es wird so die Bildung neuer Sterne angeregt, da sich die Gaswolken verdichten. Galaxien, die zusammenstoßen, sind also häufig sogenannte *Starburstgalaxien*, also Galaxien, wo in der Folge viele neue Sterne gebildet werden. Deshalb ist auch die Rate der Sterne, die zu Supernovae explodieren, erhöht.

WIE IST ALLES ENTSTANDEN?

✶ WESHALB SCHAUEN DIE MENSCHEN SEIT JEHER NACH OBEN?

Der Blick zum Himmel faszinierte die Menschen aller Kulturen und Zeiten. Man wird keine Kultur finden, in der nicht das Beobachten der Vorgänge am Himmel eine wichtige Rolle gespielt hat. Es gibt dafür zwei Hauptgründe: Die Sterne am Himmel scheinen unveränderlich zu sein. Während auf der Erde alles vergänglich ist, scheint der Himmel ewig zu sein, und deshalb auch der Sitz der Götter. Ein Beispiel dafür ist die Verehrung des Sonnengottes Aton im alten Ägypten. Der Sonnengesang des Pharao Echnathon lautet:
„Du erscheinst schön im Horizont des Himmels, du lebende Sonne, die zuerst da war. Du gehst auf im östlichen Horizont und füllst jedes Land mit deiner Schönheit. Du bist schön und groß und funkelst und bist hoch über jedem Land. Deine Strahlen umarmen die Länder, soweit du nur etwas geschaffen hast."

Bei den alten Griechen wird der oberste Gott Zeus mit den Schriften des Dichters Homer im 8. Jahrhundert v. Chr. erwähnt. Er wird als auf einem Thron sitzender Himmelsgott mit Bart und wallendem Haar dargestellt.

Ein weiterer Grund für die Beschäftigung mit den Vorgängen am Himmel war durchaus praktischer Natur. Man erkannte schon sehr früh die nach strengen Regeln ablaufenden Vorgänge wie das tägliche Aufgehen der Sonne, das Wandern der Planeten, das wiederholte Auftreten der Mondphasen … Daraus haben sich der Kalender sowie die Navigation entwickelt.

✶ WO BEFINDEN WIR UNS IM UNIVERSUM?

Die Beobachtungen legten nahe, dass wir uns im Zentrum befinden müssen. Jeden Tag gehen Sonne, Mond, Sterne auf und unter. Sie scheinen sich also um die ruhende Erde zu bewegen. Das Wandern der Planeten erklärte man sich mit der Vorstellung, sie seien auf Kugelschalen angeheftet, die näher liegen als die Schale, an der die Sterne fixiert sind. Im Zentrum befindet sich die Erde. Dies ist das *geozentrische Weltbild*, das sich bis zum Jahr 1543 gehalten hat. In diesem Jahr erschien das Werk *De Revolutionibus Orbium Coelestium* von Nikolaus Kopernikus über die Bewegungen der Himmelskörper. Kopernikus setzt darin die Sonne in den Mittelpunkt, und die Erde sowie die anderen Planeten wandern um diese. Die Sterne sollten wesentlich weiter entfernt sein. Man spricht vom *heliozentrischen Weltbild*, da die Sonne, griechisch *Helios*, im Zentrum steht. Schon bei den alten Griechen gab es erste Überlegungen zu einem solchen System, aber sie gerieten in Vergessenheit.

EINE GALAXIE UNTER VIELEN? ✶

Aber die Entwicklung ging weiter. Bald wurde klar, dass die vielen Sterne am Himmel in Wirklichkeit lauter Sonnen sind. Diese Sterne sind jedoch sehr weit von uns entfernt. Unsere Sonne ist daher nur ein Stern unter mehreren 100 Milliarden in der Milchstraße. Wie schon erwähnt, war man dann der Meinung, dass unser Universum in etwa die Ausdehnung der Milchstraße besitzt, doch die Beobachtungen Hubbles zeigten, dass es in Wirklichkeit Hunderte Milliarden Galaxien gibt. Seit 1990 weiß man, dass auch unser Sonnensystem nicht einzigartig ist, wir kennen mittlerweile etwa 5 000 Sterne, um die Planeten kreisen, einige davon sind sogar erdähnlich. Die letzte große Frage ist natürlich, ob Leben, wie wir es auf der Erde kennen, einzigartig ist oder nicht. Die große Anzahl möglicher Planeten lässt vermuten, dass wir sicher nicht allein im Kosmos sind, das Problem sind jedoch die gewaltigen Distanzen.

SIND WIR IM MITTELPUNKT DES UNIVERSUMS? ✶

Hubble stellte mit seiner Bestimmung der Entfernung der Andromedagalaxie fest, dass das Universum aus vielen Galaxien besteht und wesentlich größer sein muss als unsere Milchstraße. Aber er hat mithilfe des Dopplereffektes auch die Geschwindigkeiten gemessen, mit denen sich Galaxien auf uns zu oder von uns wegbewegen.

Wir erinnern uns: Sind die Linien im Spektrum, die durch Übergänge der Elektronen im Atom entstehen, nach blau verschoben, nähert sich das Objekt uns, sind sie jedoch nach rot verschoben, entfernt sich das Objekt. Und Hubble machte eine unerwartete Entdeckung: Fast alle Galaxien zeigen eine Rotverschiebung, also entfernen sie sich von uns. Doch damit nicht genug. Hubble war ja auch an den Entfernungen der Galaxien interessiert und kam auf die Idee, die gemessenen Entfernungen und die Geschwindigkeiten in einer Grafik darzustellen. Dabei zeigte sich etwas Erstaunliches: Die Geschwindigkeiten, mit denen sich die Galaxien von uns wegbewegen (bis auf ein paar wenige Ausnahmen, wie beispielsweise die Andromedagalaxie, mit der die Milchstraße kollidieren wird), nehmen mit größer werdender Entfernungen der Galaxien zu; je weiter eine Galaxie von uns entfernt ist, desto schneller bewegt sie sich von uns weg.
So kam Hubble auf sein berühmtes Gesetz:

$$v = DH$$

v ist die gemessene Geschwindigkeit, mit der sich eine Galaxie von uns weg bewegt, D die Entfernung und H ist die *Hubble-Konstante*. Diese Konstante ergibt sich aus dem Anstieg der Kurve in dem Diagramm, wo *v* gegen *D* aufgetragen ist. Diese Formel hat zur Folge, dass man aus den relativ leicht zu messenden Geschwindigkeiten sofort die Entfernung ableiten kann. Natürlich muss man vorher die Hubble-Konstante bestimmen.

Wenn sich nun (fast) alle Galaxien von uns wegbewegen, könnte man meinen, wir befinden uns an einem besonderen Platz im Universum, nämlich im Mittelpunkt. Aber dies ist ein Trugschluss!

✶ DEHNT SICH DAS UNIVERSUM AUS?

Das Hubble-Gesetz kann man leicht erklären mit der Tatsache, dass sich der Raum ausweitet, also größer wird. Stellen wir uns dazu einen Luftballon vor. Wir markieren Punkte auf dem Ballon. Nun setzen wir uns gedanklich auf einen dieser Punkte und betrachten die anderen Punkte, während der Luftballon langsam aufgeblasen wird. Was beobachten wir? Alle anderen Punkte scheinen sich von uns wegzubewegen. Die weiter entfernten bewegen sich schneller von uns weg als die näheren. Aber natürlich heißt das nicht, dass wir im Mittelpunkt sind! Wir können uns auf jeden beliebigen anderen Punkt setzen und von dort aus die anderen Punkte beobachten und kommen zu demselben Ergebnis. Übertragen wir das auf das Universum, so stellen wir fest: Egal in welcher Galaxie man sich befindet, man wird überall im Universum ein Hubble-Gesetz erkennen, das heißt, dass alle anderen Galaxien sich von uns entfernen. Das Hubble-Gesetz ist erklärbar mit der Expansion des Universums!

✶ WIE ALT IST DAS UNIVERSUM?

Das Universum dehnt sich also aus, das stellte Hubble um 1925 herum fest. Wenn sich etwas ausdehnt, dann kann man natürlich einfach zurückrechnen, wann denn diese Expansion begonnen haben muss. Sehen wir uns nochmals das Hubble-Gesetz an: Auf der linken Seite steht die Geschwindigkeit, die wir beispielsweise in km/s angeben können. Auf der rechten Seite der Gleichung steht die Entfernung, die wir in Mpc angeben. 1 Mpc = 1 Megaparsec = 1 Million Parsec. Das Parsec ist eine Entfernungseinheit. Man sagt, ein Stern befindet sich in einer Entfernung von einem 1 Parsec, wenn seine jährliche Parallaxe 1/3600 Grad = 1 Bogensekunde beträgt. Wem dies zu kompliziert ist, der merke sich einfach: 1 Parsec = 3,26 Lichtjahre. 1 Mpc sind dann 3,26 Millionen Lichtjahre.

Zurück zur Hubble-Beziehung: v = DH. Wir sehen, dass *H* die Einheit 1 Sekunde besitzt, daher ist 1/H eine Zeit, die Hubble-Zeit. Ob Sie es glauben oder nicht: Wir haben soeben das Alter des Universums berechnet (so einfach geht Astrophysik!). Sobald man den Zahlenwert für die Hubble-Konstante genau kennt, weiß man das Alter des Universums.

Die modernsten Werte für diese Konstante sind:

$$H = 70 \ \frac{km}{s\ Mpc}$$

Etwas Mathematik: Man beachte, dass sowohl Kilometer als auch Megaparsec Entfernungseinheiten sind, die sich wegkürzen. Setzen wir nun die Werte ein, das heißt, wir müssen die Mpc in km umrechnen, 1 pc = 3,26 Lichtjahre; 1 Lichtjahr = $9{,}46\ 10^{12}$ km, 1 Mpc = 10^{6} pc = 10^{6} x 3,26 x $9{,}46\ 10^{12}$ km = $3{,}08\ 10^{19}$ km. Somit wird 1/H = $3{,}08\ 10^{19}/70 = 4{,}405\ 10^{17}$Sekunden.

Das Universum ist also 440 500 000 000 000 000 Sekunden alt. Das sagt uns nicht viel, aber rechnen wir das in Jahre um: 1 Jahr hat etwa 31,5 Millionen Sekunden. Somit bekommen wir unter Annahme einer Hubble-Konstante von H=70 ein Alter des Universums von 13,9 Milliarden Jahren.
Die Genauigkeit dieses Wertes hängt aber von der Exaktheit der Bestimmung der Hubble-Konstante ab. Sehen wir uns die Tabelle an:

Hubble-Konstante	Alter des Universums
200	4,8 Milliarden Jahre
100	9,8 Milliarden Jahre
70	13,9 Milliarden Jahre
50	19,0 Milliarden Jahre

Je größer der Wert für die Hubble-Konstante ist, desto weniger alt ist das Universum. Ein größerer Wert der Hubble-Konstante bedeutet ja eine schneller ablaufende Expansion.
Hubbles erste Messungen ergaben einen Wert von bis zu 200, das Universum konnte also nicht viel älter sein als das Sonnensystem.

Das Hubble-Weltraumteleskop.

✶ WIE BESTIMMT MAN DIE HUBBLE-KONSTANTE?

Das Problem bei der genauen Bestimmung der Hubble-Konstante wurde schon angedeutet. Unsere Nachbargalaxie, die Andromedagalaxie bewegt sich auf uns zu. Auch andere Galaxien haben bestimmte Bewegungen und man muss daher erstens möglichst weit entfernte Galaxien beobachten, um überhaupt eine Rotverschiebung zu messen und zweitens möglichst viele Galaxien untersuchen, um die Effekte der Eigenbewegung der Galaxien herauszufiltern. Dies war eines der Ziele des nach Hubble benannten Weltraumteleskops, des HST, *Hubble Space Telescope*. Dieses Teleskop besitzt einen Durchmesser von 2,4 Metern und wurde 1990 in den Weltraum gebracht. Nach anfänglichen Schwierigkeiten lieferte es uns fantastische Bilder. Eines der Ziele dieser Mission war es, die Hubble-Konstante genau zu bestimmen. Wir wissen schon, wie das geht: Man benötigt nur zwei Messgrößen:

- die Entfernung einer Galaxie und
- die Geschwindigkeit der Galaxie, mit der sie sich von uns weg oder auf uns zu bewegt.

Die Entfernung einer Galaxie kann man zum Beispiel ermitteln, wenn man Cepheiden in den Außenbereichen einer Galaxie identifizieren kann. Aus deren Helligkeitswechsel beziehungsweise der Periode des Lichtwechsels folgert man die Entfernung der Galaxie, in welche diese Cepheiden eingebettet sind. Man benötigt daher Teleskope mit einer großen Auflösung, um bei fernen Galaxien Einzelsterne in deren Randbereichen zu erkennen. Eine hohe Auflösung ist nur möglich, wenn einerseits eine relativ große Optik verwendet wird und andererseits möglichst wenige Störungen des Bildes durch Luftturbulenzen in der Erdatmosphäre vorhanden sind. Daher ist die Beobachtung vom Weltraum aus ideal, aber natürlich auch extrem kostspielig. Eine andere Möglichkeit, Entfernungen von Galaxien zu bestimmen, ist, Geduld zu haben und zu hoffen, dass dort vielleicht eine Supernova aufleuchtet. Alle Supernovae leuchten gleich hell, daher ist die gemessene Helligkeit ein Maß für die Entfernung. [✶ Wie weit ist der Andromedanebel wirklich entfernt? S. 146]

INFLATION IM UNIVERSUM? ✶

Wenn das Universum ein Alter von knapp 14 Milliarden Jahren besitzt und sich ausdehnt, dann muss es vor 14 Milliarden Jahren (der genaue Wert dürfte bei 13,8 Milliarden Jahren liegen) extrem klein gewesen sein. Dies führt zur sogenannten *Urknalltheorie*. Am Anfang war die gesamte Materie auf einen winzigen Punkt konzentriert, der sich ausdehnte. Unsere Abschätzung des Alters des Universums ist aber nur dann richtig, wenn man von einer sogenannten *linearen Expansion* ausgeht. Das Universum muss sich gleichmäßig ausgedehnt haben. In der Tat wissen wir heute, dass dies nicht immer gegeben war oder ist.

In der Frühphase des Universums gab es die sogenannte *inflationäre Expansion*. Das Universum dehnte sich exponentiell aus, und zwar nur während winziger Bruchteile einer Sekunde. Erinnern wir uns nochmals an die exponentielle Schreibweise: 10^{-1} bedeutet 1/10, also 0,1; $10^{-2} = 1/(10 \times 10) = 1/100 = 0,01$ und so weiter.

Die inflationäre Phase des Universums fand statt, als das Universum etwa 10^{-35} bis 10^{-33} Sekunden alt war. Während dieser unvorstellbar kleinen Zeitspanne dehnte sich das Universum vom Durchmesser eines Protons bis auf zehn Zentimeter Größe aus. Ja, es ist kein Druckfehler, als das Universum etwa 10^{-33} Sekunden alt war, war es zehn Zentimeter groß. Alles, was wir sehen, die vielen Sterne, die Galaxien, Planeten, Nebel … die gesamte Materie also, war auf einen Bereich von zehn Zentimetern Größe konzentriert, davor aber noch viel, viel kleiner. Ein Proton hat etwa eine Ausdehnung von 1,3 10^{-15} Meter.

Schreiben wir das doch einmal ohne Hochzahlen auf:

Als das Universum etwa 0,000 000 000 000 000 000 000 000 000 000 000 001 Sekunden alt war, betrug seine Ausdehnung 0,000 000 000 000 001 Meter.

Als das Universum etwa 0,000 000 000 000 000 000 000 000 000 000 000 1 Sekunden alt war, betrug seine Ausdehnung 10 cm.

✶ GIBT ES DUNKLE ENERGIE?

Es gibt noch eine weitere Ausnahme von der linearen Expansion. Wir könnten eigentlich erwarten, dass sich das Universum im Lauf der Zeit langsamer ausdehnt als früher, also eine etwas gebremste Expansion. Doch genau das Gegenteil ist der Fall: Das Universum scheint sich heute etwas schneller auszudehnen als früher. Natürlich wäre dazu eine Kraft notwendig, die diese beschleunigte Expansion verursacht. Das führt uns zu dem Begriff der *Dunklen Energie*. Die Dunkle Energie wird als Erklärung für die beschleunigte Expansion angesehen. Doch was kann man sich unter diesem Begriff vorstellen? Ich gebe hier zunächst eine kurze Antwort: Wir wissen es nicht.

✶ DAS UNIVERSUM UND DIE FAHRRADPUMPE?

In diesem Abschnitt erfahren Sie, was das Universum mit einer Fahrradpumpe gemein hat. Stellen wir uns zunächst eine Fahrradpumpe vor. Mit einer gewissen Anstrengung bringen wir den Kolben der Pumpe nach unten, Luft wird zusammengepresst und durch das Ventil wird sie in einen Reifen gepumpt, der aufgeblasen wird. Wir komprimieren also Luft und merken, wie sich die Pumpe dabei erwärmt, vor allem wenn wir öfters pumpen. Wird Luft komprimiert, erwärmt sie sich; umgekehrt ist es, wenn sich Luft ausdehnt: Dann kommt es nämlich zu einer Abkühlung. Wenn Sie Ihre Freunde beeindrucken möchten, können Sie auch sagen, dass bei einer *adiabatischen Kompression* eine Erwärmung auftritt, bei einer *Expansion* eine Abkühlung. Auf diesem Prinzip basiert auch die Technik von Kühlschrank und Wärmepumpe. Beim Kühlschrank komprimiert der Kompressor die Luft an den Kühlrippen an der Hinterseite des Gerätes, die sich erwärmt; diese Wärme wird an den Kühlrippen abgegeben. In Leitungen zum Innenraum des Kühlschrankes expandiert die Luft jedoch und kühlt sich dabei ab, das bewirkt die Kühlung im Innenraum des Kühlschrankes. Die Wärmepumpe ist praktisch ein verkehrt laufender Kühlschrank.

Was hat dies mit dem Universum zu tun? Vielleicht ahnen Sie es schon. Wir wissen ja, dass sich das Universum ausdehnt. Also muss es langsam kühler werden. Kurz nach dem Urknall war das Universum jedoch sehr klein, sehr stark zusammengepresst und deshalb unvorstellbar heiß. Alle Materie, die wir kennen, auch die Dunkle Materie war auf einen winzigen Punkt mit unvorstellbar hoher Dichte, hoher Energie und hoher Temperatur vereint. Seit 13,8 Milliarden Jahren dehnt sich das Universum aus und kühlt dabei ab.

WIE HEISS IST DAS HEUTIGE UNIVERSUM? ✶

Doch welche Temperatur hat das heutige Universum? Wie weit ist es abgekühlt? Wir wissen aus der Physik, dass es einen absoluten Nullpunkt gibt, -273,2 Grad Celsius. Das ist der Punkt, an dem es keine Bewegung von Teilchen mehr gibt. Die Physiker geben die Temperatur daher meist nicht in Grad Celsius an, sondern in der Einheit Kelvin, benannt nach einem Physiker, der sich mit diesen Phänomenen befasst hat. 0 Grad Kelvin bedeutet eine Temperatur von -273,2 Grad Celsius, 273 K entspricht dann etwa 0 Grad Celsius. Auf der Kelvinskala gefriert Wasser bei 273,2 K. Man verwendet diese Skala für alle Temperaturangaben in der Astrophysik. Die Temperatur an der Sonnenoberfläche beträgt beispielsweise 5 770 K.

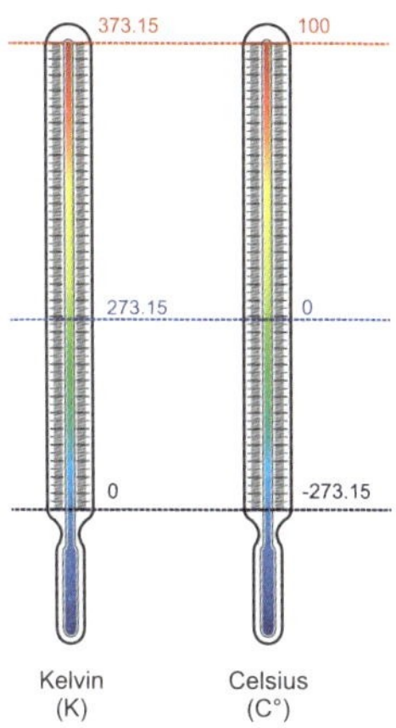

Vergleich Celsius- und Kelvinskala. Die Kelvinskala beginnt bei -273,2 Grad Celsius, dem absoluten Nullpunkt.

EIN RAUSCHEN IM HINTERGRUND? ✶

Um 1965 wurde von den Physikern Penzias und Wilson eine Radioantenne gebaut, um die Ausbreitung des Sonnenwindplasmas zu studieren. Die Sonne stößt laufend Teilchen ab und die Plasmawolken verursachen ein Rauschen in den Radiosignalen entfernter Objekte, ähnlich wie Luftturbulenzen in der Atmosphäre das Sternenlicht flackern lässt. Als man mit den Messungen begann, war man zunächst enttäuscht. Es gab ein ständiges Rauschen im Empfänger. Natürlich vermutete man zunächst, dass hier ein technisches Problem vorläge, aber diese Erklärung konnte ausgeschlossen werden.

Die von Penzias und Wilson konstruierte Antenne, mit der das Hintergrundrauschen entdeckt wurde.

Dann wurde die Antenne genau untersucht und man vermutete sogar Vogelkot als Übeltäter. Doch selbst nach der Beseitigung aller Verunreinigungen blieb das Rauschen. Genauere Analysen zeigten, dass das Rauschen gleich stark ist, egal in welche Richtung man die Antenne bringt. Plötzlich kam die theoretische Arbeit über einen möglichen Rest an Strahlung aus dem frühen Universum in Erinnerung. Man hatte tatsächlich die sogenannte *kosmische Hintergrundstrahlung* gefunden. Die Überlegungen der Astrophysiker zeigten, dass das gegenwärtige Universum (die allgemeine Strahlung, die das Universum erfüllt) eine Temperatur von etwa 2,7 K haben muss, also etwa -271,3 Grad Celsius. Das ist natürlich nicht sehr viel, aber es ist messbar.

Weitere Satellitenmessungen bewiesen diese Annahme später sehr eindrucksvoll. Dafür erhielten die beiden Forscher Penzias und Wilson 1978 den Nobelpreis.

✶ KÖNNEN WIR IN DIE VERGANGENHEIT BLICKEN?

Wenn Sie, liebe Leserin, lieber Leser, heute Abend mit einem Fernglas die Andromedagalaxie beobachten, dann sehen sie Licht, das vor etwa 2,5 Millionen Jahren zu uns gesendet wurde. Wir sehen also die Andromedagalaxie nicht so, wie sie zum Zeitpunkt der Beobachtung aussieht, sondern Licht aus der Zeit, als es auf die Reise zu uns gesendet wurde. Und man kann heute Objekte beobachten, die 10 Milliarden Lichtjahre von uns entfernt sind. Wir sehen daher Licht aus einer Zeit, als es unser Sonnensystem noch gar nicht gab!

Der Blick in die Tiefen des Universums ist somit immer gleichzeitig auch ein Blick in die Vergangenheit. Je weiter entfernt die Galaxien von uns sind, desto schneller bewegen sie sich von uns weg, desto größer ist ihre Rotverschiebung. Das kann so weit gehen, dass man sehr weit entfernte Galaxien gar nicht mehr im sichtbaren Licht beobachtet, sondern im Infraroten.

✶ WAR DAS UNIVERSUM UNDURCHSICHTIG?

Das Universum wird aber immer heißer, je weiter wir in seiner Geschichte zurückgehen.

Bei einer Temperatur von etwa 3000 Grad verlieren die Wasserstoffatome ihre Elektronen. Das Universum wird undurchsichtig. Die Photonen des Lichts werden an den freien Elektronen gestreut. Ähnlich wie bei einem Nebel. Man sieht bis zu einer bestimmten Tiefe. Nun könnten wir natürlich abschätzen, wie alt das Universum war, als es durchsichtig wurde. Man findet den Wert von etwa 400 000 Jahren. Als unser Universum 400 000 Jahre alt war, vereinigten sich die freien Elektronen mit den Atomen, da es kühl genug war, und es wurde durchsichtig. Das ist quasi der Horizont, wie weit wir blicken können. Der Grund, weshalb wir heute das Maximum der Hintergrundstrahlung im Mikrowellenbereich sehen, ist die hohe Rotverschiebung von z = 1000.

Ein bisschen Mathematik zur Hintergrundstrahlung:
Die Rotverschiebung *z* errechnet sich aus der Differenz zwischen der beobachteten Wellenlänge und der Laborwellenlänge dividiert durch die Laborwellenlänge.

$$z = \frac{\lambda - \lambda_0}{\lambda_0}$$

Nehmen wir eine Wellenlänge von 500 nm an, also im Grünen Bereich des Spektrums, dann wird diese bei einer Rotverschiebung von z = 1 000 bei einer Wellenlänge von 500 000 nm zu beobachten sein.

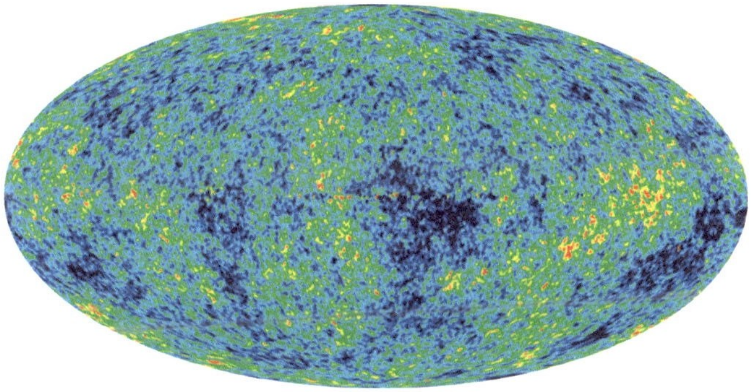

Die Kosmische Hintergrundstrahlung, Licht vom Rand des Universums? Die Abbildung zeigt winzige Temperaturunterschiede (blau=kälter), also Abweichungen von 2,7 K. Diese Temperaturunterschiede entsprechen Dichtfluktuationen im frühen Universum, als es etwa 400 000 Jahre alt war. Daraus entwickelten sich die Galaxienhaufen.

WORAUS BESTEHT DAS UNIVERSUM? ✶

Je jünger das Universum, desto heißer war es. Wir haben bereits die Energiequelle der Sonne und der Sterne besprochen: die Kernfusion. Bei der Vereinigung leichter Wasserstoffatome entstehen Heliumatome; diese sind etwas leichter als die sie bildenden Wasserstoffatome und die Energiedifferenz wird abgestrahlt. Als das Universum klein und somit dicht genug war und auch entsprechend heiß, stellte sich ebenfalls für kurze Zeit eine Kernfusion ein. Protonen (Wasserstoffkerne) verschmolzen zu Helium. Allerdings dehnte sich das Universum sehr rasch aus, es kühlte also ab. Deshalb konnte sich nicht der gesamte Wasserstoff zu Helium umwandeln. So ergab sich die Zusammensetzung des Universums:

75 Prozent Wasserstoff, 25 Prozent Helium. All dies geschah in den ersten 3 Minuten der Entwicklung des Universums. Wenn Sie, liebe Leserin, lieber Leser, gefragt werden, woraus der Stern Beteigeuze besteht, dann können sie ruhig folgende Antwort geben: Alle Sterne im Universum bestehen im Wesentlichen zu 75 Prozent aus Wasserstoff und zu 25 Prozent aus Helium. Den Rest kann man fast vergessen. Alle Elemente schwerer als Helium, also Kohlenstoff, Sauerstoff und so weiter wurden erst später durch weitere Kernfusion im Inneren der Sterne gebildet. Wir sind also, wie gesagt, Sternenstaub.
Die ursprüngliche Zusammensetzung des Universums durch die sogenannte *Primordiale*, also kurz nach dem Urknall stattfindende *Fusion*, ist ein weiterer Beweis für die Richtigkeit der Urknallannahme.

✶ DER URKNALL – SINN ODER UNSINN?

Wir haben insgesamt drei sehr gute Beweise für die Gültigkeit der Annahme, dass es einen heißen Urknall gegeben haben muss:

- Das Universum dehnt sich aus, es expandiert. Aus der Rate der Ausdehnung folgt dessen Alter von ungefähr 13,8 Milliarden Jahren.
- Aus der heißen Anfangsphase des Universums gibt es eine Reststrahlung, die kosmische Hintergrundstrahlung. Sie stammt aus einer Zeit, als das Universum etwa 400 000 Jahre alt war. Seither hat sich das Universum auf 2,7 K abgekühlt.
- Die Zusammensetzung des frühen Universums wurde bestimmt durch die Kernfusion während der ersten drei Minuten. Danach war das Universum durch die Expansion nicht mehr heiß und dicht genug, um mehr Helium oder schwerere Atomkerne beziehungsweise Elemente zu erzeugen.

✶ WAS IST DIE KOSMOLOGISCHE KONSTANTE?

Nicht alle Physiker waren von der Vorstellung eines Urknalls überzeugt. Manche sprachen etwas spöttisch vom *Big Bang*, also vom großen Knall. Noch Einstein glaubte, als er seine allgemeine Relativitätstheorie aufstellte, dass das Universum statisch sei, sich also nicht verändere. Seine komplizierten Feldgleichungen, die beschreiben, dass sich die Raumzeit unter dem Einfluss von Masse quasi krümmt, zeigten aber, dass das Universum nicht statisch sein konnte.
Wenn es nur Masse im Universum gibt, die sich anzieht, dann müsste ja irgendwann einmal alles in sich zusammenfallen. Einstein wandte einen Trick an, um seine schönen Gleichungen zu retten: Er führte die sogenannte *Kosmologische Konstante*

ein, mit der sich ein statisches, unveränderliches Universum erklären ließ. Aber 10 Jahre nach Veröffentlichung seiner Gleichungen mit der kosmologischen Konstante erkannte Hubble, dass das Universum expandiert. Damit war natürlich auch die Kosmologische Konstante hinfällig. Einstein selbst soll gesagt haben, dass seine Einführung dieser Konstante die „größte Eselei" seines Lebens war.

WIE GESICHERT IST DIE URKNALLTHEORIE EIGENTLICH? ✶

Vor etwa 13,8 Milliarden Jahren entstand das Universum durch den sogenannten Urknall aus einem winzigen singulären Punkt. Versuchen Sie bitte nicht, sich das vorzustellen, man kann es nicht. Aber wir haben die Beobachtungshinweise dafür aufgelistet und die Urknalltheorie scheint sehr gut belegbar zu sein. Das Spannende an den Naturwissenschaften ist, dass es immer wieder neue Vorstellungen und Theorien geben kann und nach dem Philosophen Karl Popper (1902–1994) kann man eigentlich nichts beweisen, nur widerlegen.

Also versuchen Sie, die Urknalltheorie zu widerlegen, aber die Beobachtungsbefunde wie Expansion, Hintergrundstrahlung, Primordiale Zusammensetzung zu erklären. Es ist bisher niemanden gelungen und deshalb geht man von der Richtigkeit der Urknalltheorie aus.

Der Philosoph Karl Popper: „Man kann nichts beweisen, nur widerlegen."

Aber natürlich kommt man sofort zu der Frage, was war vor dem Urknall? Gab es da wirklich nichts? Wenn es aber vor dem Urknall nichts gab, woher kommt dann plötzlich die gesamte Masse des Universums, wie wir es heute kennen, mit Milliarden von Galaxien, die Milliarden von Sternen, Planeten und anderen Himmelskörpern enthalten?

[✶ Verbotene Frage: Was war vor dem Urknall? S. 175]

WIE ENTWICKELT SICH DAS UNIVERSUM WEITER? ✶

Sehen wir uns kurz an, was die Zukunft bringen könnte. Das Universum dehnt sich aus. Andererseits enthält es Masse, die sich anzieht. Es gibt eine *sogenannte kritische Materiedichte*. Ist die Dichte des Universums größer als diese kritische Materiedichte, dann wird die Expansion durch die Gravitation irgendwann einmal gestoppt, das Universum beginnt zu kontrahieren und die Uhr läuft quasi verkehrt ab. Diese kritische Materiedichte ist sehr klein, sie beträgt etwa 8,5 10^{-27} kg/m^3.

Man kann sich das etwa folgendermaßen vorstellen: Ein Würfel mit einer Seitenlänge von 10^9 m = eine Million Kilometer enthält eine Masse von 1 kg. Eine Million Kilometer entspricht fast der dreifachen Entfernung Erde–Mond. In einem solchen Würfel befindet sich also gerade mal 1 Kilogramm an Masse.

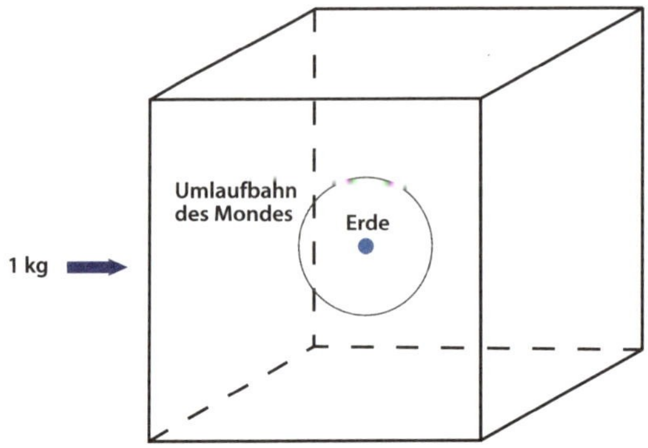

So kann man sich die kritische Materiedichte des Universums vorstellen.

Beträgt die Dichte des Universums mehr als die kritische Materiedichte, wird das Universum irgendwann stoppen zu expandieren und es wird durch die Kontraktion immer kleiner werden, bis es schließlich vollständig kollabiert. Nun kann man sich zumindest gedanklich vorstellen, dass nach diesem Kollaps wieder ein Urknall folgen könnte. Wir haben also ein zyklisches Universum: Urknall – Expansion – Stopp der Expansion – Kontraktion – Kollaps – Urknall.
Damit könnte das Universum quasi ewig existieren, als eine Abfolge von Explosion und Kollaps.

Kritische Materiedichte und Hubble-Konstante
Für die Mathematik-Fans soll noch erwähnt werden, dass die kritische Materiedichte aus der Hubble-Konstante abgeleitet werden kann:

$$\rho = \frac{3H^2}{8\pi G}$$

Wobei *G* die Gravitationskonstante ist und *H* die Hubble-Konstante. Wieder sehen wir, wie wichtig eine genaue Bestimmung der Hubble-Konstante ist. Zur Erinnerung fassen wir zusammen:
Die Hubble-Konstante bestimmt:

- die Expansionsrate des Universums
- das Alter des Universums
- die kritische Materiedichte

WIE VIEL MASSE GIBT ES IM UNIVERSUM – ODER EXPANSION AUF EWIG? ✶

Nun kann man durch Beobachtung versuchen festzustellen, wie groß die mittlere Materiedichte des Universums ist. Wie müssten wir dazu vorgehen? Man zählt einfache alle Galaxien ab, nimmt für jede Galaxie eine mittlere Masse an und schon sind wir fertig? Leider nicht ganz. Erstens haben wir gesehen, dass der Raum zwischen den Sternen nicht leer ist, sondern gefüllt mit interstellarer Materie. Diese aus Gas und Staub bestehende Materie ist zwar extrem dünn, aber infolge des großen Raumvolumens trägt sie einiges zur Gesamtmasse bei. Außerdem ist die interstellare Materie wichtig für die Bildung neuer Sterne.

Wenn es Materie zwischen den Sternen gibt, dann gibt es auch Materie zwischen den Galaxien, die intergalaktische Materie. Hier wissen wir noch weniger, aber man kann sie zum Beispiel im Röntgenlicht beobachten, da die Teilchen, aus denen sie besteht, mit sehr hohen Geschwindigkeiten unterwegs sind und so eine hohe Temperatur besitzen.

Die andere wesentlich größere Unbekannte bei der Bestimmung der mittleren Materiedichte des Universums ist die Dunkle Materie. Wir wissen, dass ihr Beitrag zur gesamten Materie um das bis zu Fünffache größer ist als der der sichtbaren leuchtenden Materie. Man gibt einen Wert an, der das Verhältnis der gemessenen tatsächliche Dichte des Universums zur kritischen Materiedichte beschreibt und bezeichnet diese Größe als Ω. Wenn also $\Omega = 1$, dann ist die tatsächliche Materiedichte des Universums gleich seiner kritischen Dichte. Das Universum wird ab diesem Wert und für alle Werte kleiner als 1 niemals kollabieren. Bei $\Omega = 1$ hat man es mit einem flachen Universum zu tun (die Raumzeit ist nicht gekrümmt, das Universum expandiert ewig und wird niemals kollabieren); auch bei $\Omega < 1$ wird die Expansion ewig weitergehen, da die Dichte des Universums geringer ist als die kritische Dichte. Das Universum wird sich also ewig ausdehnen, mit der Zeit sind alle Galaxien so weit voneinander entfernt, dass man sie kaum mehr sehen kann. Kein sehr erfreulicher Ausblick. Wenn aber $\Omega > 1$ ist, dann ist die tatsächliche Materiedichte des Universums größer als die kritische Dichte. Irgendwann wird die Gravitation, also die Massenanziehung, die Expansion stoppen und das Universum beginnt zu kollabieren. Das wäre der Fall für ein zyklisches Universum.

DUNKLE MATERIE, DUNKLE ENERGIE … ✶

Was trägt nun zur Materiedichte des Universums bei? Wir haben im Wesentlichen drei Bestandteile:

- Das, was wir beobachten können, also die leuchtende Materie. Ihr Beitrag ist aber sehr gering – nur etwa 5 Prozent, also 0,05!!

Verteilung der unsichtbaren dunklen Materie (blau dargestellt) um einen Galaxienhaufen. Die Verteilung erfolgt aus Computermodellen, die die Bewegung der Galaxien des Haufens erklären.

- Die Dunkle Materie: Wir wissen zwar noch nicht, woraus sie besteht, aber experimentell ist sie sehr gut abgesichert. Man kann mithilfe von Computermodellen sogar ihre Verteilung um Galaxien herum oder in Galaxienhaufen errechnen. Ihr Beitrag ist etwa 25 Prozent, also das Fünffache der sichtbaren Materie.
- Die schon erwähnte beschleunigte Expansion führt auf das Konzept der Dunklen Energie. Ihr Beitrag ist etwas weniger als 70 Prozent, also 0,7.
- Dann gibt es noch die Strahlungsenergie, die aufgrund der Hintergrundstrahlung vorhanden ist. Da gegenwärtig das Universum sehr kühl ist, macht sie nur etwa 5,5 10^{-5} aus.

Addieren wir nun diese 4 Werte (wobei der letzte Wert fast nichts mehr beiträgt), dann kommt man auf einen Wert für Omega von: Ω = ein Werte nahe 1. Das Universum scheint sehr flach zu sein. Ohne die Dunkle Energie und die Dunkle Materie wäre $\Omega < 1$. Sie wissen bereits, was das bedeutet: Das Universum wäre hyperbolisch, es würde ewig expandieren. Das ist ein eher fades Szenario für die Entwicklung des Universums.

✶ DEHNT SICH DAS UNIVERSUM FÜR IMMER AUS?

Gegenwärtige Messungen zeigen also, dass das Universum ziemlich flach ist, aber trotzdem um einen kleinen Betrag über der kritischen Materiedichte liegt. Das bedeutet, dass es in einigen Milliarden Jahren zu einem Stillstand der Expansion kommen könnte und anschließend zu einem Kollaps. Keine Angst, wir sprechen hier von Zeiträumen, die deutlich länger sind als das Alter des Universums, also weit mehr als 14 Milliarden Jahre. Zu diesem Zeitpunkt gibt es längst keine Erde mehr, die Sonne wird in etwa 4,5 Milliarden Jahren zum Roten Riesen, und dehnt sich bis zur Erdbahn aus, wir werden also verglühen. Und die Sonne wird dann innerhalb weniger 100 Millionen Jahre zu einem Weißen Zwerg von Erdgröße, der anfangs noch leuchtet und mit der Zeit immer schwächer wird, da er auskühlt, keine Energie mehr produziert und schließlich zu einem sogenannte Schwarzen Zwerg wird.

VERBOTENE FRAGE: WAS WAR VOR DEM URKNALL? ✶

Mit der Annahme eines zyklischen Universums haben wir also die Frage „Was war vor dem Urknall?“ elegant umgangen: Vor dem Urknall war ein Kollaps, vor dem Kollaps ein Urknall …

Vorstellungen von einem sich immer wieder neu entwickelnden Universum finden wir beispielsweise im Hinduismus. Man glaubt, dass das Universum nicht einmal erschaffen wurde, sondern sich in ewigen Zyklen immer neu entwickelt.

Natürlich kann man jetzt einwenden, dass es irgendwann vor sehr vielen Zyklen vielleicht doch zu einer Erschaffung gekommen sein müsste. Auch das Universum könnte eine unendliche Abfolge von Zyklen sein. Man kann sich sogar vorstellen, dass sich die Anfangsbedingungen bei jedem neuen Zyklus leicht ändern, dass das neu entstandene Universum niemals ident zu seinem Vorgänger ist. Natürlich kann man dies nicht beweisen, da wir ja in dem jetzigen Universum leben und keinerlei Informationen über dessen Vorgänger besitzen.

Der Vorstellung eines zyklischen Universums kann man also in der Astrophysik viel abgewinnen, doch bleibt die Frage offen, wie denn der erste Zyklus zustande kam. Irgendwie müsste doch einmal das Ganze gestartet worden sein.

WOHIN DEHNT SICH DAS UNIVERSUM AUS? ✶

Wir haben gesehen, dass die Ausdehnung des Universums ein wesentlicher Beweis für dessen Entstehung durch einen Urknall ist. Aber man wird sich sofort die Frage stellen, wohin sich das Universum eigentlich ausdehnt. Nehmen wir an, das Universum entspräche der Oberfläche eines Ballons. Diesen Ballon blasen wir langsam auf, wir simulieren also die Expansion des Universums. Dann ist natürlich klar, dass sich unser Ballon in den ihn umgebenden Raum ausdehnt. Stehen wir in einem Zimmer, so breitet sich der Ballon im Zimmer = Raum aus.

Wie aber ist das mit der Expansion des Universums? Wenn sich das Universum in einen Raum ausbreitet, also expandiert, dann muss sich dieser Raum außerhalb des Universums befinden. Dies ist jedoch ein Widerspruch zur Definition des Universums. Universum bedeutet ja *das Ganze*; wenn es einen Raum um das Universum herum gibt, dann ist dieses Universum nicht mehr das Ganze, sondern das Ganze wäre dann Universum + Raum.

✶ IST DER RAUM GEKRÜMMT?

Mit der herkömmlichen Physik kommen wir hier nicht weiter. Wir müssen die allgemeine Relativitätstheorie Einsteins heranziehen. In seinen um 1915 veröffentlichten Feldgleichungen stellt Einstein fest:

Raumkrümmung = Materieverteilung

Die Verteilung der Materie bewirkt also die Krümmung der Raumzeit; man fasst nämlich die Zeit auch als eine Koordinate auf, ähnlich wie die drei Ortskoordinaten. Jedes Ereignis im Universum lässt sich beschreiben durch:

- einen Ort, an dem das Ereignis stattfindet; in der Mathematik verwendet man dafür die drei Ortskoordinaten (x,y,z);
- Einen Zeitpunkt, wann das Ereignis stattfindet; man multipliziert die Zeit mit der Lichtgeschwindigkeit *c*, um anstelle der Sekunde für die Zeit wieder eine Längeneinheit zu erhalten (Physiker*innen sind manchmal sehr listig).

Jedes Ereignis im Universum ist also durch vier Koordinaten genau bestimmt (x, y, z, ct). Raum und Zeit werden zur Raumzeit zusammengefasst. Und nun sagt Einstein, dass Masse die Raumzeit krümmt. Genau dies ist der Punkt. Das Universum besteht aus Materie, Masse. Diese Materie oder Masse beeinflusst nun die Raumzeit, krümmt also den Raum. Die Raumzeit wird daher durch die Masse selbst definiert; wir benötigen keinen Raum außerhalb des Universums, in den sich dieses ausdehnt. Das Universum erzeugt quasi Raum und Zeit selbst durch seine Masse. Versuchen Sie bitte wieder nicht, sich dies vorzustellen, liebe Leserin, lieber Leser, man kann es im Grunde genommen nicht. Unser oft zitiertes Beispiel des Luftballons, der aufgeblasen wird, und auf dem Punkte die Galaxien markieren, die sich alle voneinander wegbewegen, ist nur bedingt tauglich, um das Universum als gekrümmte Raumzeit zu beschreiben.
Wichtig: Wir benötigen keinen Raum außerhalb des Universums. Damit aber kommen wir nochmal zurück zur verbotenen Frage, was vor dem Urknall war. Im Sinne der allgemeinen Relativitätstheorie wurden Raum und Zeit mit dem Urknall

erschaffen, es macht physikalisch gesehen keinen Sinn zu fragen, was davor war. Was vor dem Raum, was war vor der Zeit? Hier stoßen wir an die absoluten Grenzen der Astrophysik.

IST DER RAUM WIRKLICH GEKRÜMMT? ✶

Vielleicht denken sich jetzt einige Leser*innen, ob dies alles nicht nur reine akademische Theorie ist; behaupten kann man vieles, aber ist es auch in Wirklichkeit so? Die Relativitätstheorie gehört sicherlich zu den am besten überprüften Theorien und beschreibt die Wirklichkeit sehr gut.
Als Einstein seine Theorie aufstellte, war man natürlich sehr daran interessiert, diese zu beweisen. Dazu eignen sich etwa Sonnenfinsternisse. Bei einer Sonnenfinsternis schiebt sich von der Erde aus gesehen der Mond genau vor die Sonne. Es wird also für einige Minuten dunkel am Himmel und man kann sogar Sterne erkennen. Wenn nun der Raum um Massen gekrümmt ist, dann müsste sich auch die Position der Sterne in der Nähe der abgedunkelten Sonnenschcibe ändern. Deshalb wurden Expeditionen zu Sonnenfinsternissen unternommen, um diesen Effekt zu überprüfen. Sterne, die, von der Erde aus gesehen in der Nähe der Sonne stehen, sollten ein wenig verschoben erscheinen, weil die Lichtstrahlen durch das Gravitationsfeld der Sonne gekrümmt würden. Zur Beobachtung dieses Effekts braucht man allerdings eine totale Sonnenfinsternis, da eine optische Beobachtung von Sternen im Umfeld des hellen Sonnenlichts unmöglich ist. Deshalb reiste der englische Physiker Arthur Stanley Eddington nach Afrika, um dort die Sonnenfinsternis am 29. Mai 1919 zu beobachten.
Die ersten Berechnungen Einsteins sagten einen falschen Wert für die zu erwartende Lichtablenkung vorher. Zum Glück fand Einstein den Rechenfehler und teilte dies auch Eddington mit.

Etwas Mathematik zur Lichtablenkung
Die Lichtablenkung im Gravitationsfeld einer Masse M, wenn der Lichtstrahl im Abstand b vom Massenmittelpunkt entfernt vorbeigeht, lautet

$$\theta = \frac{4GM}{c^2 b}$$

Setzen wir hier die Masse der Sonne ein, $M = 2\ 10^{30}$ kg, und nehmen an, der Lichtstrahl passiere diese genau am Rand, also $b = R$, Sonnenradius, mit $R = 700\,000$ km, so finden wir für die Lichtablenkung am Rand der Sonne: 1,76 Bogensekunden (1 Bogensekunde = 1/3600 Grad).

Lichtablenkung: Der in der Nähe der bei einer Finsternis verdunkelten Sonne vorbeigehende Lichtstrahl wird durch die große Masse der Sonne abgelenkt und der Stern erscheint in einer verschobenen Position.

Die Lichtablenkung in der Nähe der Sonne ist ein sehr kleiner Winkel. Stellen wir uns eine Münze mit einem Durchmesser von 1 Zentimeter vor. Dann müsste sich diese Münze in einer Entfernung von 1 200 Metern befinden, um aus diesem Winkel gesehen zu werden!

Es war also extrem schwierig, diesen kleinen Wert zu messen. Man benötigt ja zwei Messungen.

1. Messung: Stern steht dicht bei der verfinsterten Sonne.
2. Messung: Die Sonne ist weit genug vom Stern entfernt, sodass man diesen am Nachthimmel messen kann.

Aber es gelang tatsächlich, diesen Wert zu ermitteln und Einstein wurde wie ein Popstar gefeiert. Die Messung der Lichtablenkung war also der erste Beweis dafür, dass der Raum gekrümmt sein musste.

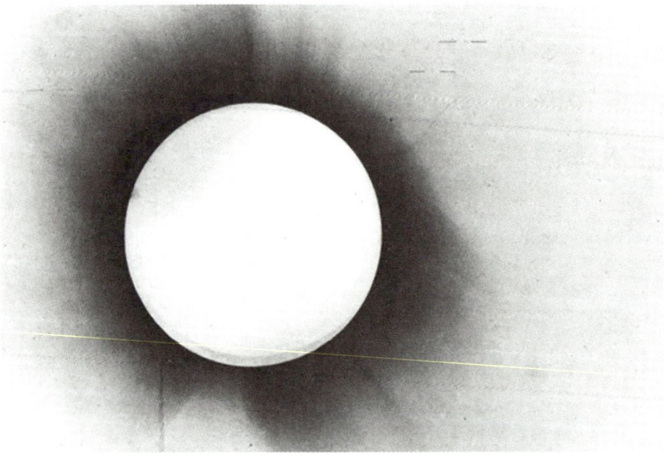

Eine von Arthur Stanley Eddingtons Fotografien der Sonnenfinsternis von 1919 (abgebildet in seiner Publikation von 1920).

Heute beobachten wir noch eindrucksvollere Beispiele für die Lichtablenkung, sogenannte *Gravitationslinsen*. Stellen wir uns eine riesige Masse vor, etwa eine Galaxie oder sogar einen Galaxienhaufen. Hinter diesem Haufen sollen sich weitere Galaxien befinden. Dann wird durch die große Masse das Licht der dahinter gelegenen Galaxien oder anderer Objekte abgelenkt. Die große Masse wirkt wie eine riesige Linse. Da der Linseneffekt durch die Masse bestimmt ist, kann man Gravitationslinsen zur Massenbestimmung des Galaxienhaufens, der die Ablenkung verursacht, heranziehen.

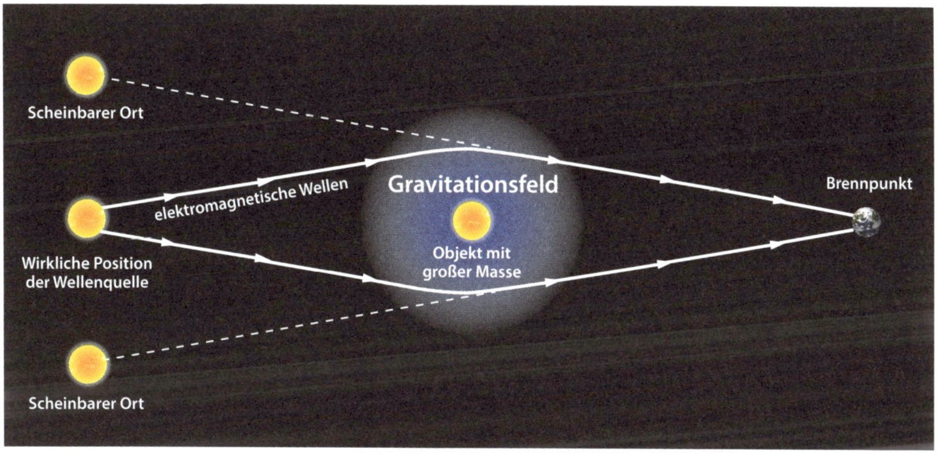

Ein von einem weit entfernten Objekt stammender Lichtstrahl wird von einer großen Masse abgelenkt. Der Beobachter befindet sich am Brennpunkt. Nach H. Frank.

Durch die Gravitationslinse, verursacht von dem hellen Galaxienhaufen, werden die Abbildungen dahinter gelegener Galaxien verzerrt.

Wieder findet man, dass der beobachtete Linseneffekt mit der leuchtenden Masse alleine nicht erklärbar ist. Gravitationslinsen sind also ein weiterer Beweis für die Existenz der Dunklen Materie.

✶ PERIHELDREHUNG, WAS IST DAS?

Doch es gibt noch weitere Beweise für die Allgemeine Relativitätstheorie. Der Punkt einer Planetenbahn, wo dieser der Sonne am nächsten steht, wird als *Perihel* bezeichnet. Das Perihel des Merkur, des sonnennächsten Planeten ist nicht konstant. Das ist auch nicht zu erwarten, denn auf den winzigen Merkur wirken neben der Sonne auch noch die Gravitationskräfte der anderen großen Planeten. Aber selbst die genauesten Rechnungen zeigten, dass sich die Änderung des Merkurperihels nicht exakt erklären lässt. Einstein hat hier einen Wert vorhergesagt, der exakt mit den Beobachtungen übereinstimmt. Das Merkurperihel verschiebt sich pro Jahr um 100 Kilometer.

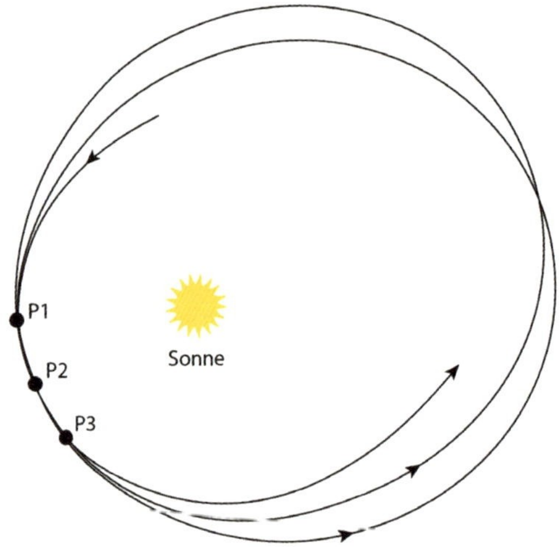

Der sonnennächste Punkt der Merkurbahn (Perihel) verschiebt sich um einen winzigen Betrag infolge der Raumzeit-Krümmung durch die Sonne.

✶ RAUMKRÜMMUNG IM TÄGLICHEN LEBEN?

Aber die allgemeine Relativitätstheorie spielt nicht nur bei der Lichtablenkung um die Sonne oder ferne Galaxien eine Rolle, sondern auch in unserem täglichen Leben. Würde man diese Effekte der Raumkrümmung nicht berücksichtigen, dann

wären unsere GPS-Systeme wesentlich ungenauer. Hier spielt beispielsweise der Effekt der Zeitdilatation eine Rolle. Bei Anwesenheit von Massen vergeht die Zeit langsamer. Es lässt sich zeigen, dass während jeder Sekunde Messzeit ein Fehler der Positionsbestimmung in der Größenordnung von 13 Zentimetern anfällt. Während einer Stunde wären das bereits fast 500 Meter. Das Signal muss wegen der Raumkrümmung einen längeren Weg zurücklegen.
[✶ Eine Reise in ein Schwarzes Loch S. 124]
Man kann also auch GPS-Messungen – denken wir an unsere Navigationssysteme in Fahrzeugen – als Beweis für die Relativitätstheorie heranziehen. Sehr genaue Messungen müssten auch die Position auf der Erde berücksichtigen; Es macht einen Unterschied, ob man sich am Äquator befindet, wo die Rotationsgeschwindigkeit der Erde 465 m/s beträgt, oder an den Polen, wo sie Null ist.

GEFAHR
AUS DEM ALL?

✶ WESHALB SIND DIE DINOSAURIER AUSGESTORBEN?

Sie waren die mächtigsten Tiere auf dem Land, die je die Erde besiedelt haben, die Dinosaurier. Der Name bedeutet so viel wie *Schreckensechse*; dies ist irreführend, denn die meisten Arten dieser imposanten Lebewesen waren reine Pflanzenfresser. Sie dominierten über einen langen Zeitraum die Erdoberfläche: Die ersten Arten gehen zurück auf die Kreidezeit, das war vor 235 Millionen Jahren. Fast 170 Millionen Jahre dominierten sie das Leben auf den Landflächen. Vor 66 Millionen Jahren sind sie dann plötzlich ausgestorben. Interessant ist, dass unsere heutigen Vögel nahe mit ihnen verwandt sind. Diese machen etwa ein Drittel aller Landwirbeltierarten aus; in diesem Sinne sind die Dinosaurier also gar nicht wirklich ausgestorben. Wenn wir an Saurier denken, dann haben wir immer die riesigen Vertreter im Kopf, aber viele Arten waren kleiner als ein Mensch.

Ein durchschnittlicher Saurier wog um die zehn Tonnen. Der Argentinosaurus könnte einer der größten Saurier gewesen sein. Seine Körperlänge betrug etwa 30 Meter und sein Gewicht sogar bis zu 100 Tonnen. Der fleischfressende Tyrannosaurus Rex war hingegen nur etwa halb so lang. Die kleinsten Saurier waren nur etwa einen halben Meter groß und ausschließlich Fleischfresser.

Vor etwa 66 Millionen Jahren, am Übergang der Kreidezeit zum Tertiär gab es ein Massensterben: Etwa 50 Prozent aller Gattungen von Lebewesen wurden plötzlich ausgelöscht. In der Fachliteratur nennt man dies auch das *KT-Ereignis*. Eine gängige Theorie dazu ist der Einschlag eines Asteroiden.

Das Aussterben der Saurier geschah plötzlich. Man geht aber auch davon aus, dass sie ihre Blütezeit schon überschritten hatten und möglicherweise ohnehin wegen der Evolution und dem Auftreten überlegener Tierarten ausgestorben wären, allerdings dann über einen wesentlich längeren Zeitraum, und eventuell die Erde noch heute von einigen Sauriern besiedelt wäre.

Die Ablagerungen in den Sedimentschichten aus der Zeit des KT-Ereignisses sind strichliert hervorgehoben. Die gestrichelte Linie verläuft entlang der Kreide-Tertiär-Grenze (KT-Grenze), aufgeschlossen im Trinidad Lake State Park, US-Bundesstaat Colorado.

Es gibt mehrere Beweise für die Einschlagtheorie, die das Aussterben der Saurier und vieler anderer Tier- und Pflanzenarten vor 66 Millionen Jahren erklärt. Fassen wir diese Beweise kurz zusammen:

- Der Chicxulub Krater mit etwa 180 Kilometer Durchmesser; dieser Krater, nahe der Halbinsel Yucatan gelegen, wurde bei der Suche nach Erdöl gefunden. Er entstand durch den Einschlag eines etwa 10 Kilometer großen Objekts.
- In der näheren Umgebung des Kraters findet man in Ablagerungen aus dieser Zeit spezielle Mineralien und Gesteine, die sich nur bei sehr hohen Temperaturen während eines Einschlags bilden; verschiedene Glasarten, Tektite, Zirkone und auch sehr kleine Diamantenkügelchen … Die Häufigkeit dieser Funde nimmt, wie zu erwarten, mit größer werdender Distanz zum Einschlagkrater ab.
- In den Schichten aus dieser Zeit sieht man eine erhöhte Iridiumkonzentration. Iridium ist ein relativ schweres Element, und als die Erde nach ihrer Entstehung noch weitgehend flüssig war, sank es in das Erdinnere ab wie die meisten anderen schweren Elemente (ähnlich wie schwerere Teilchen in einer Flüssigkeit nach unten sinken). Es sollte daher nur relativ wenig Iridium an der Erdoberfläche geben.

  Aber genau in Schichten, die aus der Zeit des Aussterbens der Saurier stammen, findet man mehr Iridium als sonst nahe der Erdoberfläche.

Die Asteroiden-Einschlag-Theorie wurde 1980 von Walter Luis Alvarez (Physiker) und dessen Sohn Walter Alvarez (Geologe) präsentiert. Zunächst wurde die Hypothese nicht ernst genommen, da man keinen Krater kannte, der annähernd aus dieser Zeit stammte. Erst 1991 wurde der Chicxulub Krater entdeckt. Die Geschwindigkeit des einschlagenden Asteroiden betrug circa 20 km/s. Das Objekt hatte einen Aufprallwinkel von um die 45 Grad und verdampfte innerhalb einer Sekunde fast vollständig. Durch die freiwerdende Energie wurden einige 10 00 Kubikkilometer glühendes Gestein hoch in die Atmosphäre geschleudert. Erdbeben waren auf der ganzen Erde feststellbar. Es gab eine Druckwelle, und die Stärke der Beben betrug zwischen 10 und 11, sie waren also noch wesentlich stärker als beispielsweise die Katastrophe von Fukushima, wo eine Stärke von etwa 9 gemessen wurde.
Durch den aufgewirbelten Staub dürfte die globale Temperatur um mehr als 25 Grad abgesunken sein. Die Abkühlung dauerte nur einige Jahrzehnte, darauf folgte dann eine Hitzephase von bis zu 50 000 Jahren, da durch den Aufschlag große Mengen an Treibhausgasen in die Atmosphäre freigesetzt wurden. Die frei gewordene Energie beim Einschlag betrug etwa 10^{21} Joule. Was bedeutet diese Energie? Im April

2020 gab es weltweit 442 Kernreaktoren, deren Gesamtleistung 391 GW beträgt. 1 GW ist eine Milliarde Watt. Die beim Einschlag freigesetzte Energie würde der 2,5-Milliarden-fachen Leistung aller Kernkraftwerke entsprechen, die in einer Sekunde erzeugt wird. Unvorstellbar also.
Gleichzeitig gab es um diese Zeit eine Phase intensiver vulkanischer Aktivität im Hochland von Dekkan, Indien. Ob dieser Vulkanismus mit dem Einschlag in Verbindung steht, ist nicht eindeutig bewiesen, aber durchaus möglich.

GAB ES AUCH ANDERE MASSENSTERBEN IN DER ERDGESCHICHTE?

Unsere Erde ist etwa 4,5 Milliarden Jahre alt. Die Entwicklung ersten einzelligen Lebens dauerte etwa 1 Milliarde Jahre. Erst vor gut 500 Millionen Jahren breitete sich das Leben dann nahezu explosionsartig aus. Aber wie uns fossile Ablagerungen zeigen, gab es immer wieder in der Erdgeschichte Phasen, in denen es während kurzer Zeiträume zu Massensterben gekommen sein muss. Einige Wissenschaftler*innen gehen davon aus, dass wir mitten in einer Phase eines solchen Massenaussterbens von Tier- und Pflanzenarten sind, wobei diesmal aber kein Einschlag eines Asteroiden verantwortlich ist, sondern wir Menschen selbst. Innerhalb der nächsten Jahrzehnte sind mehr als eine Million Arten von Tieren und Pflanzen vom Aussterben bedroht.

In der Erdgeschichte hat es bisher fünf Phasen von Massensterben gegeben:

- das Ordovizische Massensterben vor 444 Millionen Jahren
- das Devon-Ereignis vor 372 Millionen Jahren, auch als Kellwasser-Ereignis bekannt
- das Ereignis an der Perm-Trias-Grenze vor 252 Millionen Jahren
- das Trias-Jura-Massensterben vor 201 Millionen Jahren
- das Massenaussterben an der Kreide-Tertiär-Grenze vor 66 Millionen Jahren

Bei jedem dieser Ereignisse sind mehr als 70 Prozent aller Tier- und Pflanzenarten ausgestorben.

WELCHE URSACHEN FÜR MASSENSTERBEN GIBT ES?

Es kann viele Ursachen für diese Massensterben gegeben haben, vielleicht wirkten auch einige Ereignisse zusammen.
Eine Ursache könnte eine Phase intensiver Vulkantätigkeit sein. Der dabei in die Atmosphäre gelangende Staub beziehungsweise Asche verteilt sich durch

Windströmungen weltweit und kann über Jahre hinweg eine Abkühlung um mehrere Grad erzeugen. Man kennt etwa 40 derartiger Ausbrüche, aber die Folgen für die Tier- und Pflanzenwelt sind nicht weltweit, sondern eher in einem Gebiet mit etwa 100 Kilometer Radius um den Vulkan herum beschränkt. Der letzte große Ausbruch war beispielsweise der Yellowstone-Ausbruch vor etwa 600 000 Jahren oder der Sumatra-Ausbruch vor 74 000 Jahren. Man spricht auch von Supervulkanen.

Der Toba-See auf Sumatra ist 70 Kilometer lang und mehr als 20 Kilometer breit und geht auf einen Supervulkan zurück. Mit einer Fläche von 1 700 Quadratkilometern ist er der größte Kratersee der Erde. Man schätzt, dass bei diesem Ausbruch etwa 800 000 Kubikmeter Asche in die Atmosphäre geschleudert wurden. Es kam zu einer Minderung des Sonnenlichts und zu einer weltweiten Abkühlung um 3 bis 5 Grad; in den Jahrzehnten direkt nach der Explosion könnte die Abkühlung aber mehr als 15 Grad betragen haben. Dies fällt zusammen mit der kältesten Phase der Würmeiszeit. Die Würmeiszeit dauerte von 115 000 bis 10 000 Jahre v. Chr.

Durch den Ausbruch und die darauf folgende Abkühlung hat sich auch die Entwicklung des Menschen verändert; es dürfte sich die Population der Menschen stark vermindert haben. Man kann dies anhand der Steinwerkzeuge rekonstruieren, von denen man während der Zeit vor 74000 Jahren kaum Exemplare findet.

Ein anderes Phänomen von Vulkanismus sind Lavaaustritte über sehr große Flächen. Die Lava breitet sich dann aus. Dabei werden große Mengen des

links: Verteilung der bekannten Supervulkane. VEI bedeutet vulkanischer Explosionsindex. Die meisten bekannten Supervulkane befinden sich im westlichen Teil der USA.
rechts: Der in Neuseedland liegende Lake Taupo geht auf einen vor etwa 25 000 Jahren explodierten Supervulkan zurück. Es wurden mehr als 1 000 km³ Asche in die Atmosphäre geschleudert, das Hundertfache des Ausbruches des Pinatubo-Vulkans (1991).

Treibhausgases Kohlendioxid freigesetzt. In der Fachsprache nennt man diese auch *magmatische Großprovinzen*. Zwei bekannte Beispiele dafür sind:

- Hochland von Dekkan: vor etwa 66 Millionen Jahren (Indien)
- Sibirien: vor etwa 252 Millionen Jahren

✶ GAB ES KLIMAÄNDERUNGEN?

Neben Asteroideneinschlägen und Vulkanismus gab es im Lauf der Erdgeschichte wiederholt Klimaänderungen. Wichtig ist, dass man unterscheidet zwischen Klima und Wetter. Unter Klima versteht man die über einen Zeitraum von Jahrzehnten gemittelten Wetterzustände. Ein kalter Winter zeigt also noch lange keine bevorstehende Eiszeit an und mehrere sehr heiße Sommer sind auch kein Indiz für eine Klimaerwärmung. Erst wenn diese Anomalien über einen Zeitraum von mehreren Jahrzehnten auftreten, sind sie ein Anzeichen für eine Klimaänderung.
Die globale Temperatur änderte sich im Lauf der Erdgeschichte immer wieder. Meist war es auf der Erde deutlich wärmer als heute.
Klimaänderungen werden auch durch Änderungen der Erdbahn hervorgerufen. Bekannt sind die nach dem serbischen Klimaforscher Milutin Milankovic (1879–1958) benannten *Milankovic-Zyklen*. Milankovic stellte fest, dass sich folgende Erdparameter ändern: Die Umlaufbahn der Erde um die Sonne ist eine Ellipse. Die

Verlauf der globalen Temperatur der Erde während der letzten 500 Millionen Jahre. Nach Christopher R. Scotese, 2018

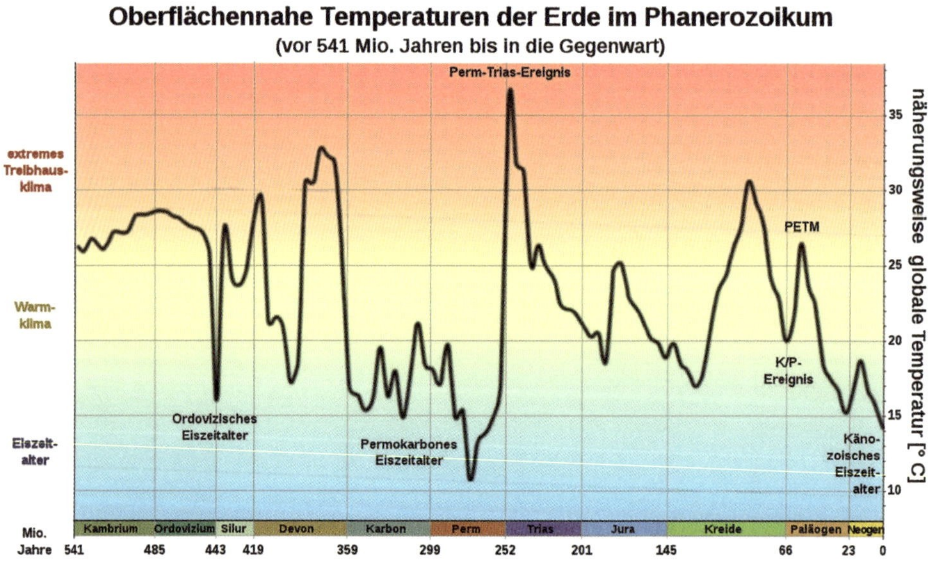

Exzentrizität dieser Ellipse ändert sich infolge des Einflusses der anderen Planeten. Je kleiner die Exzentrizität einer Ellipse ist, desto kreisähnlicher wird sie. Ein Kreis besitzt die Exzentrizität 0. Da sich die Sonne in einem der Brennpunkte der Ellipse befindet, ist klar, dass je größer die Exzentrizität wird, auch der Unterschied zwischen sonnennächstem Punkt der Erdbahn (Perihel) und sonnenfernsten Punkt (Aphel) zunimmt. Man kann diese beiden Punkte durch die Exzentrizität angeben:

Perihel = große Halbachse x (1-Exzentrizität)
Aphel = große Halbachse x (1+Exzentrizität)

Gegenwärtig ist die Erde im Perihel etwa 147,09 Millionen Kilometer von der Sonne entfernt. Im Aphel, also dem sonnenfernsten Punkt, ist sie 152,10 Millionen Kilometer von der Sonne entfernt. Diese unterschiedliche Entfernung der Erde von der Sonne hat jedoch kaum Auswirkungen auf die Temperaturen.
Je größer die Exzentrizität der Erdbahn (je elliptischer sie wird), desto stärker sind die Unterschiede zwischen sonnennächstem und sonnenfernstem Punkt.

Die Jahreszeiten entstehen durch die Schiefe der Erdachse. Diese ist um 23,5 Grad gegenüber der Senkrechten auf der Erdbahnebene geneigt. Auch diese Neigung ändert sich. Die Schiefe der Ekliptik ändert sich mit einer Periode von etwa 40 000 Jahren. Die Amplitude dieser Änderung ist aber nur etwa 1 Grad um den Mittelwert von 23 Grad. Je größer die Neigung, desto stärker sind die Jahreszeiten ausgeprägt. Planeten, deren Achsen keine Neigung besitzen (z.B. Jupiter) zeigen keinerlei jahreszeitliche Effekte.

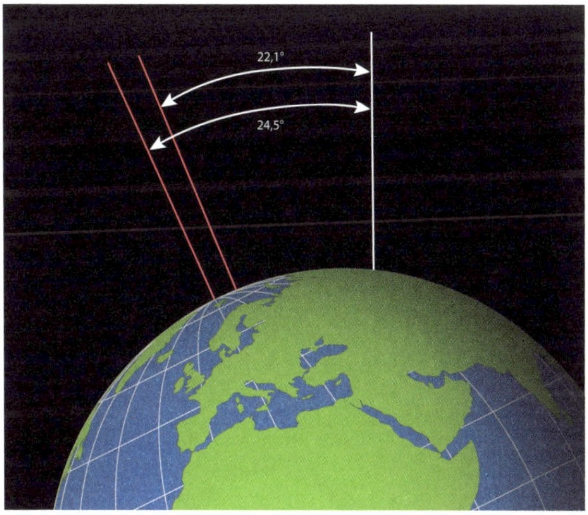

Die Schiefe der Erdachse ändert sich, somit auch die Stärke der Jahreszeiten. Gegenwärtig beträgt die Schiefe 23,5 Grad.

Auch die Lage der Perihel- und Aphelpunkte verschiebt sich durch den Einfluss der Planeten: Gegenwärtig durchläuft die Erde ihr Perihel am 3. oder 4. Januar, ihr Aphel am 4. oder 5. Juli. Die Erde ist also, wenn auf der Nordhalbkugel Winter ist, der Sonne etwas näher, als wenn auf der Nordhalbkugel Sommer ist. Für die Südhalbkugel ist es genau umgekehrt. [✶ Den Polarstern finden S. 226]
Die Kräfte von Sonne, Mond und Planeten versuchen, die Erdachse aufzurichten und diese reagiert wie ein angestoßener Kreisel. Die Erdachse vollzieht eine Präzessionsbewegung mit einer Periode von 26 000 Jahren. Mit dieser Periode ändert sich die Lage des Frühlingspunktes am Himmel. Der Frühlingspunkt ist der Ort der Sonne zu Frühlingsbeginn. Gegenwärtig befindet sich die Sonne zu Frühlingsbeginn an der Grenze der beiden Sternbilder Fische/Wassermann. Im Altertum lag der Frühlingspunkt im Sternbild Widder, weshalb auch heute noch das Zeichen für dieses Sternbild als Symbol für den Frühlingspunkt verwendet wird.
All diese Perioden wirken zusammen. Das Perihel der Erdbahn verschiebt sich in die umgekehrte Richtung. Wichtig für den Einfluss auf das Klima ist natürlich nicht, wo die Sonne zu Frühlingsbeginn am Himmel steht, sondern ob Frühlingspunkt und Perihel zusammenfallen. Da sich beide entgegengesetzt verändern, ist die Periode, mit der Frühlingspunkt und Perihel zusammenfallen, kleiner als die erwähnten 26 000 Jahre, sie beträgt nur 21 000 Jahre. Alle besprochenen Perioden wirken also zusammen und haben zu den letzten Eiszeiten beigetragen.

✶ GEFAHR DURCH SONNENSTÜRME?

Über das Weltraumwetter und die Gefahr durch Sonnenstürme, die unsere hochtechnisierte Gesellschaft bedrohen können, wurde bereits im Kapitel über die Sonne ausführlich gesprochen. [✶ Gefahr durch Sonnenstrahlung S. 71]

Wie wir gesehen haben, ist unser nächster Stern, die Sonne, durchaus aktiv; Astrophysiker*innen würden die Sonne allerdings als inaktiven Stern betrachten, denn aus der Ferne ist unsere Sonne relativ ruhig. Es gibt Sterne, die tausendmal aktiver sind als unsere Sonne. Um solche Sterne herum kann es sicherlich keine habitablen Zonen geben, also Bereiche, in denen Leben, wie wir es von der Erde her kennen, möglich wäre.

✶ DIE ERDE – DEM UNTERGANG GEWEIHT?

Langfristig sind wir durch unsere Sonne zum Untergang verdammt und die Menschheit – sofern es sie dann noch gibt – muss sich einen neuen Planeten zum

Leben suchen. Die Sonne wird nämlich langsam heller und etwas heißer, also bekommen wir mehr Energie. Die Sonneneinstrahlung auf der Erde wird in etwa 100 Millionen Jahren so stark sein, dass immer mehr Wasser verdampft. Wasserdampf ist bekanntlich ein starkes Treibhausgas, und die Erderwärmung wird durch diesen freigesetzten Wasserdampf noch beschleunigt. Die Ozeane werden mit der Zeit verdampfen und durch die UV-Strahlung der Sonne, die auch zunimmt, werden die Wassermoleküle in Wasserstoff und Sauerstoff gespalten und die Schwerkraft der Erde reicht nicht aus, um den Wasserstoff zu halten. Kurz gesagt, die Erde wird ihr Wasser verlieren und zu einem trockenen Planeten, ähnlich wie Venus, werden.

Wem dieses Szenario noch nicht reicht, dem sei gesagt, dass sich die Sonne in gut 4 Milliarden Jahren zum Roten Riesen ausdehnen wird, und möglicherweise dann bis über die Erdbahn reicht, wir werden also quasi von der Sonne verschluckt.

Immerhin hat unsere Sonne mehr als 4,6 Milliarden Jahre Bedingungen auf der Erde erlaubt, die die Entwicklung höheren Lebens ermöglichten, wir sollten also nicht unzufrieden mit ihr sein. Andere Sterne mit größerer Masse entwickeln sich viel schneller und Leben auf Planeten um diese Sterne erscheint, zumindest was höheres Leben anbelangt, sehr unwahrscheinlich.

EINE NAHE SUPERNOVA EXPLODIERT? ✶

Wir haben uns schon in vorangegangenen Kapiteln mit der Entwicklung der Sterne beschäftigt. Das Endstadium eines Sternes hängt von dessen Masse ab. Unterhalb von 1,4 Sonnenmassen bildet sich als Endstadium ein Weißer Zwerg, über dieser Grenzmasse verläuft die Entwicklung über eine Supernovaexplosion zu einem Neutronenstern oder bei Massen von mehr als 4 Sonnenmassen zu einem Schwarzen Loch. Eine Supernova ist also nicht, wie der Name vermuten lässt, ein neuer Stern, sondern ein alter Stern, der am Ende seiner Entwicklung kollabiert. Dabei wird der Stern extrem hell, er kann sogar eine ganze Galaxie überstrahlen. Deshalb eignen sich Supernovae in anderen Galaxien sehr gut zur Entfernungsbestimmung. Wie häufig ist mit dem Aufleuchten einer Supernova in einer Galaxie zu rechnen? Das hängt von der Rate der Sternentstehung ab. Je mehr Sterne entstehen, desto häufiger kommt es zu einem Supernovaausbruch. Unsere Milchstraße ist in dieser Hinsicht eher ruhig; im Schnitt rechnet man mit einem Ausbruch alle 20 Jahre. Die letzte mit freiem Auge gut sichtbare Supernova in unserer Galaxie leuchtete im Jahre 1604 auf und wurde von Johannes Kepler beobachtet.

Bei einem Supernovaausbruch wird das äußere Sternmaterial abgestoßen und es bildet sich ein leuchtender Gasnebel, der sich rasch ausdehnt. Ein sehr bekanntes Beispiel dafür ist der Crabnebel.

Bei einem Supernovaausbruch werden gewaltige Energiemengen freigesetzt, vor allem in Form von Strahlung und geladenen Teilchen. Die meiste Energie wird in Form von Neutrinos abgegeben. Das sind Geisterteilchen, die sich nahezu masselos fast mit Lichtgeschwindigkeit ausbreiten. Wenn eine Supernova in einer Entfernung von weniger als 100 Lichtjahren explodiert, könnte diese Strahlung unsere Atmosphäre beeinflussen und zum Beispiel die Ozonschicht zerstören oder zumindest stark abschwächen. Dann würde mehr UV-Strahlung zur Erdoberfläche gelangen, was zu einer starken Zunahme an Mutationen (etwa Hautkrebs) führen würde.

✶ GIBT ES KANDIDATEN FÜR SUPERNOVAE?

Eines gleich vorweg. In einem Umkreis von 100 Lichtjahren sicherlich keine. Wir haben jedoch schon gesehen, dass unsere unmittelbare Nachbarschaft eine blasenartige Struktur besitzt. Die Blasen sind dabei Regionen extrem geringer Dichte, die durch frühere Supernovaexplosionen entstanden sein dürften. Es gab daher im Lauf der Erdgeschichte mit Sicherheit derartige Explosionen auch in unserer Nähe. Im Jahr 2019 machte der Stern Beteigeuze im Sternbild Orion in den Medien das große Rennen. Es handelt sich um einen hellen rötlich leuchtenden Überriesenstern. Würde Beteigeuze anstelle unserer Sonne im Zentrum des Sonnensystems stehen, so würde seine Ausdehnung bis zur Saturnbahn reichen. Seine Helligkeit übertrifft die der Sonne um das 50 000-Fache. Reiht man die Sterne nach ihrer Helligkeit, dann hätte Beteigeuze den Rang 6. Aber im Jahr 2019 passierte etwas Seltsames: Schon mit freiem Auge konnte man erkennen, dass dieser Stern schwächer leuchtete als zuvor. Auf der Rangliste der hellsten Sterne rutschte er so von Platz 6 auf Platz 21! Inzwischen hat sich aber die Helligkeit fast normalisiert. Beteigeuze gilt als ein Kandidat, der innerhalb der nächsten Jahrtausende zu einer Supernova explodieren könnte. Er wäre dann ein sternförmiges Objekt, das so hell wie der Vollmond und auch am Taghimmel zu sehen wäre. Gefahr dürfte uns bei einer möglichen Explosion aber nicht unmittelbar drohen. Beteigeuze ist etwa 700 Lichtjahre von uns entfernt.
Man geht heute davon aus, dass es zu einem Massensterben verbunden mit einem Ende der Menschheit kommen könnte, falls eine Supernova innerhalb von 10 Lichtjahren Entfernung explodierte.

Weshalb Beteigeuze schwächer leuchtete, hängt wahrscheinlich jedoch nicht mit einem unmittelbar bevorstehenden Ausbruch zusammen. Man weiß schon seit längerer Zeit, dass dieser Stern seine Helligkeit mit mehreren sich überlagernden Perioden ändert. Möglicherweise hat er auch eine Art riesige Rußwolke abgestoßen, die sein Licht verdunkelte. Auch derartige Phänomene kennt man von anderen veränderlichen Sternen. Sicher ist, dass es früher oder später zu einem Ende dieses Riesensterns kommen wird, der aufgrund seiner Masse eine Lebenserwartung von etwa 1/1000 der Sonne besitzt. Da der Stern bereits etwa 10 Millionen Jahre alt ist, muss mit seinem Ende bald gerechnet werden.

GAMMASTRAHLENBLITZE ✶

Am 2. Juli 1967 entdeckte der US-amerikanische Vela-Satellit, der zur Entdeckung oberirdischer Atombombentests in eine Erdumlaufbahn geschickt worden war, einen Gammastrahlenblitz.
Bei Atombombenversuchen wird ein ebensolcher Blitz freigesetzt. Die Vela-Satelliten sollten derartige Tests im Rahmen des 1963 unterzeichneten Vertrags „Verbot von Atomwaffentests in der Atmosphäre, im Weltraum und unter Wasser" lückenlos überwachen. Dieser Vertrag wurde von der damaligen UdSSR, den USA und Großbritannien unterzeichnet. Zwei Satelliten flogen deshalb in einer Höhe von 107 000 Kilometern um die Erde. Das Konzept war so angelegt, dass eine Explosion auf der Erde von beiden Satelliten erkannt werden würde, und aus dem Laufzeitunterschied des Signals wäre es möglich festzustellen, woher dieser Gammastrahlenblitz käme. Da aber der Laufzeitunterschied des Signals zu groß war (etwa gleich dem Durchmesser der Umlaufbahnen der Satelliten = 210 000 km), konnte das erhaltene Signal nicht von der Erde kommen. Man konnte später zahlreiche Gammastrahlenblitze messen, die eindeutig nicht von der Erde kamen. Dies wurde erst 1973 klar. Ein Blitz blieb jedoch unklar, möglicherweise war es doch ein Atombombentest entweder von Südafrika oder von Israel.

Bei einem nicht von der Erde stammenden Gammastrahlenblitz wird innerhalb von 10 Sekunden mehr Energie freigesetzt, als die Sonne in ihren neun Milliarden Jahren Lebenszeit produziert.
Man begann sich zu interessieren, wodurch es zu solchen Ausbrüchen kommt, was die astrophysikalischen Ursachen sein könnten.
Die Erdatmosphäre bietet einen gewissen Schutz vor diesen extrem energiereichen Blitzen. Die ersten Satelliten, die diese Blitze beobachteten, konnten nicht feststellen, woher sie genau kommen. Einen Hinweis liefert aber die Tatsache, dass sie gleichmäßig über den Himmel verteilt gemessen wurden. Ihre Quelle kann daher nicht unsere Milchstraße sein, denn sonst müsste die Verteilung zur Ebene der Milchstraße hin konzentriert sein. Man versuchte dann, diese Blitze auch in anderen Wellenlängenbereichen zu beobachten wie beispielsweise im Röntgenbereich. Röntgenteleskope erlauben eine wesentlich bessere Lokalisierung der Quellen. Aber 1997 gelang es dann auch mit anderen Teleskopen, die im UV-Bereich, aber

Künstlerische Darstellung eines hellen Gammablitzes in einer Sternenformation. Die Energie aus der Explosion strahlt in zwei schmalen, entgegengesetzt gerichteten Jets.

auch im sichtbaren Licht arbeiten, festzustellen, woher diese Blitze kommen. Es wurde klar, dass sie von fernen Galaxien stammen.

Die Dauer der Blitze liegt zwischen einigen Sekunden bis einigen Minuten. Die langen GRB (*Gamma ray bursts*, also Gammastrahlenblitze) dauern etwa 35 Sekunden, ultralange dauern bis zu 10 000 Sekunden und einige dieser GRB dürften mit dem Kollaps eines Sternes zu einer Supernova zusammenhängen. Am 27. März 2004 wurden wir von einem Gammastrahlenblitz getroffen. Ursache war die Energiefreisetzung bei einem Neutronenstern. Dieser hatte in nur 0,2 Sekunden mehr Energie freigesetzt, als die Sonne in 150 000 Jahren. Das Objekt war etwa 50 000 Lichtjahre entfernt. Für eine Zehntelsekunde war es heller als der Vollmond.

✶ WAS WEISS MAN ÜBER DIE RÄTSELHAFTEN BLITZE AUS DEM ALL?

Wie schon erwähnt, ist die Zeitdauer eines solchen Blitzes kurz. Daraus folgt, dass der Durchmesser des Objektes relativ klein sein muss. Licht breitet sich mit der Lichtgeschwindigkeit c aus, es legt also in der Zeit t eine Strecke von $s=c\ t$ zurück. Daher ist der Durchmesser eines Objektes, das einen Blitz von 1 Sekunde Dauer aussendet, daher 1 Sekunde mal der Lichtgeschwindigkeit = 300 000 km/s, also 300 000 Kilometer. Das ist etwas weniger als die Entfernung Erde-Mond. Würde ein Blitz seine Energie in alle Richtungen gleich abstrahlen, müsste seine Leuchtkraft das 10^{18}-Fache der Leuchtkraft der Sonne betragen. Da dies noch wesentlich mehr ist als die Leuchtkraft von Quasaren (aktive Kerne von Galaxien), nimmt man an, dass die Abstrahlung nicht nach allen Richtungen gleichmäßig erfolgt, sondern wir als Beobachter zufällig in die Richtung blicken, in die die meiste Energie abgestrahlt wird. Es könnte sich um eine sogenannte *Hypernova* handeln oder auch um zwei verschmelzende Neutronensterne. In beiden Fällen wird die Strahlung gebündelt wie bei einem Laserstrahl und wir blicken zufällig genau in Richtung dieses Strahls. Deshalb sehen wir das Objekt so extrem stark leuchten. Die Hypernovatheorie erklärt die etwas länger dauernden Gammastrahlenblitze.

Wir wissen aus der Elektrodynamik, dass beschleunigte Ladungen abstrahlen. Ladungen können in einem Magnetfeld beschleunigt werden und die dabei entstehende Strahlung nennt man Synchrotronstrahlung. Dieses Wort kommt von Synchrotron, das sind ringförmige, mit Magneten versehene Anlagen (z.B. CERN), in denen geladene Teilchen beschleunigt werden. Ähnlich ist es bei der Gravitation, für die Massen relevant sind. Wenn Massen beschleunigt bewegen, dann strahlen sie Wellen ab – und zwar Gravitationswellen. Je größer und kompakter die beschleunigten Massen, desto stärker die abgestrahlten Gravitationswellen.

Gravitationswellen sind Störungen der Raumzeit-Struktur, die sich mit Lichtgeschwindigkeit ausbreiten. Treffen sie auf einen Detektor, der beispielsweise ein langer Arm sein kann, der auf dem Spiegel angebracht ist, dann „rütteln" sie an diesem Spiegel, und der hin- und herlaufende Lichtstrahl zwischen den Spiegeln ändert

LIGO, Laser Interferometer Gravitational Wave Observatory, also ein Observatorium zur Detektion von Gravitationswellen. Vereinfachtes Schema eines Advanced-LIGO-Detektors: Laserlichtquelle, Testmass. = Testmassenspiegel, Strahlteiler, PR (power recycling) = Spiegel zur Leistungsverstärkung, SR (signal recycling) = Spiegel zur Signalüberhöhung, Photodetektor zum Nachweis des Signals, umlaufende Laserleistung. (a) Lage und Orientierung der LIGO-Detektoren in Hanford (H1) und Livingston (L1). (b) Das Rauschspektrum der LIGO-Detektoren. Ein Teil der erkennbaren Linien dient zur Kalibrierung (33-38, 330 und 1080 Hz) oder stammt von der Harmonischen Vibration der Spiegelaufhängung (500 Hz und Vielfache davon) oder bei 60 Hz und Vielfachen von der Netzspannung.

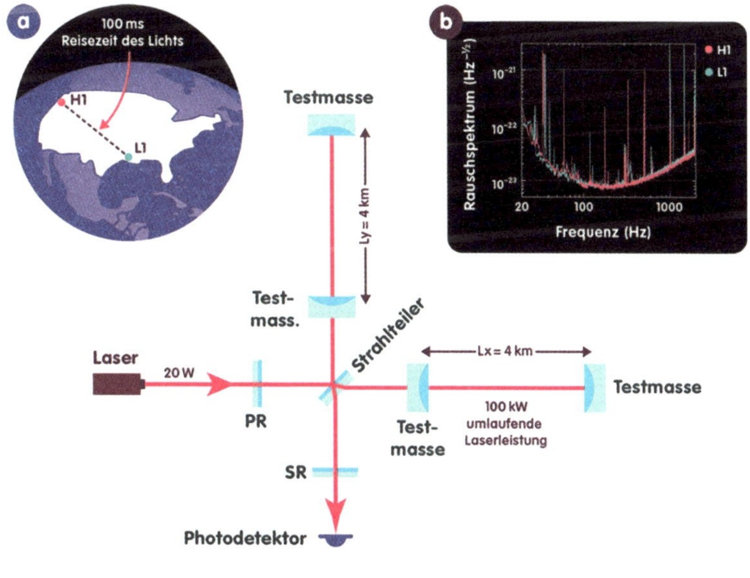

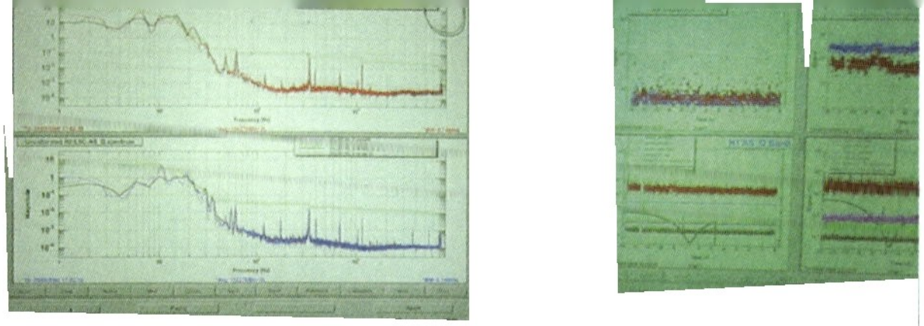

Nicht sehr romantisch. Der Kontrollraum des LIGO Observatoriums.

sich. Die Änderungen sind zwar extrem gering, aber man konnte sie 2017 erstmals an zwei Stationen nachweisen, die einige 1 000 Kilometer voneinander entfernt sind. Das Rütteln ist von sehr geringer Amplitude, etwa 10^{-18}. Besitzt der Arm eine Länge von einem Kilometer, dann würde das Rütteln eine Amplitude von 10^{-15} Metern besitzen, das ist der Durchmesser eines Protons. Wenn man den Lichtstrahl entsprechend oft zwischen den Spiegeln hin und her wandern lässt, dann addiert sich dieser Wert und so sind diese winzigen „Erschütterungen“ feststellbar.

Um sicher zu sein, eine Gravitationswelle von einem fernen Objekt gemessen zu haben, und keine zufälligen kleinen Erschütterungen auf der Erde, misst man an zwei Beobachtungsstationen gleichzeitig.

Sendet die Erde Gravitationswellen aus?

Die Erde bewegt sich um die Sonne und diese Bewegung ist eine beschleunigte Bewegung, da sich ja laufend die Richtung der Erdgeschwindigkeit ändert. Durch diese Abstrahlung verringert sich der Abstand der Erde von der Sonne. Wir fallen also in Richtung Sonne, aber der Energieverlust durch das Abstrahlen der Gravitationswellen ist sehr klein, die Leistung beträgt etwa 200 Watt.

Man kann dies auch ausrechnen

Der Schwarzschildradius für die Erde beträgt 1 cm, für die Sonne 3 km. Sei *a* das Verhältnis des Schwarzschildradius zum Radius für die Erde bzw. Sonne und *c* die Lichtgeschwindigkeit, *G* die Gravitationskonstante, dann ergibt sich für die Leistung der durch den Umlauf der Erde um die Sonne abgestrahlten Gravitationswelle:

$$P = \frac{(a_{Erde})^3 \, (a_{Sonne})^2 \, c^5}{5G}$$

Man findet den Wert von etwa 200 Watt. Betrachten wir aber zwei Neutronensterne, die einander umkreisen, sieht das anders aus.

WAS PASSIERT, WENN NEUTRONENSTERNE KOLLIDIEREN? ✶

Neutronensterne sind das Endstadium der Entwicklung von massereichen Sternen (ab 1,4 Sonnenmassen etwa). Sie sind extrem dicht und bestehen im Wesentlichen aus Neutronen. Der Durchmesser beträgt nur einige 10 Kilometer. Der Pulsar PSR 1913+16 befindet sich im Sternbild Adler und hier umkreisen zwei Neutronensterne einander. Die Entfernung zu uns beträgt 21 000 Lichtjahre. Beide Objekte umlaufen einander in nur 7,75 Stunden. Durch die Abstrahlung von Gravitationswellen verringert sich der Abstand der beiden Neutronensterne um 3,5 Meter pro Jahr. Die beiden Komponenten werden in etwa 300 Millionen Jahren verschmelzen. Kurz bevor dies geschieht, nimmt die Umlaufperiode zu, man sieht dies in einem Anstieg der Frequenz und auch im Verhalten der Gravitationswellen. Die beiden Astrophysiker Hulse und Taylor erhielten für ihre Erforschung dieses Systems im Jahr 1993 den Nobelpreis für Physik.

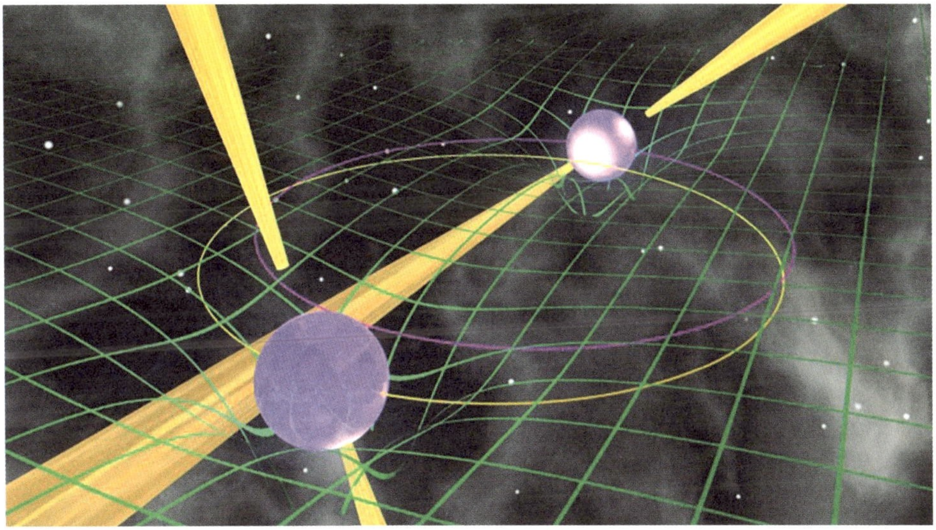

So stellt man sich einen Doppelneutronenstern vor: Kreisen zwei kompakte Neutronensterne umeinander, geben sie viele Gravitationswellen ab (künstlerische Darstellung)

KANN MAN DEN KOLLAPS ZWEIER NEUTRONENSTERNE BEOBACHTEN? ✶

Die Theorie zeigt: Neutronsterne verschmelzen miteinander. Doch kann man dies auch beobachten? Knapp bevor sie verschmelzen, senden sie ein intensives Gravitationswellensignal aus und genau dieses hat man im Jahr 2017 direkt

beobachtet. Man hat neben den Gravitationswellen auch Gammastrahlenblitze gemessen.
Eine andere Erklärung für kurzzeitige Gammastrahlenblitze wäre die Verschmelzung eines Schwarzen Lochs mit einem Neutronenstern oder wenn ein Weißer Zwerg, der nur bis zu einer Grenzmasse von 1,4 Sonnenmassen existieren kann, von einem Nachbarstern so viel Masse aufnimmt, dass diese Masse überschritten wird; dann würde der Weiße Zwerg zu einer Supernova vom Typ I kollabieren.

Inzwischen konnten Kollisionen von Neutronensternen und Schwarzen Löchern in Entfernungen von mehreren 100 Millionen Lichtjahren beobachtet werden.

BLITZE AUS DEM ALL ALS GEFAHR FÜR DIE ERDE?

Was passiert, wenn uns ein solcher Blitz trifft? Wichtig ist einmal festzuhalten, dass zwar unvorstellbar hohe Energien in dem Blitz stecken, dass aber die Zeitdauer (wie bei Blitzen, die wir bei Gewittern kennen) sehr kurz ist. Bei der Absorption von Gammastrahlung in der Erdatmosphäre entsteht beispielsweise das Gas Stickoxid. Dies hat die unangenehme Eigenschaft, die Ozonschichte zu zerstören. Was dies bedeutet, wissen wir bereits: Wir auf der Erdoberfläche wären dann der kurzwelligen UV-Strahlung der Sonne ungeschützt ausgesetzt.
Am Ende des Ordoviziums, vor 444 Millionen Jahren gab es ein Massensterben. Zwar gab es damals noch keine Landlebewesen, aber man weiß, dass viele Lebewesen, die nahe der Wasseroberfläche lebten, ausgestorben sind – beispielsweise

Trilobiten lebten auf der Erde im Zeitraum 521–251 Millionen Jahre v. Chr.

die Trilobiten. Eine Studie zeigte, dass ein Gammastrahlenblitz von einem Objekt, das sich etwa 500 Lichtjahre von uns entfernt befindet, wahrscheinlich bis zu 90 Prozent des Lebens auf der Erde durch Zerstörung der Ozonschicht auslöschen würde. Keine Gefahr durch Gammastrahlenblitze droht uns ab einer Entfernung von 3 000 Lichtjahren.

Das bisher am weitesten von uns entfernte Objekt, das einen Gammastrahlenausbruch erzeugt hat, war übrigens mehr als 12 Milliarden Lichtjahre von uns entfernt. Am 19. März 2008 konnte erstmal ein Gammastrahlenblitz mit bloßem Auge gesehen werden, allerdings nur bei einem völlig dunklen Nachthimmel.

INVASION AUS DEM ALL?

Die berühmten kleinen grünen Männchen vom Mars, die die Erde erobern, gibt es mit Sicherheit nicht. Falls Mars überhaupt Leben hat, dann nur in sehr einfachen Formen. Aber das bedeutet nicht, dass es nicht woanders Leben in höherer Form geben könnte. Fassen wir kurz zusammen, wo sich in unserem Sonnensystem Leben (wenn auch wahrscheinlich nur in sehr einfacher Form) entwickelt haben könnte:

✶ LEBEN AUF DER VENUS?

Vor etwa vier Milliarden Jahren dürfte dieser Planet, der etwa so groß wie die Erde ist, Wasser an der Oberfläche gehabt haben; heute ist auf Venus Leben, wenn überhaupt, nur in mittleren Schichten der Atmosphäre denkbar, wo die Temperaturen angenehm sind und auch Wasserdampf vorhanden wäre. Ende 2020 wurde das Gas Phosphin (chemische Formel PH_3) nachgewiesen. Dieses Gas muss eigentlich sofort durch die UV-Strahlung der Sonne zerfallen und müsste daher ständig nachproduziert werden, vielleicht durch einfache Lebewesen (dies kennt man von der Erde). Dieses Gas ist eigentlich sehr giftig und riecht nach verfaulenden Fischen und Knoblauch. Bereits 0,01 Milligramm in einem Liter Luft sind tödlich und es wurde im ersten Weltkrieg als Kampfgas eingesetzt. Bei Anwesenheit von Sauerstoff reagiert es heftig. Es verhindert auch, dass unsere Zellen Sauerstoff aufnehmen. Aber in einer sauerstofffreien Umgebung ist die Situation anders. Astrobiologen gehen davon aus, dass auf einem Gesteinsplaneten dieses Gas nur durch Mikroorgansimen erzeugt werden kann. Ein Nachweis dieses Gases wäre daher ein Beweis für Leben auf der Venus. Lebewesen, die Phosphin lieben, würden Sauerstoff als Gift ansehen.

Auf der Venus wurde Phosphin in der Atmosphäre in 50 Kilometern Höhe nachgewiesen. Allerdings sind diese Beobachtungen noch unsicher und werden angezweifelt.

*Dunkle Wolken in höheren Lagen der Venusatmosphäre verdecken die helleren Wolken in mittlerer Höhe. Dieses Bild wurde von einer Infrarotkamera an Bord des japanischen Akatsuki Venus Climate Orbiter aufgenommen. Wissenschaftler*innen entdeckten Phosphin in der Venusatmosphäre – ein potenzielles Zeichen für Leben.*

DENKMÄLER AUF DEM MARS? ✶

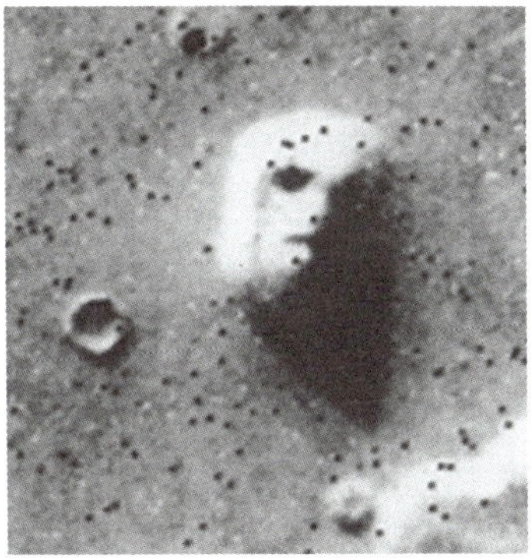

Das Marsgesicht oben moderne 3-D Rekonstruktion, unten alte Aufnahme von Viking 1 Orbiter, 1976, NASA.

Auf dem Mars könnte es ebenfalls einfaches Leben geben. Die gelandeten Mars-Rover untersuchten zahlreiche Bodenproben, konnten allerdings bisher nichts nachweisen.
Sehr wichtig für Leben auf dem Mars ist (gefrorenes) Wasser, das an den Polen vorkommt und im Marsboden.
Die Aufnahmen der Raumsonde Viking 1 zeigten das Marsgesicht. Sofort wurde spekuliert, ob es sich hier um ein Bauwerk, Denkmal einer vielleicht jetzt nicht mehr existierenden Marszivilisation gehandelt haben könnte. Neuere Aufnahmen zeigten aber, dass dieses Gesicht nur bei einer bestimmten Beleuchtung durch die Sonne so erscheint, also eine Täuschung ist.

LEBENSSPUREN IN MARSMETEORITEN? ✶

Man findet auf der Erde Meteoriten, die eindeutig vom Mars stammen. Wie ist das möglich? Ganz einfach: Schlägt ein Objekt auf dem Mars ein, dann werden Gesteinsbrocken in die Höhe geschleudert und einige besitzen genügend Energie, um die Anziehungskraft des Roten Planeten zu überwinden. Durch Zufall fallen sie dann auf die Erde. In einem dieser vom Mars stammenden Meteoriten wurden fossile Überreste gefunden, die auf einfaches Leben auf dem Mars deuten. Man glaubt jedoch, diese Strukturen könnten auch durch andere chemische Prozesse entstanden sein.

Der berühmt gewordene Mars-Meteorit ALH8400-1. Sind diese Strukturen, die in der Elektronenmikroskop-Aufnahme erkennbar sind, wirklich Spuren von Marsbakterien?

✶ AUF EINEM MOND LEBEN?

Interessant für Leben sind einige der großen Jupitermonde, Europa, Ganymede, Callisto, sowie die Saturnmonde Titan und Enceladus. Es gibt bei all diesen Objekten starke Anzeichen für einen Ozean aus salzhaltigem Wasser unter der gefrorenen Oberfläche. [✶ Monde, neue Kandidaten für Leben? S. 91]

✶ LEBEN AUSSERHALB DES SONNENSYSTEMS?

Es wäre eine Sensation, anderswo im Sonnensystem Leben zu finden. Die Chance besteht, aber wenn, dann nur in sehr einfachen Formen. Inzwischen kennen wir mehr als 5000 Exoplaneten, das sind Planeten, die um andere Sterne kreisen. Einige Dutzend dieser Objekte befinden sich in der sogenannten zirkumstellaren habitablen Zone. Das ist der Abstandsbereich um einen Stern herum, wo Wasser in flüssiger Form denkbar wäre. Natürlich ist das alleine noch kein Beweis für Leben.
Man kann auch die Statistik bemühen. Nehmen wir der Einfachheit halber an, unsere Milchstraße enthalte hundert Milliarden Sterne. Wenn nur jeder tausendste Stern einen Planeten in einer habitablen Zone besitzt, dann hätten wir alleine in unserer Milchstraße 100 Millionen habitable Planeten.
Nehmen wir wieder an, dass von diesen 100 Millionen Planeten nur jeder tausendste Leben in höherer Form enthält, bleiben immer noch 100 000 Planeten mit Leben übrig. Damit wir mit diesen Lebensformen kommunizieren können, sollten sie in etwa dieselbe Entwicklungsstufe wie wir besitzen. Wenn das nur jede tausendste hätte, bleiben noch 100 (immerhin) übrig.
Derartige Überlegungen stellt der Astronom Frank Drake an. Die Anzahl der Zivilisationen in unserer Milchstraße, die uns ähnlich sein könnten, beträgt – so viel ist sicher – eins , aber die Unsicherheit dieser Zahl ist groß, sie kann auch bis zu 10 000 betragen.

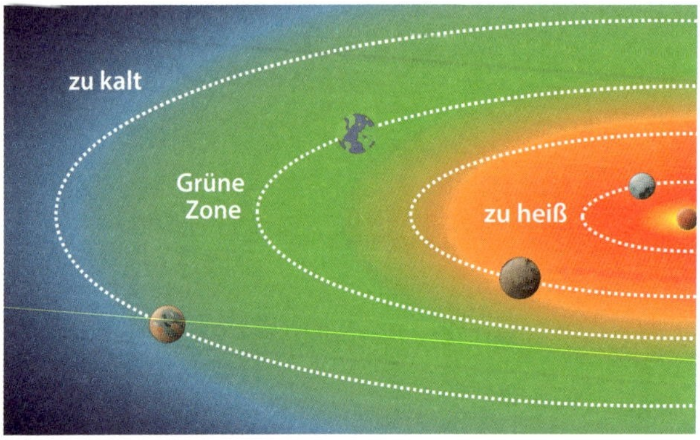

Die habitable Zone um einen Stern herum. Nur im grünen Bereich ist die Temperatur so, dass es Wasser in flüssiger Form auf der Oberfläche eines Planeten geben könnte. Im Sonnensystem erstreckt sich diese Zone genau zwischen Venus und Mars. Diese beiden Planeten liegen knapp außerhalb.

WERDEN WIR VON AUSSERIRDISCHEN ABGEHÖRT? ✶

Die Antwort ist ganz einfach: Im Prinzip könnten wir abgehört werden. Seit mehr als 50 Jahren gibt es Rundfunk, Fernsehen und ein dichtes Netz an Antennen. Die Funkwellen werden auch in den Weltraum abgestrahlt, und man könnte uns mit einer Technik wie der unsrigen in einem Umkreis von mindestens 50 Jahren „hören". Angesichts mancher Nachrichten würden sich höher entwickelte Zivilisationen aber wahrscheinlich eher zurückhalten, mit uns in Kontakt zu treten.
Umgekehrt gibt es auf der Erde Projekte, mit denen man den Himmel nach künstlichen Morsezeichen abhört, am bekanntesten ist das Projekt SETI (Search for Extraterrestrial Intelligence). Jeder, der einen PC verwendet, kann sich an diesem Projekt beteiligen, Daten herunterladen und analysieren; die Daten werden nach künstlichen Mustern untersucht. Das Programm läuft ähnlich wie ein Bildschirmschoner im Hintergrund, der Computer verliert also etwas an Rechenleistung. Um es kurz zu machen: Bisher wurde nichts gefunden.

WIE SAND AM MEER? ✶

Doch selbst wenn wir die einzige Zivilisation in unserer Galaxis wären, muss man bedenken, dass es mindestens so viele Galaxien wie Sterne in der Milchstraße gibt. Die Anzahl der Sterne im Universum kann man sich dann etwa so vorstellen: Versuchen Sie sich den ganzen Sand an allen Stränden dieser Erde vorzustellen, das wäre ein riesiger Sandhaufen. Nun betrachten sie mit einer sehr starken Lupe ein einzelnes Sandkorn. Die Anzahl der Sterne im Universum ist dann aber nicht gleich der Anzahl der Sandkörner aller Strände dieser Erde! Pro Sandkorn, das wir zählen, müssen wir 10 000 Sterne annehmen. Nun versteht man das Argument, dass es alleine wegen der fast unendlich großen Zahl der Sterne im Universum doch viele geben müsste mit Planeten, auf denen hochentwickelte Zivilisationen leben.

DIE KONTAKTAUFNAHME ✶

Vielleicht ist es gut, dass wir offenbar bisher noch keinen Besuch aus dem All erhalten haben (alle anderen Behauptungen sind Spekulationen). In unserer Geschichte war es immer so, dass eine höher entwickelte Zivilisation die andere unterdrückt und oft sogar ausgelöscht hat. Das könnte uns vielleicht auch drohen, wenn eine höher entwickelte Zivilisation die Erde nur als Rohstofflager nutzt und versucht, alle Störfriede auszulöschen.

Setzen wir einmal voraus, dass wir nicht alleine im Universum sind und es anderswo Zivilisationen gibt, die einen ähnlichen technischen Entwicklungsstand wie wir haben. Wie können wir dann in Kontakt treten? Unsere Raumschiffe sind gegenwärtig viel zu langsam. Eine Reise zum Stern Alpha Centauri würde mehrere 10 000 Jahre dauern. Selbst wenn wir unsere Technik so entwickeln, dass wir 1 000 mal so schnell unterwegs wären, dauert die Reise immer noch mehrere Jahrzehnte. Ideal wäre eine Reise nahe der Lichtgeschwindigkeit, da dann wegen relativistischer Effekte die Zeit für die Raumfahrer langsamer vergeht. Sie bemerken dies aber erst, wenn sie wieder auf die Erde zurückgekehrt sind. Ihre Freunde sind dann entweder uralt oder bereits verstorben.
Ein weiteres Problem ist die Kommunikation. In welcher Sprache sollten wir mit außerirdischen Zivilisationen ein Gespräch führen. Man könnte hier an eine Art Universalsprache denken: logische Begriffe, Naturkonstanten und Ähnliches. Diese Naturkonstanten sollten überall gleich und von einer intelligenten Zivilisation entdeckt worden sein.

✶ WO SIND SIE?

Wo befinden sich hochentwickelte Zivilisationen außerhalb unseres Sonnensystems? Wie kann man generell nach Leben auf Exoplaneten suchen, die man aufgrund ihrer großen Entfernungen von vielen Lichtjahren auch in naher Zukunft niemals direkt erkunden kann.
In der Astrophysik hat man ein großes Problem: Die einzige Information, die wir von unseren Forschungsobjekten wie Sternen oder Galaxien erhalten, ist deren Strahlung. Aus dem Licht dieser Objekte müssen wir daher alle uns interessierenden Fragen und Größen ableiten, so auch die Frage, ob es Leben auf Exoplaneten geben kann. Dazu zerlegt man das Licht des ohnehin nur sehr schwach leuchtenden Exoplaneten oder man sieht sich das Spektrum eines Sternes an. Wie gewinnt man Information über einen Planeten, wenn man das Licht seines Muttersterns analysiert? Es gibt Exoplanetensysteme, die von uns aus gesehen so liegen, dass wir

Geht von uns aus gesehen ein Planet vor seinem Mutterstern vorbei (Transit), dann wird die Helligkeit des Sternes durch den dunklen Planeten leicht abgeschwächt.

einen Transit der Planeten beobachten können. Der Planet geht also von uns aus gesehen vor seinem Mutterstern vorbei.
Wir kennen dies bei den beiden inneren Planeten unseres Sonnensystems, Merkur und Venus. Immer wieder kommt es zu einem Merkurdurchgang oder Venustransit. Allerdings nicht bei jeder unteren Konjunktion, wenn sich Erde, Planet und Sonne auf einer Linie (in genau dieser Reihenfolge) befinden, da die Umlaufbahn von Merkur und Venus zur Erdbahnebene geneigt sind. Wenn ein Exoplanet genau vor seinem Mutterstern vorbeizieht, dann kommt es zu einer leichten Helligkeitsabnahme des Lichts des Muttersterns. Der Betrag der Helligkeitsabnahme hängt von dem Größenverhältnis der beiden Objekte, also Mutterstern und Planet ab. Ein winziger, erdähnlicher Planet wird bei einem Transit nur eine sehr geringe Helligkeitsabnahme des Muttersterns erzeugen. Ein großer beispielsweise jupiterähnlicher Planet hingegen erzeugt eine größere Amplitude der Lichtabnahme. Außerdem werden bei diesem als Transitmethode bezeichneten Verfahren zur Entdeckung von Exoplaneten die Objekte bevorzugt, die sich sehr nahe beim Mutterstern befinden. Je größer die Distanz zwischen Mutterstern und Planet, desto genauer müssen wir in Sichtlinie zur Bahnebene liegen, damit wir einen Transit beobachten können, denn ansonsten geht der Planet von uns aus gesehen nördlich oder südlich an seinem Mutterstern vorbei. Die Abweichung zwischen der Sehlinie und der Planetenbahn muss also mit zunehmender Distanz des Planeten gegen Null gehen, was unwahrscheinlich ist.

GIBT ES HEISSE JUPITER? ✶

Jupiter ist fünfmal so weit von der Sonne entfernt wie die Erde. Er ist ein kalter Gasriese.
Wir entdecken mit der Transitmethode vorwiegend sehr große Planeten, die sich nahe beim Mutterstern aufhalten. Man hat für diese Objekte die Bezeichnung *Heiße Jupiter*, *Hot Jupiters*, eingeführt. Der Name sagt alles aus:
Heiße Jupiter sind

- ähnlich groß oder noch größer als unser Jupiter und
- heiß, da sie sich in Sternnähe befinden.

Es handelt sich hier um eine neue Klasse von Objekten, die wir aus unserem Sonnensystem nicht kennen. Man kann leicht abschätzen, wie heiß es auf dem Planeten sein müsste: Der Abstand vom Mutterstern ist bekannt, die Strahlungsleistung des Sternes ebenso; diese nimmt mit dem Quadrat des Abstandes ab, also folgt eine Oberflächentemperatur des Planeten, die jedoch weder eine Atmosphäre, noch Rotation oder andere Details auf der Oberfläche des Planeten berücksichtigt. Auf der Erde spielen zum Beispiel die Ozeane eine wichtige Rolle als Wärmespeicher sowie auch als Speicher für Kohlendioxid.

SPUREN DES LEBENS IM SPEKTRUM?

Wir können das Licht des Muttersternes analysieren (a) vor dem Transit des Planeten oder (b) während des Transits. In letzterem Fall überlagern sich die Spektren von Stern und Planet. Man muss also nur folgende Rechnung ausführen, um das Spektrum des Planeten zu erhalten:
Ohne Transit: Das Spektrum besteht nur aus dem Sternenlicht.
Mit Transit: Das Spektrum enthält neben dem Sternlicht auch das Licht des Planeten (der ansonsten wegen seiner geringen Strahlung nicht gesehen werden kann). Nun machen wir folgende Rechnung:

Stern + Planet – Stern = Planet

Übrig bleibt also nur das Spektrum des Planeten. Dieses ist extrem schwach, da ja auch dessen Strahlung im Vergleich zum Mutterstern extrem gering ist. Aber es gibt einige Signaturen im Spektrum, die eindeutig vom Planeten stammen müssen.

AUF DER SUCHE NACH LEBEN AUF EXOPLANETEN

Unter Biomarkern versteht man Signaturen im Spektrum, die von Leben zeugen oder zumindest ein starker Hinweis für Leben sind. Wobei wir aber Leben immer nur interpretieren in dem Sinn, wie wir es auf der Erde kennen. Zwei wesentliche Dinge machen das Leben auf der Erde aus: Flüssiges Wasser und Kohlenstoff. Flüssiges Wasser erfordert gewisse Temperaturen. Die Oberflächentemperatur eines Planeten (ohne Berücksichtigung der Atmosphäre) ist gegeben durch die Strahlung des Sternes, um den dieser Planet kreist. Der Bereich, in dem es aufgrund der Strahlung Wasser in flüssiger Form auf der Oberfläche eines Planeten geben könnte, wird, wie schon gesagt, als *zirkumstellare habitable Zone* bezeichnet.
Die zweite Bedingung für (zumindest irdisches) Leben ist das Vorhandensein von Kohlenstoff. Dieses Element ist deshalb so wichtig, weil es in der Lage ist, lange Molekülketten mit zum Teil sehr komplexen Strukturen zu bilden. Aus diesen Kohlenstoffverbindungen sind alle für Leben notwendigen Moleküle aufgebaut. Außer Kohlenstoff hätte noch das Element Silizium ähnliche Eigenschaften, allerdings wäre dann das Leben auf Siliziumbasis an völlig andere Temperaturen gebunden und Wasser, das eine wichtige Rolle als Lösungsmittel für die Moleküle besitzt, scheidet aus.
Man kann also bei der Suche nach Leben auf Spuren von Wasserdampf in der Atmosphäre der Planeten testen. Dies ist bei einigen Objekten gelungen. Andere Anzeichen von Leben wären zum Beispiel Ozon oder Methan. Ozon bildet sich bei Anwesenheit von Sauerstoff und UV-Strahlung. Der Sauerstoff ist ein äußerst reaktionsfreudiges

Gas. Wir alle wissen, wie schnell Eisen Rost ansetzt. Rost ist Eisen, das mit Sauerstoff reagiert. Freier Sauerstoff in der Atmosphäre eines Planeten würde sehr rasch mit anderen Elementen und Verbindungen reagieren. Deshalb muss das Reservoir an Sauerstoff ständig erneuert werden. Auf der Erde geschieht dies durch die Photosynthese der Pflanzen, die im wesentlichen Kohlendioxid mit Wasser zu Zucker umwandelt und Sauerstoff freisetzt. Stellt man daher in der Atmosphäre eines Planeten Sauerstoff fest, dann kann man spekulieren, ob es dort Lebensformen wie Pflanzen gibt, die ihre Energie zum Leben durch die Photosynthese gewinnen. Auch Methan (CH_4) ist eine Verbindung, die sehr rasch durch Sonnenlicht, im Falle der Exoplaneten durch die Strahlung des Muttersterns, zerstört wird. Methan in einer Atmosphäre müsste daher ständig neu produziert werden. Auf der Erde kennt man methanogene Bakterien, das sind Bakterien, die Methan erzeugen. Stellt man also Methan in der Atmosphäre eines Planeten fest, dann könnte dies als ein Zeichen für das Vorhandensein solcher Bakterien dort gelten.

Diese Biomarker sind allerdings nicht eindeutig. Wir kennen Methanverbindungen auch bei den Gasplaneten unseres Sonnensystems und ihre Erzeugung dort lässt sich durch einfache chemische Reaktionen des Sonnenlichts mit Bestandteilen ihrer Atmosphären erklären.

EINE SCHALLPLATTE UNTERWEGS ZU DEN STERNEN? ✶

Im Jahre 1977 wurden die beiden Sonden Voyager 1 und Voyager 2 gestartet. Voyager 1 besuchte zunächst die Planeten Jupiter und Saturn und lieferte sensationelle Bilder dieser beiden Gasriesen. Die Sonde liefert auch heute noch Daten und am 1. Oktober 2020 war sie 150 Astronomische Einheiten von der Sonne entfernt. Wir erinnern uns: eine Astronomische Einheit entspricht der mittleren Entfernung Erde-Sonne, also etwa 150 Millionen Kilometer. Pro Jahr legt sie etwa 3,6 AE zurück, das sind in etwa 540 Millionen Kilometer. Mit dieser Geschwindigkeit würde die Sonde in etwa 100 000 Jahren den nächsten Stern, Alpha Centauri erreichen, also bitte etwas Geduld. Leider werden unsere Nachkommen dann keinen Kontakt mehr zu dieser Sonde haben, denn man schätzt, dass etwa 2030 der letzte Funkkontakt sein wird, dann sind die Batterien leer und es kann kein Signal mehr gesendet werden. Voyager 2 wurde am 20. August 1977 gestartet. Diese Sonde flog am 9. Juli 1979 an Jupiter vorbei, am 26. August 1981 an Saturn, am 24. Jänner 1986 an Uranus und am 25. August 1989 an Neptun. Am 3. Oktober 2020 war sie 125,07 AE von der Sonne entfernt und ihre Geschwindigkeit pro Jahr beträgt etwa 3,2 AE. In etwa 600 Jahren wird sie den inneren Teil der Oortschen Wolke erreichen. Diese Wolke besteht aus vielen Milliarden kleiner kometenartiger Objekte. Wenn sie diese Wolke durchquert hat, sind mehr als 30 000 Jahre vergangen. In etwa 60 000 Jahren ist der Einfluss der

Sonne nicht mehr spürbar, hier werden die Kräfte von anderen Sternen wichtig. Wir alle kennen wahrscheinlich den hellsten Stern am Himmel, Sirius, der im Winter auch von Mitteleuropa aus sehr hell leuchtend im Süden zu sehen ist. Die Reise von Voyager 2 zu Sirius dauert etwa 1 Million Jahre. Voyager 2 wird allerdings an Sirius weit vorbei fliegen. Auch hier wird in den nächsten Jahren kein Funkkontakt mehr sein.

An Bord dieser beiden Raumsonden, die in ferner Zukunft zu anderen Sternen gelangen werden, befinden sich zwei goldene Schallplatten, die Informationen der Menschheit enthalten: Das Sonnensystem ist dargestellt, die Position der Erde darin und Stimmen wurden aufgezeichnet.

Die Datenplatte hat 30 Zentimeter Durchmesser und besteht aus vergoldetem Kupfer; sie ist in einer Schutzhülle aus Aluminium untergebracht. Auf dieser Hülle findet sich decodiert eine Anleitung, wie diese Platte abzuspielen ist; dabei muss sie in eine Geschwindigkeit von 16,6 Umdrehungen pro Minute gebracht werden. Diese Daten sind binär angegeben und entsprechen der Schwingungsfrequenz eines der häufigsten Moleküle im Universum, des Wasserstoffmoleküls H_2. Die Position der Sonne in der Galaxis ist ebenso angegeben. Wie kann man das machen, sodass es eine fremde Zivilisation versteht? Man kann ja nicht einfach schreiben, „Hallo, wird sind im Sonnensystem, das etwa 27 000 Lichtjahre vom Zentrum der Milchstraße entfernt ist". Man überlegte, welche Objekte solche Zivilisationen beobachten könnten, die weit genug entfernt sind, sodass sie auch in fernen Planetensystemen gleich am Himmel erscheinen. Vielleicht ahnen Sie es schon, liebe Leser*innen? Sehr weit entfernte, aber dennoch relativ helle Objekte sind die Pulsare. Einer den Himmel beobachtenden Zivilisation müssten diese Pulsare aufgefallen sein und sie müssten sicherlich auch ein Verzeichnis dieser Objekte erstellt haben. Man gibt daher die Position der Sonne relativ zu den 14 hellsten Pulsaren an. Wenn ET es geschafft hat, die Dekodierung zu meistern, dann kann er die Platte bedienen und findet darauf mehr als 100 Bilder, Geräusche, Musikbeispiele (Mozart, Beethoven, Bach, Chuck Berry und Louis Armstrong), eine Grußbotschaft des damaligen UN-Generalsekretärs Kurt Waldheim sowie eine Botschaft des damaligen US-Präsidenten Jimmy Carter. Ob diese Sonde jemals gefunden wird und vor allem wann (sicher erst in vielen 100 000 Jahren), ist natürlich sehr fraglich. Man rechnet damit, dass die Platte mit den Daten eine Lebenszeit von 500 Millionen Jahren hat. Damit kommt man immerhin bis in etwa 5 000 Lichtjahre Entfernung, also weniger als 1/5 des Abstandes der Sonne vom galaktischen Zentrum. Soviel zum Thema „Eroberung des Weltraumes".

Voyager 1 und Voyager 2 sind nicht die einzigen Sonden mit Botschaften für mögliche außerirdische Zivilisationen. An Bord der beiden Raumsonden Pioneer 10 und 11 befinden sich Plaketten, jeweils 20 x 15 Zentimeter groß aus Aluminium, vergoldet. Sie enthalten codiert ebenfalls Informationen über uns. Man hatte nur drei Wochen Zeit, um eine solche Platte samt Inhalt herzustellen. Pioneer 10 wurde am

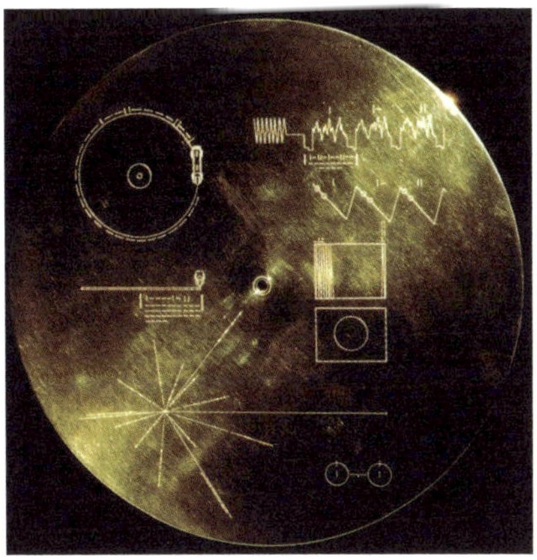
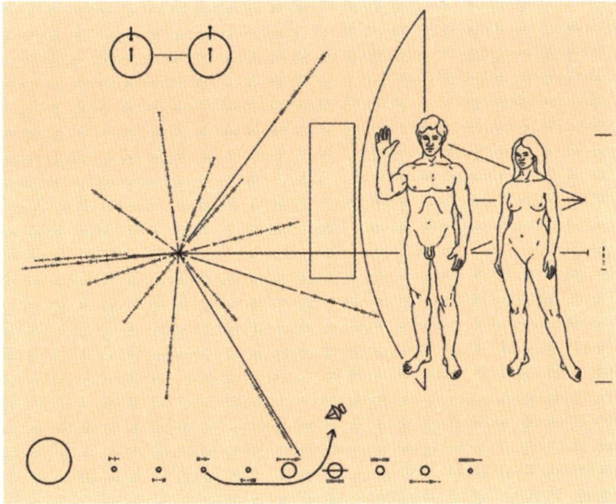

links: Die an Bord von Voyager 2 befindliche goldene Schallplatte.
rechts: Die an Bord von Pioneer befindliche Plakette, ein Gruß der Menschheit an Außerirdische.

3. März 1972 gestartet und erreichte am 3. Dezember 1973 Jupiter. Der letzte Kontakt mit der Sonde war im Januar 2003. Einerseits wollte man damit Jupiter erkunden, andererseits auch dessen gewaltige Schwerkraft ausnutzen, um genügend Schwung zu holen. Sie wird in etwa 5 Millionen Jahren in 4,2 Lichtjahren Entfernung beim Stern Aldebaran vorbeifliegen. Aldebaran ist der hellste, leicht rötlich leuchtende Stern im Sternbild Stier (Taurus, manchmal als Auge des Stiers bezeichnet). Pioneer 11 wurde am 6. April 1973 gestartet. Nach dem Vorbeiflug im Jahre 1975 erreichte sie 1979 auch den Saturn und funkte Bilder zur Erde. Am 30. September 1995 wurde der Funkkontakt eingestellt. Die Plakette enthält zunächst eine Skizze des Wasserstoffatoms, dieses besteht aus einem Proton und einem Elektron und ist das häufigste Atom des Universums. Sowohl das Elektron als auch das Proton rotieren, und es gibt zwei Zustände: Der Rotationssinn zwischen Elektron und Proton ist derselbe oder er ist verkehrt, das Elektron rotiert anders herum als das Proton. In der Physik spricht man vom *Spin*. Es macht einen kleinen Energieunterschied aus zwischen den beiden Zuständen gleicher Spin zwischen Elektron und Proton oder entgegengesetzter Spin. Beim Übergang zwischen diesen beiden Zuständen wird die berühmte 21-Zentimeter-Strahlung abgegeben (entspricht 1440 Hz). Diese Strahlung sollte allen Zivilisationen bekannt sein. Weiters sind ein Mann und eine Frau dargestellt, im Hintergrund ist die Sonde abgebildet. In binärer Schreibweise ist die Zahl 8 dargestellt, 1 000 ($1 \times 2^3 + 0 \times 2^2 + 0 \times 2^1 + 0 \times 2^0$). Damit errechnet sich die Größe der Frau: 8 x 21 cm= 1,68 Meter. Man findet unten eine Darstellung des Sonnensystems sowie dessen Lage in Bezug auf die Milchstraße, anhand der 14 Pulsare. Die Länge der Striche zu den Pulsaren deutet übrigens deren Pulsationsdauer an. Allerdings ist dies ziemlich sinnlos, denn falls die Sonde überhaupt in sagen wir einigen Millionen Jahren gefunden wird, kann es diese Pulse nicht mehr geben oder sie haben sich stark verändert.

WAS KÖNNEN WIR AM HIMMEL SEHEN?

In diesem Kapitel erhalten Sie Tipps, was Sie selbst alles am Himmel beobachten können. Erstaunlicherweise lassen sich bereits mit bloßem Auge spannende Dinge finden und großartige Theorien begründen. Gleich zu Beginn eine trivial klingende Frage.

✶ WARUM IST ES NACHTS DUNKEL?

Diese Frage scheint relativ einfach zu beantworten zu sein: Es ist nachts dunkel, weil die Sonne sich unterhalb des Horizonts befindet, das heißt, durch die Rotation der Erde ist die Sonne „untergegangen". Fliegen wir nach Westen, dann fliegen wir praktisch der Rotation der Erde entgegen und gewinnen scheinbar an Zeit. Fliegen wir nach Osten, ist es genau umgekehrt.
Doch eigentlich sollte es trotzdem in der Nacht nicht dunkel sein, wie folgende Überlegung zeigt: Nehmen wir an, es gäbe unendlich viele Sterne. Alle Sterne leuchten. Die Strahlung breitet sich mit Lichtgeschwindigkeit aus. Je nach Entfernung des betreffenden Sternes erreicht uns seine Strahlung etwas früher oder später. Wenn aber das Universum unendlich alt ist, dann muss uns logischerweise auch die Strahlung des fernsten Sternes erreicht haben. Die Tatsache, dass es nachts dunkel ist, zeigt uns daher:

- Das Universum enthält nicht unendlich viele Sterne.
- Das Universum ist nicht unendlich alt.

Man könnte hier einwenden, dass es auch Staub im Universum gibt, der das Licht dahinter gelegener Sterne absorbiert. Aber dieser Staub müsste sich durch die Strahlung unendlich vieler Sterne aufheizen und selbst leuchten. Die Tatsache, dass es nachts dunkel ist, zeigt also die Nicht-Unendlichkeit des Universums. Es muss einen Anfang haben und somit ist es nicht unendlich, denn wenn sich etwas aus einem Anfangspunkt heraus entwickelt, der nicht unendlich ist, dann kann die Entwicklung nicht plötzlich ins Unendliche gehen. Also lässt die bloße Betrachtung des dunklen Nachthimmels die Endlichkeit des Universums, also die Endlichkeit der Raumzeit erahnen.

✶ WAS IST LICHTVERSCHMUTZUNG?

Wir alle kennen die Umweltverschmutzung, die verschiedenste Bereiche umfasst: Das beginnt mit der beinahe unendlichen Menge an Müll und Abfällen, die wir täglich produzieren, geht weiter zur Verschmutzung unserer Atmosphäre (Treibhauseffekt durch Kohlendioxidgase), dem Zubetonieren beziehungsweise

Zuasphaltieren unseres Lebensraums, um nur einige Beispiele zu nennen. Doch es gibt darüber hinaus auch die Lichtverschmutzung. Denken wir an die viele zum Teil unsinnige und unnötige Beleuchtung, die in den letzten Jahren durch LED-Technik noch extrem zugenommen hat. LEDs (Licht emittierende Diode, *light emitting diode*) benötigen im Gegensatz zur herkömmlichen Glühbirne sehr wenig Strom und sind zudem billig in der Produktion. Auch in Mode gekommen sind die vielen kleinen mit Sonnenstrom betriebenen Lämpchen, die viele Garteneinfassungen, Wegränder und dergleichen „zieren". Früher waren es die Neonröhren. All diese Beleuchtung bewirkt, dass unser Nachthimmel immer heller wird. Von den Städten aus lassen sich kaum noch Sterne erkennen. Viele Großstadtbewohner*innen sind ganz erstaunt, was man auf dem Land bei ausreichender Dunkelheit alles am Himmel sieht.

Die Lichtverschmutzung hat naturgemäß sehr negative Auswirkungen für die Beobachtung des Sternenhimmels. Das Mount Wilson Observatorium, wo E.P. Hubble die Expansion des Universums entdeckte und zum ersten Mal die Entfernung der Andromedagalaxie bestimmte (um 1925), dient heute nur mehr als öffentliche Volkssternwarte, da sich der Sternenhimmel durch die sich enorm ausbreitende Stadt Los Angeles so erhellt hat, dass derartige Entdeckungen wie damals heute gar nicht mehr möglich wären. Schwere Zeiten also für die Astronomie.

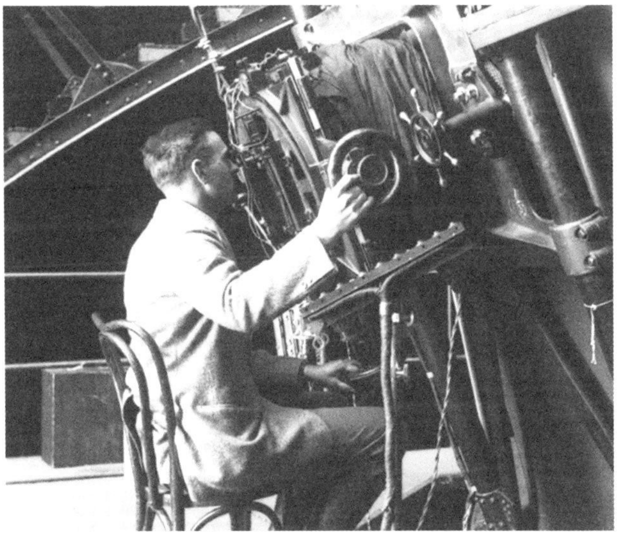

Ein Foto, das E.P. Hubble zeigt, aus dem Jahr 1924, wo er die Entfernung zur Andromeda-Galaxie ermittelte.

✶ DAS STERBEN DER INSEKTEN

Aber die Lichtverschmutzung hat auch negative Auswirkungen auf die Tierwelt und uns Menschen. Denken Sie, liebe Leserin, lieber Leser, bitte an die unzähligen Insekten, die pro Nacht an einer eingeschalteten Lampe verenden. Sie fliegen ziellos um eine Lichtquelle, bis sie vor Erschöpfung sterben. Ein großer Teil des Insektensterbens geht auf völlig unsinnige Nachtbeleuchtung zurück. Sterben die Insekten aus, dann sterben auch die Tiere, die sich von den Insekten ernähren und letztlich auch wir Menschen.

✶ BEI VOLLMOND SCHLECHT SCHLAFEN?

Es ist aus der Medizin bekannt, dass man bei völliger Dunkelheit wesentlich besser schläft, als wenn es draußen hell ist. Viele Menschen behaupten, dass ihr Schlaf von den Mondphasen abhängig ist. Bei Vollmond meinen viele, besonders schlecht zu schlafen; wahrscheinlich hat der helle Mondschein hier einen Einfluss. Allerdings ist es in einer Großstadt kaum noch relevant, ob der Himmel vom Mond aufgehellt wird oder nicht. [✶ Die Kraft des Mondes S. 37]

Die Statistik zeigt auch keinen wirklichen Zusammenhang zwischen Mondphasen, Geburten oder Verkehrsunfällen. Auch polizeiliche Anzeigen zeigen keinen Zusammenhang zu irgendwelchen Mondphasen. Eine Forschergruppe hat dies mit folgender Aussage plakativ dargestellt: „Der Mond war voll und nichts passierte“: Wahrscheinlich hängt der Mondglaube damit zusammen, dass wir Dinge subjektiv und selektiv wahrnehmen.

Schläft man bei Vollmond tatsächlich schlechter? Werden mehr Babys geboren?

WIE WEIT WIRKT DIE LICHTVERSCHMUTZUNG VON STÄDTEN? ✶

Die Lichtverschmutzung wird noch verstärkt dadurch, dass sich das künstliche Licht an den kleinen Teilchen der Atmosphäre streut; diese Teilchen können feinste Nebeltröpfchen sein, Staub und andere Aerosole. So ergeben sich dann die als Lichtglocken bezeichneten Erhellungen über den Städten. Eine Stadt mit etwa 30 000 Einwohnern hellt den Himmel in einem Umkreis von 25 Kilometern auf. Skigebiete beispielsweise, wo man Pisten beleuchtet, damit die Menschen bei Nacht Skifahren können, erzeugen eine bis zu 50 Kilometer weit wirkende Lichtglocke.

GIBT ES ABHILFE GEGEN LICHTVERSCHMUTZUNG? ✶

Was kann man dagegen unternehmen, dass die Lichtverschmutzung noch weiter zunimmt? Natürlich soll man die Städte nicht absolut verfinstern, indem alle Straßenbeleuchtung abgeschaltet wird. Aber man könnte zum Beispiel bei der Beleuchtung darauf achten, dass das Licht dorthin leuchtet, wo es benötigt wird. Alte Straßenbeleuchtungsanlagen sind so konzipiert, dass das Licht nach allen Seiten abgestrahlt wird, also auch nach oben. Mit einfachen Vorrichtungen (Reflektor) kann man das Licht dorthin lenken, wo es benötigt wird, auf die Straße und die Gehwege. Die einige Zeit lang beliebten Projektionsscheinwerfer – meist von Diskotheken betrieben – sind zum Glück wieder aus der Mode gekommen, nachdem es gegen einige Betreiber rechtliche Verfahren gab.

LICHT UND SICHERHEIT? ✶

Das Licht ist für die Sicherheit in der Nacht unbestritten. Statistisch gesehen passieren in der Nacht mehr Unfälle als am Tag, da man eben die Verkehrsverhältnisse nicht so gut erkennen und überblicken kann. Bei Beleuchtung lassen sich andere Verkehrsteilnehmer (PKW, Radfahrer, Fußgänger) besser erkennen, und man kann als Autofahrer früher reagieren. Wir alle kennen die Situation: Man fährt bei Tageslicht in einen dunklen Tunnel und sieht trotz eingeschalteter Beleuchtung des Fahrzeuges kaum etwas. Unsere Augen benötigen eine gewisse Zeit, sich an die Dunkelheit zu gewöhnen. Dies bezeichnet man als Adaption des Auges. Diese Art von Beleuchtung ist also für die Sicherheit relevant und steht natürlich außer Diskussion. Eine zielgerichtete Beleuchtung erspart zudem Energie und damit auch Stromkosten, die trotz LED-Technik relevant sind.

Häufig wird vor allem von Hausbesitzern behauptet, dass eine Beleuchtung vor Einbrüchen schütze. Dagegen ist zu sagen, dass dies von den Statistiken nicht belegt wird. Es wird genauso häufig in unbeleuchtete wie in beleuchtete Häuser eingebrochen. Außerdem passieren die meisten Einbrüche ohnehin nicht während der Nacht, sondern tagsüber.

✶ LICHT ZUM HINSEHEN

Eine andere Art der Beleuchtung ist Licht zum Hinsehen. Man beleuchtet schöne Objekte wie Kirchen und andere interessante Gebäude. Aber bei genauerem Hinsehen wird oft deutlich, dass in vielen Fällen die Objekte nicht gezielt angestrahlt werden und oftmals ein Großteil der Strahlung nach oben geht und den Himmel unnötig aufhellt. Mit anderen Worten, ein Großteil der für die Beleuchtung aufgewendeten Energie wird verschwendet und kostet die Betreiber unnötig viel Geld. Man wird nicht sofort alle bestehenden Anlagen austauschen können, aber bei Erneuerungen sollte sehr darauf geachtet werden. Außerdem stellt sich die Frage, ob es zweckmäßig ist, gewisse Gebäude die gesamte Nacht hindurch zu beleuchten.
Papst Benedikt XVI sagte in einer Predigt im Jahr 2012: Dass die Menschen „heute unsere Städte so grell erleuchten [können], dass die Sterne des Himmels nicht mehr sichtbar sind“, sei eine Fehlinterpretation des göttlichen Gebotes: „Es werde Licht!“

Insgesamt sind etwa 80 Prozent der Weltbevölkerung von der Lichtverschmutzung betroffen. Umfragen zeigen, dass ein Großteil der städtischen Bevölkerung noch nie die Milchstraße gesehen hat. Zwischen 2012 und 2016 hat die beleuchtete Fläche unseres Planeten um neun Prozent zugenommen und auch die beleuchteten Flächen haben um zwei Prozent an Helligkeit zugelegt. In den letzten 150 Jahren ist in Berlin die Helligkeit klarer Nächte um das Zehnfache, die von wolkigen Nächten um bis zum Tausendfachen gestiegen.

✶ WAS IST SCOTOBIOLOGIE?

Die Scotobiologie (Dunkelheitsbiologie) beschäftig sich mit den Auswirkungen der Lichtverschmutzung. Durch die künstliche Erhellung ändert sich das Wachstum von Pflanzen. Laubbäume in der Nähe von Straßenlampen verlieren verspätet ihr Laub und sind damit viel anfälliger gegenüber Frostschäden. Viele Lichtquellen (vor allem LEDs) haben einen hohen Blauanteil. Dieser Blauanteil führt zu einer Desorientierung von Insekten und Zugvögeln. Pro Straßenlampe verenden jede Sommernacht etwa 150 Insekten. Multipliziert man diese Zahl mit der Anzahl der Straßenlampen in Deutschland (etwa 6,8 Millionen), dann sind das jede Nacht eine Milliarde Insekten, die alleine wegen der Straßenbeleuchtung ums Leben kommen.

Je größer die Wellenlänge des Lichtes, desto geringer ist die Lockwirkung auf die Insekten. Bei Vögeln kennt man das sogenannte *Towerkill*-Phänomen: Vögel fliegen in hell erleuchtete Gebäude, verletzen sich dabei und sterben. Bei Meeresschildkröten wurde beobachtet, dass die geschlüpften Jungtiere an hell erleuchteten Stränden den direkten Weg zum Wasser nicht finden, herumirren, und so zur leichten Beute werden. Bei den Menschen kommt es zu einer Zunahme an Schlafstörungen, Störungen des Hormonhaushaltes, es wurden sogar diskutiert, dass zu starkes Kunstlicht zu einem erhöhten Risiko einer Brustkrebserkrankung führen kann.
Melatonin ist ein Hormon und wird im Zuge unseres Tag-Nacht-Zyklus, also unserer biologischen Uhr, produziert (Zikardischer Rhythmus). Melatonin stärkt das Immunsystem, hat antoxidantische Funktion, vermindert Cholesterin, unterstützt die Bauchspeicheldrüse und andere Organe und fördert den Schlaf. Dieser Tag-Nacht-Rhythmus wird durch künstliche Beleuchtung gestört.

KOSTEN SPAREN DURCH WENIGER BELEUCHTUNG?

Es ist schwierig abzuschätzen, was unnötige Beleuchtung kostet, aber es sind sicher viele Milliarden Euro, die anderswo sinnvoller ausgegeben werden könnten.
Zum Glück gibt es auch positive Ansätze. Moderne Straßenbeleuchtungsanlagen arbeiten mit zielgerichteten Lampen und sind dadurch billiger im Betrieb, was den Städten und Gemeinden Kosten spart. Die UNESCO (United Nations Educational, Scientific and Cultural Organization), die internationale Astronomische Union (IAU) sowie die internationale Beleuchtungskommission (CIE) haben folgende Maßnahmen gefordert, um eine intelligente Beleuchtung zu forcieren:

- begrenzte und angepasste Beleuchtungszeiten der Außenbeleuchtungen, wie auch der Werbung oder der Dekorationsbeleuchtung (*Starlight Saving Time*, zu Nachtzeiten nur während hohen bis mittleren Verkehrsaufkommens, also primär in den beginnenden Nachtstunden),
- Reduzierung unnötiger Beleuchtung (sowohl zu intensiver, wie auch zu wenig zielgerichteter)
- besser ausgerichtete Beleuchtung (von oben anstatt von unten oder gegen den Horizont),
- Abschirmung von Lichtquellen, um eine Abstrahlung nach oben und zu den Seiten zu verhindern,
- völliger Verzicht auf dezidiert nur nach oben strahlende Leuchtkörper (etwa Skybeamer, Laser-Flutlichteffekte, Bodenleuchten). In Bayern gilt seit August 2019 ein Verbot von Himmelsstrahlern.

Bei der Verwendung von Leuchtdioden (LED) ist darauf zu achten, dass diese (leider ist das bei den billigen der Fall) keinen hohen Blauanteil des Lichts enthalten, sondern einen hohen Rotanteil.
In den Innenstädten von Villingen und Schwenningen darf seit 2018 an lebenden Bäumen keine Weihnachtsbeleuchtung mehr angebracht werden, damit ohnehin gestressten Bäumen das Überleben erleichtert wird.
Im Juli 2020 wurde die Earth Night Aktion ins Leben gerufen, die jährlich durchgeführt wird und werden soll. Alle Menschen wurden aufgefordert, nach 22 Uhr die Beleuchtung entweder ganz auszuschalten oder wenigstens stark zu reduzieren. Mit dieser Aktion sollte auf das Problem der Lichtverschmutzung aufmerksam gemacht werden und es den Menschen auch von Städten aus ermöglichen, den Nachthimmel halbwegs dunkel zu sehen. In Österreich gibt es das von mehreren Stellen geförderte Projekt „Helle Not".

Im Februar 2001 veröffentlichte John E. Bortle folgende Skala zur Bestimmung des Grades der Lichtverschmutzung (nach Wikipedia):

Klasse 1: **extrem dunkel** (Wüste) – Grenzgröße 8,0 bis 7,6 mag

Zodiakallicht, Zodiakalband und Gegenschein auffällig. Airglow direkt sichtbar. Die Milchstraße in den Sternbildern Schütze/Skorpion wirft Schatten. Die Galaxie M33 ist mit bloßem Auge mit direktem Sehen auffälliges Objekt. Jupiter und Venus behindern die Dunkeladaptation. Instrumentarium und Menschen vor dunklem Hintergrund nicht zu erkennen.

Klasse 2: **sehr dunkel** (Gebirge) – Grenzgröße 7,5 bis 7,1 mag

Zodiakallicht hell und Farbe gelblich. Airglow in Horizontnähe schwach erkennbar. Sommermilchstraße stark strukturiert. M33 mit bloßen Augen und direktem Sehen leicht erkennbar. Wolken stehen am Nachthimmel nur indirekt als dunkle Löcher vor dem Sternhimmel. Teleskop nur schemenhaft erkennbar.

Klasse 3: **Land** – Grenzgröße 7,0 bis 6,6 mag

Zodiakallicht im Frühling und Herbst noch erkennbar. Milchstraße deutlich differenziert. M33 mit bloßen Augen und indirekt leicht erkennbar. Horizont bereits lichtverschmutzt. Beobachtungsinstrumentarium deutlich erkennbar.

Klasse 4: **Übergang Land/Vorstadt** – Grenzgröße 6,5 bis 6,1 mag

Zodiakallicht nur teilweise zu sehen. Milchstraße deutlich, aber teilweise bereits strukturlos. M33 auch indirekt kaum zu sehen. In Horizontnähe deutliche Lichtverschmutzung. Wolken über Siedlungen deutlich aufgehellt. Beobachtungsinstrumentarium sehr deutlich erkennbar.

Klasse 5: **Vorstadt** – Grenzgröße 6,0 bis 5,6 mag

Zodiakallicht nur in besten Nächten im Frühjahr oder Herbst erkennbar. Milchstraße in Horizontnähe kaum erkennbar, im Zenit strukturlos.

Lichtverschmutzung in allen Richtungen. Wolken auch über Beobachtungsort deutlich aufgehellt, teilweise heller als der Himmel. Beobachtungsinstrumentarium auch ohne Rotlicht bestens erkennbar.

Klasse 6: **helle Vorstadt** – Grenzgröße 5,5 bis 5,1 mag
Kein Zodiakallicht. Milchstraße nur im Zenit, M31 indirekt gerade noch zu sehen. Himmel bis 35 Grad Höhe grau/weiß. Wolken hell angeleuchtet.

Klasse 7: **Übergang Vorstadt/Stadt** – Grenzgröße 5,0 bis 4,6 mag
Gesamter Nachthimmel grau/weiß. Milchstraße unsichtbar. Selbst hohe Wolken hell angestrahlt.

Klasse 8: **Stadt** – Grenzgröße 4,5 bis 4,1 mag
Himmel weiß/orange. Sternbilder mit großen Lücken. Zeitungsschlagzeilen mühelos lesbar.

Klasse 9: **Innenstadt** – Grenzgröße 4,0 mag und heller
Gesamter Nachthimmel bis in den Zenit hell erleuchtet. Viele Sterne in den Sternbildern verschwunden. Himmelslücken gänzlich sternfrei. M45 (der Sternhaufen der Plejaden) das letzte erkennbare Messier-Objekt.

Die Klassen 1 und 2 treten in Mitteleuropa nicht mehr auf.

Ein weltweite Initiative ist die International Dark Sky Association, IDA. Dieser Organisation geht es um den Schutz und die Erhaltung eines Dunklen Nachthimmels für die Gegenwart und zukünftige Generationen.

Übrigens: Blaues Licht tritt nicht nur bei den Billig-LEDs auf, sondern auch bei Computer-, TV- und Handy-Bildschirmen. Es wird empfohlen, nur mehr Licht mit einer Farbtemperatur geringer als 3 000 K zu verwenden. Gute Brillengläser filtern den Blauanteil.

NACHTHIMMELSBEOBACHTUNGEN VON EINER STADT AUS?

Kann man trotz der Lichtverschmutzung auch von einer Stadt aus noch etwas am nächtlichen Sternenhimmel sehen? Die Antwort ist ja. Zur Beobachtung von einer stark lichtverschmutzten Großstadt aus eignen sich naturgemäß nur die hellen Objekte: der Mond sowie die hellen Planeten Venus, Mars, Jupiter und Saturn. Merkur ist zwar auch relativ hell, jedoch immer nur kurz vor Sonnenaufgang im Osten oder kurz nach Sonnenuntergang im Westen knapp über dem Horizont zu sehen und das auch nur bei sehr günstigen Bedingungen; deshalb ergibt es bei einem lichtverschmutzten Himmel keinen Sinn, nach Merkur zu suchen. Am auffälligsten sind Venus und Jupiter. Venus ist entweder als Abendstern im Westen sichtbar oder als Morgenstern im Osten. Sie ist nach dem Mond das zweithellste Objekt am Abendhimmel und besonders gut zu sehen um die Zeitpunkte ihrer Elongationen:

bei ihrer östlichen Elongation steht sie östlich der Sonne, ist also noch sichtbar, wenn die Sonne im Westen untergangen ist. Bei ihrer westlichen Elongation steht sie westlich der Sonne am Himmel, geht also vor der Sonne im Osten auf. In einem Teleskop erkennt man um die Zeitpunkte der Elongation herum eine fast zur Hälfte beleuchtete Venus. Einige Wochen vor oder nach ihrer unteren Konjunktion mit der Sonne, wo sie dann nahe der Sonne am Tageshimmel steht, sieht man sie als Sichel. Die Zeitpunkte ihrer größten westlichen und östlichen Elongation sind in der Tabelle angeben. [✶ Was ist der Morgenstern, was ist der Abendstern? S. 79]

Östliche Elongation (Abendstern)	Westliche Elongation (Morgenstern)
29.10.2021	20.3.2022
4.6.2023	24.10.2023
10.1.2025	1.6.2025
15.8.2026	3.1.2027
22.3.2028	10.8.2028
27.10.2029	18.3.2030

Jupiter ist nach Venus der zweithellste Planet am Himmel, nur sehr selten wird er von Mars an Helligkeit übertroffen. Der beste Zeitpunkt der Beobachtung ist ein bis zwei Monate vor und nach der Opposition, bei der der Planet die gesamte Nacht hindurch sichtbar ist. Er geht auf, wenn die Sonne untergeht und unter, wenn diese aufgeht.

Falls man ein Fernglas zur Hand hat, kann man vier kleine Sternchen um den hellen Jupiter herum erkennen; das sind die bereits von Galileo Galilei entdeckten vier größten Jupitermonde Io, Europa, Ganymede und Callisto. Sie umkreisen den Jupiter und es kann sein, dass alle vier auf einer Seite sind, dann wieder sieht man zwei links und zwei rechts von Jupiter, oder auch nur drei Monde, wenn sich einer hinter dem Jupiter oder genau davor befindet … [✶ Jupiter, ein Miniatursonnensystem S. 91]

Wir sehen also mit einem Fernglas eine Art Miniatur-Sonnensystem. Mit einem Teleskop lässt sich dann deutlich die Abplattung Jupiters erkennen. Er ist keine kreisrunde Scheibe, sondern wegen seiner schnellen Rotation elliptisch. Parallel zum Äquator sieht man dunkle Streifen, das sind Wolken in der Jupiteratmosphäre. Mit etwas größeren Teleskopen (ab 10 cm Durchmesser etwa) kann man manchmal auch ein schwarzes Pünktchen auf der Jupiterscheibe erkennen, das innerhalb weniger Stunden über die Scheibe wandert. Hier handelt es sich um den Schatten eines der Jupitermonde. Würde man sich genau im Schatten befinden, sähe man also von Jupiter aus eine totale Sonnenfinsternis.

Die Tabelle zeigt die nächsten Jupiteroppositionen.

Opposition	Jupiter steht im Sternbild …
20.8.2021	Wassermann
26.9.2022	Fische
3.11.2023	Widder
7.12.2024	Stier
10.1.2026	Zwillinge
11.2.2027	Krebs
12.3.2028	Löwe
12.4.2029	Jungfrau
13.5.2030	Waage

Mars ist schon schwieriger zu beobachten, da er seine Helligkeit stark ändert. Auch zur Zeit seiner Opposition ist er wegen seiner stark elliptischen Bahn in günstigen Fällen weniger als 60 Millionen Kilometer, in ungünstigen Fällen sogar mehr als 100 Millionen Kilometer von uns entfernt, was sich auf seine Helligkeit auswirkt. Bei erdnahen Oppositionen kann er sogar Jupiter an Helligkeit übertreffen und ist sehr auffällig, besonders wegen seiner deutlich rötlichen Färbung. Bei erdfernen Oppositionen wird er zwar so hell wie die hellsten Sterne, aber man muss sich schon gut auskennen, um ihn von anderen hellen Sternen zu unterscheiden. Je weiter das Datum von der Marsopposition abweicht, desto schwächer ist der Planet und dann von Laien nur mehr schwer von anderen Himmelskörpern zu unterscheiden.
Die Tabelle zeigt die nächsten Marsoppositionen sowie die Entfernungen an. In der Spalte Entfernung ist auch noch der Durchmesser des Planetenscheibchens in Bogensekunden angegeben.

Mars in Opposition	Entfernung	Sternbild
8.12.2022	81,6 Mio. km (17“)	Stier
16.1.2025	96,3 (14,5“)	Zwillinge
19.2.2027	101,5 (13,8“)	Löwe
25.3.2029	97,1 (14,4“)	Jungfrau

Saturn ist nicht mehr sehr auffällig am Himmel, er leuchtet so hell wie die hellsten Sterne. Seinen Ring kann man mit einem Teleskop ab etwa 40-facher Vergrößerung erkennen. Da die Bahnebenen der Erde und des Saturns gegeneinander geneigt

sind, sieht man mal von oben, mal von unten auf den Ring. Es gibt auch Zeiten, wo wir genau auf die dünne Ringkante blicken, dann sehen wir anstelle des Saturnringes nur einen dunklen Streifen.
Die Tabelle gibt die nächsten Oppositionen des Planeten an.

Saturn: Opposition	Saturn steht im Sternbild
14.8.2022	Steinbock
27.8.2023	Wassermann
8.9.2024	Wassermann
21.9.2025	Fische
4.10.2026	Fische
18.10.2027	Fische
30.10.2028	Widder
13.11.2029	Widder
27.11.2030	Stier

Die beiden äußersten Planeten des Sonnensystems, Uranus und Neptun, sind mit bloßem Auge nicht zu sehen; theoretisch kann man zumindest versuchen, Uranus mit einem Fernglas aufzustöbern, mit einem Teleskop sollte es klappen, aber man sieht nur ein leicht verwaschenes winziges Scheibchen.
Nicht zu vergessen sind Finsternisse. Sonnen- und Mondfinsternisse sind natürlich auch von einer Stadt aus zu beobachten.

✶ WAS IST DER GROSSE WAGEN?

Bei nicht extremer Lichtverschmutzung sollte man Sterne bis zur vierten Größe mit bloßem Auge sehen. Man kann davon ausgehen, dass man von einer Stadt aus an die 100 bis 300 Sterne sehen kann. Das erleichtert sogar das Auffinden heller Sterne beziehungsweise Sternbilder. Beginnen wir mit einem Sternbild, das sicher vielen bekannt sein dürfte, dem *Großen Wagen*. Dieses ist kein Sternbild im offiziellen Sinn, sondern Teil des Sternbildes *Ursa Major, Großer Bär*. Die bei uns als großer Wagen bekannte Sternengruppe heißt im Amerikanischen auch *Big Dipper* (Großer Schöpflöffel), im Französischen als *La Casserole* bekannt. Der Große Wagen ist das ganze Jahr von der Nordhalbkugel aus sichtbar und besteht aus vier Sternen für den Kasten sowie drei Sternen in der Deichsel. Der mittlere dieser drei Deichselsterne heißt *Mizar*. Mizar besitzt einen wesentlich schwächer leuchtenden Begleiter, *Alcor* genannt. Von einer lichtverschmutzten Großstadt aus wird es kaum möglich sein,

Alcor zu erkennen, ein Fernglas müsste jedoch genügen, um das Sternchen zu sehen. Im Mittelalter soll Mizar-Alcor tatsächlich als Sehtest gegolten haben. Sieht man in einer dunklen Nacht ohne Lichtverschmutzung das Sternchen, dann sind die Augen noch gut. Mizar ist ein Stern 2. Größenklasse und etwa 83 Lichtjahre von uns entfernt. In der Liste der hellsten Sterne nimmt Mizar den Platz Nummer 70 ein. Alcor hat die Größenklasse 4. Eine Reise zum Stern Mizar mit unserer jetzigen Technik würde mehrere Millionen Jahre dauern. In einem Teleskop bietet dieser Stern eine Überraschung, er ist doppelt. Mizar ist also ein echter Doppelstern, die beiden Sterne umkreisen einander. Es ist noch unklar, ob Alcor ebenfalls das Mizar-System umkreist oder zufällig in derselben Richtung liegt. Von uns aus gesehen beträgt die Distanz zwischen Mizar und Alcor etwa 3 Lichtjahre.
Als man die beiden Sterne Mizar A und Mizar B mit einem Spektroskop untersuchte, stellte man fest, dass sich deren Spektrallinien periodisch nach blau und nach rot verschieben. Blauverschiebung bedeutet, der Stern nähert sich uns, Rotverschiebung, er entfernt sich von uns. Dies kann man ganz einfach deuten: sowohl Mizar A als auch Mizar B besitzen einen Begleiter! Also ist Mizar ein Vierfachsystem. Man bezeichnet die Sterne dieses Systems dann mit Mizar Aa, Mizar Ab sowie mit Mizar Ba und Mizar Bb. Falls auch Alcor dem System angehört, hätte man sogar ein Fünffachsystem.

Mizar wird häufig als „Pferd“ und Alcor als „Reiterlein“ bezeichnet.
Das Mizar-System ist Teil eines Bewegungshaufens. Etwa 15 Sterne, darunter alle hellen des Ursa-Major-Sternbildes, bewegen sich gemeinsam durch den Raum. Die

links: Durch Verlängerung der hinteren beiden Sterne des Wagenkastens kommt man zum Polarstern.
unten: Der große Wagen ist Teil des Sternbildes großer Bär.

Geschwindigkeit dieses Bärenstroms beträgt 29 km/s. Dies deutet darauf hin, dass diese Sterne gemeinsam aus derselben Gaswolke entstanden sind. Wie sich gezeigt hat, entstehen Sterne immer durch den Kollaps einer Gaswolke, allerdings auch immer in Gruppen. Im Lauf von einigen Millionen Jahren lösen sich diese offenen Sternhaufen auf. Wir wissen daher nicht, welche Sterne vor 4,5 Milliarden Jahren gemeinsam mit unserer Sonne entstanden sind. Unser Sonnensystem dürfte jedoch zehnmal älter sein als die Sterne des Bärenstroms.

DEN POLARSTERN FINDEN …

Die beiden hinteren Sterne des Wagenkastens heißen *Dubhe* und *Merak*. Verlängert man deren Abstand etwa fünfmal, kommt man zu einem hellen Stern, das ist der Polarstern. Der Polarstern ist der hellste Stern des Sternbildes *Ursa Minor (Kleiner Bär)*, oft auch als *Kleiner Wagen* bezeichnet (der wiederum nur Teil des viel größeren Sternbildes Kleiner Bär ist). Der Polarstern ist in der sternarmen Gegend relativ auffällig. Zufällig zeigt momentan die Erdachse in diese Richtung, was sich aber im Lauf der Zeit infolge der Präzessionsbewegung ändert. Sie vollführt eine Kreisbewegung mit einer Periode von 26 000 Jahren. Zur Zeit der alten Griechen war der Himmelspol noch relativ weit vom Polarstern entfernt, gegenwärtig ist der Polarstern sehr nahe am Pol, aber das läuft wieder auseinander. In etwa 12 000 Jahren haben wir dann einen sehr hellen Polarstern, den Stern Wega, den hellsten Stern des nördlichen Sternenhimmels. Das hat auch zur Folge, dass sich die Lage des Frühlingspunktes am Himmel verschiebt. Der Frühlingspunkt ist der Punkt am Himmel, wo die Sonne zu Frühlingsbeginn steht. Gegenwärtig liegt dieser Punkt im Sternbild der Fische an der Grenze zum Wassermann. Zu Beginn unserer Zeitrechnung ist der Frühlingspunkt, nachdem er sich zuvor im Sternbild Widder befunden hatte, in das Sternbild der Fische gewandert. In der Astrologie wird dies alles nicht berücksichtigt und die astrologischen Tierkreiszeichen haben nichts mehr mit den Sternbildern zu tun.

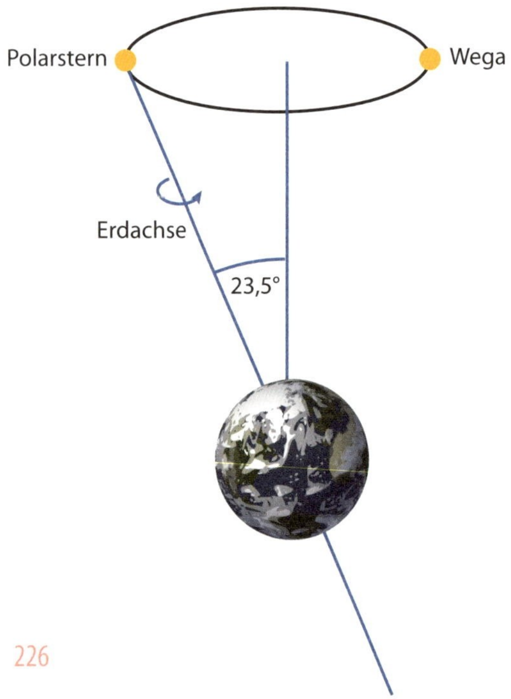

Momentan zeigt die Erdachse zum Polarstern, in 12 000 Jahren wird sie zum hellen Stern Wega zeigen.

Ein weiteres auffälliges aus hellen Sternen bestehendes Sternbild ist die *Cassiopeia*. Dieses Sternbild hat die Form eines *W* und wird daher auch als *Himmels-W* bezeichnet. Es ist in unseren Breiten zu jeder Jahreszeit sichtbar. Die Bezeichnung geht auf die griechische Mythologie zurück. Cassiopeia war die Gemahlin des äthiopischen Königs Kepheus, und Andromeda war ihre Tochter. Da Cassiopeia mit ihrer Schönheit prahlte und behauptete, sie sei schöner als die Nereiden, die Töchter des Meeresgottes Nereus, war dieser so erzürnt, dass er Überschwemmungen ins Land schickte. Die einzige Möglichkeit, das Land von dem Fluch und Zorn des Gottes zu erlösen, war, die Tochter Andromeda zu opfern. So wurde Andromeda an einen Felsen gekettet und wartete, bis das Meeresungeheuer Keto sie holen würde. Die Sache wäre tragisch ausgegangen, wenn nicht Perseus sie gerettet hätte. Cassiopeia, Andromeda und Perseus sind am Himmel als Sternbilder verewigt. Im Sternbild Perseus gibt es den Stern Algol. Dieser Stern ist ein sogenannter Bedeckungsveränderlicher Stern. Zwei Sterne umkreisen einander und es kommt von uns aus gesehen zu einer gegenseitigen Bedeckung. Das Sternsystem ist 90 Lichtjahre von uns entfernt und die Periode des Helligkeitswechsels beträgt 2 Tage, 20 Stunden, 49 Minuten. Dabei ändert sich die Helligkeit des als Einzelstern wahrgenommenen Algol von 1,2 Größenklassen auf 3,4 Größenklassen. Dies kann sehr gut mit bloßem Auge erkannt werden. Der Name Algol stammt aus dem Arabischen. *Al gul* bedeutet *Dämon*, Algol wurde als *Teufelsstern* bezeichnet – wohl wegen seines Lichtwechsels. Die Forschungen zeigten, dass es auch noch einen Dritten Stern in diesem System gibt, der jedoch viel schwächer ist und mit einer Periode von zwei Jahren die beiden anderen umkreist. Die beiden Hauptkomponenten sind nur 0,062 Astronomische Einheiten, das ist etwa die 30-fache Entfernung Erde–Mond voneinander entfernt.

Generell kann man die Lichtkurve eines bedeckungsveränderlichen Doppelsternes wie folgt erklären: Die beiden Primärkomponenten sind unterschiedlich hell. Wenn der schwächer leuchtende Stern von uns gesehen vor dem helleren Stern vorbeizieht, kommt es zu einer Helligkeitsminderung. Wenn der schwächere Stern hinter dem helleren verschwindet, sieht man ebenfalls eine Helligkeitsänderung, die aber deutlich geringer ist.

Cassiopeia

Doch zurück zum Algol-System: Die Daten für die beiden einander bedeckenden Komponenten lauten:

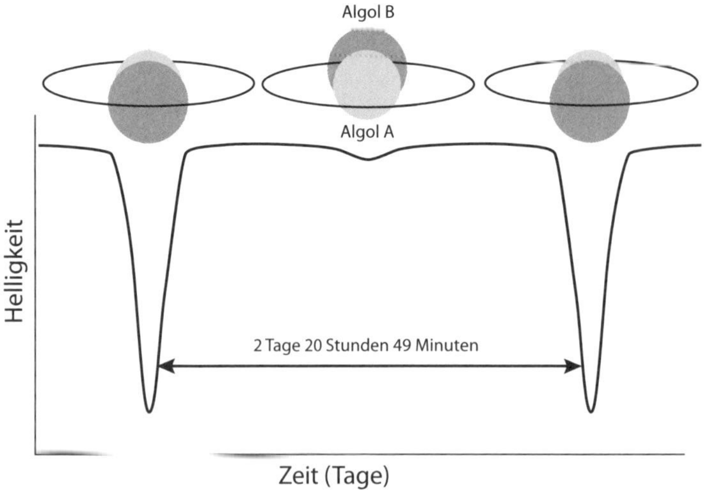

Der bedeckungsveränderliche Stern Algol. Wenn der kleinere heißere Stern hinter dem größeren kühleren verschwindet, nimmt die Helligkeit deutlich stärker ab, als wenn der kleinere heiße Stern den kühlen verdeckt.

Stern 1: 3,59 Sonnenmassen, Oberflächentemperatur etwa 12 000 K. Dieser Stern ist etwa zweimal so groß wie die Sonne, aber 100 mal heller als diese.
Stern 2: 0,79 Sonnenmassen, deutlich kühler, Oberflächentemperatur nur 4 500 K. Dieser Stern ist etwa dreimal so groß wie die Sonne und etwa dreimal so hell wie diese. Das Algol-System ist im Vergleich zum Sonnensystem sehr jung, nur etwa 300 Millionen Jahre alt.
Man kann durchaus auch von einer Stadt aus versuchen, Algol zu finden und durch wiederholte Beobachtungen mit bloßem Auge diesen Lichtwechsel zu beobachten. Zur Zeit des Algol-Minimums wird man Algol aber nur mehr schwer – je nach Lichtverhältnissen – auffinden.
Ein interessantes Detail soll noch erwähnt werden: Im alten Ägypten gab es den Kalender der glücklichen und unglücklichen Tage. Interessanterweise fällt dieser Kalender zusammen mit dem Lichtwechsel des Sternes Algol. Der griechischen Mythologie nach soll Perseus der Sohn des Zeus und der Danae gewesen sein. Er schlug der Gorgone Medusa das Haupt ab. Diese verwandelte jeden, der sie anblickte, zu Stein. Perseus näherte sich ihr durch eine List. Er beobachtete ihr Spiegelbild in seinem Schutzschild. Aus dem abgeschlagenen Haupt der Medusa entsprang das Himmelsross Pegasus. Der Stern Algol ist das Auge der Medusa.
Wir sehen also hier die ganze griechische Mythologie am Himmel verewigt. *Pegasus* ist ein Herbststernbild, es bildet ein großes Viereck, ist aber von einer Großstadt aus nur mehr schwer erkennbar.

Das Sternbild Pegasus.

SIRIUS, DER HELLSTE STERN AM HIMMEL ✶

Der Sternenhimmel im Winter ist besonders reich an sehr hellen Sternen. Tief im Süden erkennt man den hellsten Fixstern am Himmel, den leicht bläulich leuchtenden Sirius. Sirius ist etwa 8 Lichtjahre von uns entfernt. Vor mehr als 100 Jahren erkannten Astronomen, dass sich seine Position am Himmel periodisch ändert. Sirius ist fast doppelt so heiß und groß wie unsere Sonne. Die periodischen Bewegungen am Himmel erklärt man sich durch einen Begleiter des Sirius, der aber lange Zeit nicht gefunden wurde. [✶ Das Rätsel des Sirius S. 116]
Aufmerksame Leser*innen werden sich jetzt Folgendes fragen: Wenn man davon ausgeht – was vernünftig erscheint – dass Sirius A und Sirius B sich aus derselben Gaswolke entwickelt haben, und man das Alter des Sirius A mit etwa 200 Millionen Jahren annimmt, wie kann es sein, dass ein Stern wie Sirius B, der weniger als eine Sonnenmasse besitzt, sich zu einem weißen Zwerg entwickelt hat? Es wurde ja bei der Entwicklung der Sterne schon darauf eingegangen, dass die Lebensdauer eines Sternes von dessen Masse abhängt, je weniger Masse, desto länger leben die Sterne. Unsere Sonne hat eine Lebenserwartung von mehr als 9 Milliarden Jahren, ehe sie zu einem Roten Riesen und anschließend zu einem Weißen Zwerg wird. Sirius B mit weniger als einer Sonnenmasse, der etwa 200 Millionen Jahre alt ist, sollte sich hinsichtlich seiner Entwicklung noch im Jugendstadium befinden. Die Erklärung ist einfach. Sirius B hatte bei seiner Entstehung aus der Gaswolke wesentlich mehr Masse, wahrscheinlich die fünffache Masse der Sonne. Deshalb hat Sirius B seinen Wasserstoffvorrat schnell aufgebraucht und ist nach etwa 100 Millionen Jahren zu einem Roten Riesen geworden. Die äußere Hülle dehnte sich aus und durch starke Sternwinde verlor der Stern vier Fünftel seiner Masse. Übrig blieb ein Kern aus Kohlenstoff und Sauerstoff. Die Temperatur dieses Kernes reichte nicht aus, um noch schwerere Elemente als Kohlenstoff und Sauerstoff zu bilden. Der Kern schrumpfte bis auf etwa Erdgröße zusammen, es wird keine Energie mehr produziert, seit mehr als 100 Millionen Jahren kühlt Sirius B langsam aus, er leuchtet also immer schwächer. Trotzdem ist seine Oberfläche auch heute noch sehr heiß, etwa 25 000 K. Stellen wir uns vor, wir würden Sirius B mit einem Raumschiff erkunden. Wir landen auf seiner Oberfläche. Das würden wir nicht überleben, denn seine Dichte ist so groß, dass die Anziehung (Schwerebeschleunigung) an der Oberfläche das 400 000-Fache der Erde beträgt. Eine Person mit 70 Kilogramm würde also auf Sirius B 28 Millionen Kilogramm wiegen.

Zwischen 2010 und 2040 ist Sirius B auf seiner elliptischen Umlaufbahn relativ weit von Sirius A entfernt (etwa 10 Bogensekunden, dem entspricht etwa die Hälfte des Durchmessers der Saturnscheibe). Wie gesagt, das Problem ist die alles überstrahlende Helligkeit des Sirius. Die wahre Entfernung von Sirius B zu Sirius A

Am Wintersternenhimmel ist wegen seiner besonders hellen Sterne auch von einer Stadt aus viel zu sehen.

schwankt zwischen 8 und 31 Astronomischen Einheiten, das sind 1 200 Million beziehungsweise 4 600 Millionen Kilometer. Noch ein Detail: Wie gesagt bestehen die meisten Sterne hauptsächlich aus Wasserstoff und Helium; der helle Sirius enthält aber deutlich mehr Metalle als die anderen Sterne. Man nimmt an, dass, als sich Sirius B zu einem Roten Riesen entwickelte, Materie von Sirius B zu Sirius A strömte (wird als *Akkretion* bezeichnet). Infolge der fortgeschrittenen Kernreaktionen bei Sirius B gab es bei diesem Stern mehr Elemente, die schwerer als Wasserstoff sind. So wurde also der Stern Sirius A mit Metallen angereichert. In der Astrophysik bezeichnet man alle Elemente, die schwerer als Helium sind, als Metalle, also wären auch Kohlenstoff oder Sauerstoff Metalle.

✶ DER HIMMELSJÄGER ORION

Neben Sirius, der sich im Sternbild großer Hund (*Canis Major*) befindet, muss unbedingt noch der Himmelsjäger Orion erwähnt werden. Dieses markante Sternbild ist von Mitteleuropa aus von August (Morgenhimmel) bis April (Abendhimmel) zu sehen. Am besten im Winter während fast der gesamten Nacht. Es gibt in der griechischen Mythologie mehrere Versionen über dieses als Himmelsjäger bezeichnete Sternbild. Eine Version lautet, dass sich Orion damit brüstete, der beste aller Jäger zu sein. Die Ehefrau des Zeus, Hera, war darüber erzürnt und sandte den Skorpion zur Strafe, der Orion tödlich gestochen hat. Gott Zeus versetzte dann beide an den Himmel und Orion muss dem Skorpion weichen. Dies beobachten wir auch: Wenn Orion untergeht, geht der Skorpion auf, und umgekehrt. Die beiden Sternbilder stehen niemals zusammen am Himmel. Viele Sterne des Orion sind so hell, dass

sie auch von einer Großstadt aus gesehen werden können. Am hellsten sind die Sterne Rigel (rechts unten, leuchtet blauweiß) und Beteigeuze (links oben, leuchtet orange). Beide Sterne sind Riesensterne und etwa 700 Lichtjahre von uns entfernt. Rigel ist ein Blauer Riese mit 60-fachem Sonnendurchmesser (massereicher Stern mit sehr heißer Oberfläche im Stadium vor einer Supernova). Sein Name stammt aus dem Arabischen und bedeutet *rechter Fuß*. Beteigeuze besitzt einen 600-fachen Sonnendurchmesser, ist variabel und ein Kandidat für eine Supernova, die innerhalb der nächsten Jahrtausende explodieren könnte. Ihr Name stammt aus dem Arabischen, *yad al gauza*, *Hand der Riesin*. Sehr bekannt ist der Orionnebel, der sich in der Mitte des Schwertes des Orion befindet. Mit einem Fernglas sieht man auch von einer Großstadt aus ein leicht verwaschen erscheinendes Sternchen. Dieser Nebel ist ein Sternentstehungsgebiet, worüber schon im vorigen Kapitel berichtet wurde. Die Entfernung zu uns beträgt etwa 1300 Lichtjahre. Wir sehen also Licht, das aus einer Zeit stammt, bevor auf der Erde Karl der Große zum Kaiser gekrönt wurde (Weihnachten 800 Krönung durch Papst Leo III).
[✶ Wo entstehen Sterne? S. 109]

DAS WINTERSECHSECK ✶

Am Winterhimmel kann man auch von einer Großstadt aus das Wintersechseck suchen, dieses besteht aus lauter Sternen erster Größe oder noch heller. Die Sterne heißen:

Stern	Stern im Sternbild
Capella	Fuhrmann
Aldebaran	Stier
Rigel	Orion
Sirius	Großer Hund
Prokyon	Kleiner Hund
Pollux	Zwillinge

DAS SOMMERDREIECK ✶

Wenden wir uns noch kurz dem Sommerhimmel zu. Die Milchstraße ist von einer Großstadt aus natürlich nicht zu sehen. Man kann aber zur Orientierung nach dem Sommerdreieck suchen, das aus folgenden Sternen besteht:

Der Sternenhimmel im Sommer. Die Sterne Wega, Deneb und Atair bilden das Sommerdreieck.

Stern	Sternbild
Wega	Leier
Deneb	Schwan
Atair (auch Altair)	Adler

Der Stern Wega ist der hellste Stern des nördlichen Sternenhimmels und leicht zu finden. Gegen Ende des Sommers steht er hoch über dem Horizont, fast im Zenit. Wega ist der hellste Stern des Sternbildes Leier, das aber sonst nur aus schwach leuchtenden Sternen besteht, die man von einer Stadt aus kaum sehen kann. Ein Fernglas kann aber diese Sterne sicherlich zeigen. Tief im Süden sieht man den rötlich leuchtenden Antares, den hellsten Stern im Sternbild Skorpion. Dieses Sternbild ist von Mitteleuropa aus nur teilweise sichtbar, je weiter man in den Süden fährt, desto höher befindet es sich über dem Horizont und man erkennt, dass es aus vielen hellen Sternen besteht, die wegen ihrer Horizontnähe von Mitteleuropa aus kaum zur Geltung gelangen. Im Frühjahr sieht man den gelblich leuchtenden Stern Arcturus im Osten, der dann bis in den Herbst hinein am Abendhimmel bleibt.

✶ WAS SIEHT MAN BEI VOLLKOMMENER DUNKELHEIT?

Natürlich sind das alles Objekte, die man von einer lichtverschmutzten Stadt aus beobachten kann, also die Planeten, helle Sterne … Bei den Planeten macht es bei der Beobachtung mit einem Teleskop kaum etwas aus, ob man in einer lichtverschmutzten Gegend wohnt oder das Privileg hat, einen dunklen Nachthimmel zu genießen. Auch die Beobachtung des Mondes macht kaum einen Unterschied, ob von einer Stadt oder einer dunklen Gegend aus. Was in beiden Fällen wichtig ist: eine ruhige und stabile Atmosphäre. Falls sie ein Teleskop zur Verfügung haben und dieses von einem warmen Ort in das kühle Freie transportieren, lassen sie das Teleskop mindestens eine halbe Stunde lang abkühlen. Erst wenn die Optik und das gesamte Teleskop die Umgebungstemperatur angenommen haben, werden gute und sinnvolle Beobachtungen möglich. Bei einem Fernglas spielt dies keine Rolle, da man ja keine Details beobachten kann wegen der kleinen Optik und der geringen Vergrößerung.

WELCHES TELESKOP SOLLTE MAN KAUFEN? ✶

Häufig wird der Fehler begangen, beim Kauf eines Teleskops auf eine hohe Vergrößerung zu achten. Diese ist jedoch meist nicht besonders wichtig, da ohnehin nur die Luftunruhe vergrößert wird. Viel wesentlicher sind eine einwandfreie Optik sowie eine stabile Befestigung. Das Teleskop muss an jeden Punkt des Himmels zeigen, und eine wackelige Montierung auf einem schwachen Stativ wird kaum Freude bereiten. Man sollte sich also vor dem Kauf gut informieren. Preislich gibt es nach oben kaum Grenzen, aber unter 300 bis 500 Euro lässt sich kaum etwas Sinnvolles erwerben. Ich empfehle aber allen, die nur gelegentlich den Himmel beobachten, sich ein gutes Fernglas zuzulegen, das man auch für andere Naturbeobachtungen verwenden kann.

Man unterscheidet zwei Arten von Teleskopen: *Refraktor* und *Reflektor*. Bei einem Refraktor findet sich eine Linse, durch die das Sternenlicht geht und im Brennpunkt gesammelt wird; mit einem Okular wird das Objekt dann vergrößert beobachtet. Die Vergrößerung errechnet sich einfach aus dem Verhältnis der Brennweiten des Objekts und des Okulars. Hat man beispielsweise ein Teleskop mit einer Brennweite von 1 Meter und beobachtet mit einem Okular mit einer Brennweite von 1 Zentimeter, dann hat man 1/0.01 = 100-fache Vergrößerung. In vielen Fällen machen Vergrößerungen über das 100-fache hinaus keinen Sinn, weil die Luft meist zu unruhig ist. Der andere, meist billigere Typ von Teleskopen ist der Reflektor. Hier wird das Sternenlicht von einem Spiegel, der sich am Ende des Fernrohres befindet, gesammelt. Dieses Licht wird dann mit einem weiteren Spiegel entweder seitlich ausgeworfen – das ist ein Spiegelteleskop nach Newton – oder es wird zu einem in der Mitte der Fernrohröffnung angebrachten Hilfsspiegel reflektiert und von diesem dann durch eine Bohrung des Hauptspiegels zurückreflektiert. Das Okular wird dann hinter dem Teleskop, genau wie beim Refraktor

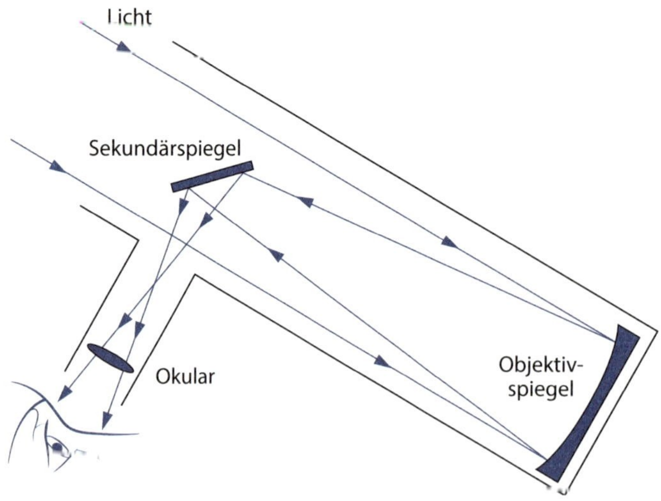

Ein Spiegelteleskop vom Typ Newton. Das Licht wird mit einem Spiegel eingefangen und durch einen Sekundärspiegel seitlich ausgeworfen.

(Linsenteleskop) angebracht, wo die Beobachtung erfolgt. Dieser Typ wird auch als *Cassegrain-Teleskop* bezeichnet. Auch hier errechnet sich die Vergrößerung wieder aus der Division der Brennweite des Hauptspiegels durch die Brennweite des Okulars. Reflektoren besitzen mehrere Vorteile gegenüber Refraktoren. Erstens ist es billiger, einen optisch einwandfreien Spiegel herzustellen, als eine hochwertige Linse. Zweitens geht der Lichtstrahl ja meist zu einem zweiten Spiegel hin und her. Das verlängert die Brennweite. Man kann also Spiegelteleskope mit hoher Brennweite trotzdem sehr kompakt bauen. Ein Teleskop mit einer Brennweite von vier Metern müsste als Linsenteleskop etwa vier Meter lang sein, als Spiegelteleskop geht das mit etwa 70 Zentimetern.

✶ WAS SIEHT MAN MIT EINEM TELESKOP AM HIMMEL?

Eines gleich vorweg. Man ist die wunderschönen Bilder aus dem Internet gewohnt, die mit enormem technischem Aufwand aufgenommen wurden. Blickt man jedoch beispielsweise durch ein typisches Kleinteleskop auf den Orionnebel, dann sieht man ein verwaschenes weißlich leuchtendes Wölkchen, keine Farben also. Dies hängt mit unseren Augen zusammen, die schwach leuchtende Objekte nur schwarz/weiß erkennen können. Und bei fernen Galaxien wird es noch enttäuschender. Falls man sie überhaupt sieht, dann nur als schwach erkennbare Nebelfleckchen. Um etwa die Spiralstruktur der Whirlpoolgalaxie zu erahnen, braucht man schon ein Teleskop mit etwa 30 Zentimetern Öffnung und mehr, was natürlich teuer ist. Sternhaufen beobachtet man am besten mit möglichst geringer Vergrößerung. Von den Planeten sind vor allem Venus (Phasen), Jupiter (Monde, Wolkenstreifen) und Saturn (Ringe, in größeren Teleskopen auch Monde) lohnend. Und natürlich das Paradeobjekt: unser Mond.

Generell gilt: Das Beobachten mit einem Teleskop erfordert viel Geduld und auch Übung. Auf die Schnelle wird man bei schwächeren Objekten nichts erkennen. Falls Sie Bekannte zum Sterneschauen einladen, zeigen Sie am besten den Mond und die hellen Planeten. Auch einige Doppelsterne sind sehr interessant.

WELCHE NEBEL SIEHT MAN GUT? ✶

Der Orionnebel wurde schon besprochen. Er darf in keiner dunklen Beobachtungsnacht im Winter fehlen. Man kann die vier Sterne des Trapezes im Zentrum dieses Nebels erkennen.

In einer dunklen, mondlosen Nacht ist es auch möglich, die Andromedagalaxie mit bloßem Auge als kleines Nebelfleckchen zu sehen. Mit einem Fernglas wird sie deutlich heller. Mit einem Teleskop ist der Anblick meist enttäuschend. Durch das kleine Gesichtsfeld, welches ein Teleskop in der Regel durch seine relativ lange Brennweite bietet, sieht man nur einen kleinen Teil der Galaxie, und diesen unspektakulär als weißlich leuchtenden Nebel. Geübte Beobachter*innen können sich auch an weitere Galaxien wagen: M33, M51 (Whirlpoolgalaxie) M81 sowie M82. Diese Objekte kann man mit einem guten Fernglas als schwach leuchtende Wölkchen erkennen. M33 ist der bekannte Dreiecksnebel, er befindet sich im Sternbild Dreieck, *Triangulum,* und gehört wie die Andromedagalaxie und unsere Milchstraße zur lokalen Gruppe. Seine Masse beträgt zwei Prozent der Masse der Milchstraße, etwa zwei Milliarden Sterne. Aber die Gesamtmasse einschließlich der Dunklen Materie dürfte bei 40 bis 50 Milliarden Sonnenmassen liegen. Seine Entfernung liegt bei 2,7 Millionen Lichtjahren. Diese Spiralgalaxie ist etwas kleiner als die Andromedagalaxie oder unsere Milchstraße, der Durchmesser beträgt nur 60 000 Lichtjahre. Auf langbelichteten Aufnahmen erkennt man zahlreiche rot leuchtende Nebel in dieser Galaxie, das sind Emissionsnebel, die im roten Licht

Der Orionnebel M42.

des Wasserstoffs leuchten, und ähnlich wie der Orionnebel Gebiete sind, wo gerade neue Sterne entstehen.
Die Galaxie M81 wird auch als *Bodes Nebel* bezeichnet. Sie wurde im Jahr 1731 von Johann Elert Bode entdeckt. Ihre Fläche am Himmel ist etwas kleiner als die des Vollmondes. Mit bloßem Auge ist sie nicht zu sehen. Diese Galaxie gehört nicht zur lokalen Gruppe und ist etwa 12 Millionen Lichtjahre von uns entfernt. Mit größeren Teleskopen erkennt man eine schöne Spirale. Sie besitzt einen Durchmesser von 80 000 Lichtjahren und enthält 200 Milliarden Sterne. Im Zentrum befindet sich ein sehr massives Schwarzes Loch, dessen Masse 70 Millionen Sonnenmassen beträgt; das ist das 15-Fache der Masse des supermassiven Schwarzen Lochs im Zentrum unserer Milchstraße.
In der Nachbarschaft zu M81 findet man die Galaxie M82. In einem Fernglas kann man beide Galaxien als schwache Fleckchen gleichzeitig im Gesichtsfeld erkennen, in Teleskopen nur bei sehr geringer Vergrößerung. M81 wird auch als Zigarrengalaxie bezeichnet, weil wir auf sie von der Kante her blicken. Beide Galaxien sind durch die Schwerkraft aneinander gebunden. Durch die Nähe der Galaxie M81 wurde M82 stark verformt und ist keine Spiralgalaxie, sondern gehört zur Gruppe der irregulären Galaxien. Durch diese Wechselwirkung wurde nahe ihrem Zentrum die Rate der Sternentstehung stark erhöht, man spricht auch von einer *Starburst Galaxy*. Ihr Durchmesser beträgt nur 40 000 Lichtjahre und sie ist etwa 14 Millionen Lichtjahre von uns entfernt.

Im Sternbild Großer Bär, vor allem im Großen Wagen, gibt es zahlreiche weitere Galaxien. Sehr bekannt ist die Whirlpoolgalaxie M51, die zwar nahe der vorderen Deichsel des großen Wagens steht, aber schon zum Sternbild der Jagdhunde gehört. Auch dieses Objekt lässt sich mit einem guten Fernglas bei sehr guten Beobachtungsbedingungen finden.

Die Galaxie M82.

Die Whirlpoolgalaxie M51.

Teleskope mit einer Öffnung ab 20 Zentimetern lassen die Spiralstruktur erahnen, wir blicken von oben auf die Galaxie und deshalb erscheint sie uns als prächtige Spirale. Besonders eindrucksvoll ist sie auch deshalb, weil sie an einem der Spiralarme ein Anhängsel besitzt, eine weitere kleine Galaxie, die zu ihr gehört. M51 ist um die 30 Millionen Lichtjahre von uns entfernt und enthält rund 160 Milliarden Sterne.
Die Liste lässt sich beliebig fortsetzen. Versuchen Sie stets, diese Objekte zunächst mit geringer Vergrößerung aufzufinden. Das Gesichtsfeld ist größer und man findet sie so leichter.

Zum Schluss noch ein Blick in den Galaxienhaufen im Sternbild Jungfrau, *Virgo*. Unsere Milchstraße mit der gesamten Lokalen Gruppe ist Teil dieses aus mehr als 1 000 Galaxien bestehenden Haufens. Der Virgohaufen befindet sich östlich des Sterns Denebola genau in der Mitte auf der Verbindungslinie zum Stern ε Vir. Ein guter, lichtstarker Feldstecher zeigt in diesem Gebiet zahlreiche schwach leuchtende Nebelfleckchen, alles Galaxien dieses Haufens. Die größte Galaxie des Haufens ist M87. Bei dieser Galaxie konnte durch Aufnahmen mit Radioteleskopen erstmals das im Zentrum befindliche Schwarze Loch sichtbar gemacht werden. Die Galaxien des Virgohaufens sind etwa 60 Millionen Lichtjahre von uns entfernt.

PLANETARISCHE NEBEL

Besonders reizvoll ist auch die Beobachtung von planetarischen Nebeln. Diese entstehen, wie schon angesprochen, wenn ein alter Stern seine äußeren Hüllen abstößt, bevor er zum Weißen Zwerg wird. Relativ leicht mit geringer Vergrößerung am Sommer-/Herbsthimmel zu finden ist der Nebel M27, wegen seiner Form als *Hantelnebel* bezeichnet. Er befindet sich im kleinen Sternbild Füchschen, unweit des Sternbildes Adler mit dessen hellem Hauptstern Atair. Er ist 1 400 Lichtjahr von

Der Hantelnebel, M27.

uns entfernt und sein Zentralstern ist etwa 100 000 Grad heiß. Ein gutes Fernglas zeigt ein winziges, schwach leuchtendes Wölkchen.

Ein anderer bekannter planetarischer Nebel ist der Ringnebel M57 im Sternbild Leier. Man sieht ihn schon mit kleinen Teleskopen als kleines Scheibchen. Den Zentralstern sieht man jedoch erst mit Teleskopen mit mehr als 30 Zentimetern Öffnung. Er ist ungefähr 2 300 Lichtjahre von uns entfernt und besitzt einen Durchmesser von einem Lichtjahr. Da der Ringnebel relativ klein ist, kann er mit einem Fernglas nicht gefunden werden. Das Sternbild Leier kann von Frühling bis Spätherbst in Mitteleuropa gut gesehen werden.

✶ STERNHAUFEN AM HIMMEL

Man unterscheidet zwei Arten von Sternhaufen. *Offene Sternhaufen* und *Kugelsternhaufen*. Alle Mitglieder eines Haufens sind gemeinsam entstanden; die offenen Sternhaufen enthalten aber wenige Mitglieder (maximal einige 100), sind jung und lösen sich im Lauf der Zeit auf. Bei den Kugelhaufen sind die Sterne kugelförmig angeordnet; es handelt sich um sehr alte Sterne (Alter mehr als 10 Milliarden Jahre) und meist enthalten Kugelhaufen mehrere 100 000 Sterne.
Der Anblick von Kugelsternhaufen ist sehr schön. Viele lassen sich schon mit einem guten Fernglas finden. Der von Mitteleuropa sichtbare hellste Kugelhaufen ist M13 im Sternbild des Herkules. Ab 20 Zentimetern Öffnung sieht man Einzelsterne am Rand dieses Haufens, der mehrere Millionen Sterne enthält.
Dieser hellste Kugelsternhaufen des nördlichen Sternenhimmels ist von Mitteleuropa aus vom Frühjahr bis in den Herbst hinein zu sehen. Der Anblick mit einem Fernglas ist allerdings nicht so spektakulär, man hat eher den Eindruck, ein verwaschenes Sternchen zu erkennen. Mit bloßem Auge ist M13 nicht zu sehen, da er zu schwach leuchtet. Der Sternhaufen hat einen Durchmesser von etwa 140 Lichtjahren

Der Kugelhaufen M13.

und befindet sich in etwa 25 000 Lichtjahren Entfernung zu uns. Vor einigen Jahren hat man eine Art Morsezeichenbotschaft in Richtung dieses Sternhaufens gesendet. Die Idee war, dass es aufgrund der hohen Sterndichte wahrscheinlicher sei, dass es dort intelligente Zivilisationen auf Sterne umkreisenden Planeten geben könnte. Allerdings ist diese Hoffnung nicht ganz berechtigt. Die Mitglieder eines Kugelsternhaufens sind sehr alte Sterne; sie wurden also in der Frühzeit des Universums gebildet, als praktisch nur die Elemente Wasserstoff (H) und Helium (He) zur Verfügung standen. Es gab in der Frühzeit noch kaum Elemente schwerer als Helium und die Wahrscheinlichkeit, dort Gesteinsplaneten zu finden, ist äußerst gering. Andererseits soll auch auf die große Entfernung von M13 hingewiesen werden. Der vor einigen Jahrzehnten ausgesendete Funkspruch wird noch etwa 25 000 Jahre benötigen, um dort einzutreffen. Falls jemand sofort antwortet (was wie gesagt sehr unwahrscheinlich ist), dann dauert es nochmals 25 000 Jahre, bis der dort ausgesandte Funkspruch bei uns eintrifft. Insgesamt müssten wir daher 50 000 Jahre Geduld aufbringen, ehe eine Antwort zu erwarten wäre.

Bei den offenen Sternhaufen ist zu beachten, dass die Sterne relativ weit auseinanderliegen und daher nur mit sehr geringer Vergrößerung eines Teleskops ein solcher Haufen einen schönen Anblick bietet. Bekannt ist der offene Sternhaufen der Plejaden im Sternbild Stier. Dieses auch als *Siebengestirn* bezeichnete Juwel am Himmel ist bereits mit bloßem Auge erkennbar, mit einem Fernglas sieht man wesentlich mehr Sterne. Mit bloßem Auge erkennt man je nach Sichtbarkeitsbedingungen entweder sechs oder neun Sterne, trotzdem nennt man den Haufen Siebengestirn.
[✱ Was ist das Siebengestirn S. 110]
Mit einem Teleskop macht die Beobachtung nur mit sehr geringer Vergrößerung einen Sinn, da der Haufen relativ weit ausgedehnt ist. Bei stärkerer Vergrößerung sieht man nur mehr einen Teil des Haufens, allerdings zeigen sich die mit bloßem Auge sichtbaren Sterne bei der Beobachtung mit einem Teleskop als funkelnde Diamanten, ein sehr schöner Anblick. Die Plejaden sind 450 Lichtjahre von uns

Die Himmelsscheibe von Nebra.

entfernt. Die Sterne sind relativ jung, 125 Millionen Jahre. Im Messier-Katalog hat der Haufen die Bezeichnung M45. Die Ausdehnung des Haufens am Himmel beträgt einige Vollmonddurchmesser.
Dieser Sternhaufen spielte in verschiedenen Kulturen eine Rolle. Die etwa 4 000 Jahre alte Himmelsscheibe von Nebra enthält eine Darstellung dieser Sternengruppe, die sich nahe der Ekliptik befindet.
Die Sterne werden manchmal vom Mond bedeckt. Die nächsten Bedeckungen der Plejadensterne durch den Mond erfolgen ab 2024. Dies hängt mit den sich ändernden Schnittpunkten der Mondbahn mit der Ekliptik zusammen. Der Haufen wurde bei den Summerern erwähnt (Siebengottheit) sowie in der Bibel („Knüpfst du die Bänder des Siebengestirns, oder löst du die Fesseln des Orion?"). Sie wurden auch als Tauben bezeichnet, die den nahen Frühling ankündigen. Allerdings stehen die Plejaden zu Frühlingsbeginn schon im Westen, während sie im Winter sehr hoch über dem Horizont zu finden und fast die ganze Nacht hindurch zu sehen sind. In Japan werden sie als *Subaru* bezeichnet, was auch die Bezeichnung einer japanischen Automarke ist. Laut jüdischer Vorstellung glaubte man: Die Welt kann wegen der Kälte der Plejaden nur bestehen, weil Sirius mit seiner Hitze für Ausgleich sorgt.
Für die indigenen Völker Nordamerikas war das Sichtbarwerden der Plejaden der Zeitpunkt des Beginns der Büffeljagd. Sind dann die Plejaden im Mai vom Himmel verschwunden, sind auch die Büffel verschwunden.
In pazifischen Kulturkreisen bestimmte der Aufgang der Plejaden den Zeitpunkt des Neujahrfestes.

Ein weiterer, aber nicht so spektakulär erscheinender Sternhaufen im Sternbild Stier sind die Hyaden. Mitten in diesem Sternhaufen liegt der hellste Stern dieses

Das Sternbild Stier mit den beiden Sternhaufen Plejaden (rechts oben im Sternbild) und Hyaden (rund um Aldebaran)

Sternbildes, der Aldebaran, der aber nicht Mitglied des Haufens ist. Die Hyaden enthalten etwa 300 Sterne und sind uns näher als die Plejaden, deshalb erscheinen sie am Himmel auch ausgedehnter, ihre Entfernung zur Erde beträgt 153 Lichtjahre und ihre Ausdehnung 15 Lichtjahre. Alle Hyadensterne bewegen sich auf einen Punkt zu, der östlich von Beteigeuze im Sternbild Orion liegt. Sie sind auch älter als die Plejaden, etwa 640 Millionen Jahre. Reizvoll ist hier nur der Anblick in einem Fernglas, da das Gesichtsfeld eines Teleskops zu eingeschränkt ist. Der Stern Aldebaran, das rötlich leuchtende Auge des Stiers, gehört nicht dazu, er ist nur 67 Lichtjahre von uns entfernt, steht also weit im Vordergrund.

Ein weiteres lohnenswertes Objekt für Beobachter*innen ist der offene Sternhaufen Praeseppe im unscheinbaren Sternbild Krebs, das sich zwischen den Sternbildern Zwillinge und Löwe befindet. Man kann ihn mit bloßem Auge als diffuses Wölkchen erkennen, ein Fernglas zeigt zahlreiche Einzelsterne. Der Sternhaufen trägt die Bezeichnung M44. Dieser Sternhaufen ist 577 Lichtjahre von uns entfernt und sein Durchmesser beträgt 23 Lichtjahre. Der Haufen enthält etwa 1 000 Sterne. Er liegt nahe der Ekliptik und manchmal ziehen Planeten oder der Mond vor dem Haufen vorbei. Die Winkelausdehnung beträgt etwa 1,5 Vollmonddurchmesser.
Ein weiterer schöner offener Sternhaufen befindet sich im Bereich der Sternbilder Cassiopeia und Perseus; es handelt sich um einen Doppelhaufen, die Bezeichnung ist etwas seltsam *h und Chi*. Mit bloßem Auge sieht man ein zartes Nebelfleckchen, ein Fernglas zeigt sehr schön den Doppelhaufen und ein kleines Teleskop die Einzelsterne des Haufens. Dieser Haufen ist bereits 8 000 Lichtjahre von uns entfernt. Wir sehen also hier mit bloßem Auge Licht, das aus einer Zeit stammt, lange bevor die ersten Pyramiden errichtet wurden.

ZUSAMMENFASSUNG: WAS SIEHT MAN AM ABENDHIMMEL ZU EINER BESTIMMTEN JAHRESZEIT

Frühjahr

Helle Sterne: Arcturus, Wintersternbilder im Westen
Sternhaufen: Praeseppe
Milchstraße: nicht sichtbar
Galaxien: M81, M82, M51, Virgohaufen

Sommer

Helle Sterne: Wega, Deneb, Atair, Arcturus im Westen
Sternhaufen: zahlreiche in der Milchstraße
Milchstraße: später am Abend zu sehen
Galaxien: M81, M82, M51

Herbst

Helle Sterne: Wega, Deneb, Atair
Sternhaufen: h und Chi, Plejaden gehen später am Abend im Osten auf
Galaxien: M31, M33
Milchstraße: noch zu sehen

Winter

Helle Sterne: Sirius, Rigel, Beteigeuze, Castor, Aldebaran, Capella …
Sternhaufen: h und Chi, zahlreiche offene Sternhaufen im Sternbild Fuhrmann
Galaxien: M31, M33
Milchstraße: nicht mehr spektakulär

DANK

Ich bedanke mich sehr herzlich bei meiner Lektorin Martina Schneider, bei Nadine Kaschnig-Löbel für die wunderbare Gestaltung des Buches und bei Verlagsleiter Gerald Klonner sowie beim gesamten Team des Verlags Anton Pustet. Des Weiteren bedanke ich mich bei meiner Lebensgefährtin Anita, bei Roland, Christina, Alina und Jacqueline sowie bei meinen Freunden für ihr Verständnis für meine Leidenschaft, Astrophysik einem breiten Publikum näherbringen zu wollen.

BILDNACHWEIS

S 12 NASA/ESA, Cassini (rechts); A. Hanslmeier (links); S 14 links: A History of Ancient Geography among the Greeks and Romans from the Earliest Ages till the Fall of the Roman Empire, S. 667. London: John Murray, 1883; rechts: Fizped; S 19 rechts: Nat Port. Gallery; S 20 rechts: NASA, Apollo; S 21 NASA Apollo 8; S 22 NASA Apollo 17; S 24 Goruma; S 25 nach H. Frank; S 28 Creative Commons Lic.; S 30 A. Hanslmeier; S 31 Siberian Art/ shutterstock.com, Tanja Kühnel; S 32 D. Heber; S 33 oben A. Hanslmeier; S 33 Siberian Art/shutterstock.com, Tanja Kühnel; S 35 A. Hanslmeier; S 36 A. Hanslmeier; S 40 Pavel Gabzdyl/shutterstock.com; S 41 künstlerische Darstellung aus Thge Earth-story.co; S 45 Porträt nach L. Fontana; S 50 Somchai Som/shutterstock.com; S 51 Creative commons; S 52 oben Creative commons; S 52 unten: NASA/JPL; S 53 Creative commons; S 54 NASA MDI und A. Hanslmeier (rechts); S 56 A. Hanslmeier (links), Wikipedia/creative commons (rechts); S 57 L. Neuman Gernsbach; S 58 Fotografie von F. Schmutzer, 1921; S 59 Kit Leong/shutterstock.com; S 62 DKIST Sonnenteleskop, Hawaii; S 63 A. Hanslmeier; S 64 Welt der Physik, Weltraum aktuell; S 66 Fotomontage NASA; S 67 Luc Viatour; S 68 NASA; S 70 Piotr Krzeslak/shutterstock.com; S 72 nach Carrington (oben); S 72 Sonne-sturm.info (unten); S 73 cc by sa 4.0 creative commons; S 78 creative commons, adaptiert v. A.H.; S 79 creative commons; S 80 creative common; S 81, 82 Fotomontage NASA; S 83 künstl. Darstellung, ESA, J. Whatmore; S 84 NASA Hubble Telescope; S 85 Schiaparelli; S 86 NASA; S 87 NASA/Curiosity; S 88–90 NASA; S 91 NASA/HST; S 92 NASA/Galileo; S 93 A. Hanslmeier, Privatsternwarte Pretal; S 94 NASA/Galileo; S 97 NASA; S 99 A. Hanslmeier, Privatsternwarte Pretal; S 104 aus N. C. Flammarion; S 105 Keck Observatory; S 107 Porträt v. E. Wolff (1834); S 108 Creative Commons; S 110 Zeichnung n. Ch. Messier (links), NASA/HAST (Mitte), NASA, ESA (rechts); S 111 NASA/ESA; S 112, 113 Wikipedia, creative commons; S 114 NASA/ESA N. Smith; S 115 NASA, Hubble Telescope, HST; S 116 NASA/ESA and Bacon (STScI); S 118 NASA, Zeichnung; S 119 NASA, Hubble Telescope, HST; S 122 NASA, Zeichnung; S 126 A. Hanslmeier; S 130 nach Sion Touhig/Getty Images; S 134 Picture Alliance, CP Media; S 135 Legende zum Bild: die Milchstraße. Zeichnung nach Herschel; S 136 creative commons (oben); ESA (unten); S 137 NASA/JPL Hurt; S 138 links: ESO MPE Schartmann; S 138 rechts: Keck telescopes; S 141 NASA, Zeichnung; S 143 A. Hanslmeier/ A. Kohl, Privatsternwarte Pretal; S 147 ESO; S 148 Aufnahme von J. Hagemeyer; S 149 Photo Andrew Dunn; S 150 A. Hanslmeier, Privatsternwarte Bairisch Kölldorf; S 151 links: ESO; S 151 rechts: Event Horizon Telescope, ESO; S 154 beide bilder: OGLE; S 155 links: Wikipedia, Rothwild; S 155 rechts: NASA/ESA S. Baum und C. O'Dea (RIT), R. Perley und W. Cotton (NRAO/AUI/INSF) and the Hubble Heritage Team /STScI/AURA); S 156 Fotomontage, creative commons; S 164 MarcelClemens/shutterstock.com; S 167 attaphong/shutterstock.com, Tanja Kühnel (oben), Bell Labs (unten); S 169 WMAP/NASA; S 171 Wikipedia, LSE Library; S 172 A. Hanslmeier; S 174 NASA; S 178 oben: DLR; S 178 F. W. Dyson, A. S. Eddington, Wikimedia (unten); Nach H. Frank (oben); S 179 NASA; S 180 DL; S 184 US-Bundesstaat Colorado, Nationalparks; S 187 NASA (rechts), Maphobbyist/Wikipedia (links); S 188 Christopher R. Scotese, 2018; S 189 Pyty/shutterstock.com, Tanja Kühnel; S 194 NASA/Swift/Mary Pat Hrybyk-Keith and John Jones; S 195 LIGO, Redesign D. Leitner; S 196 LIGO; S 197 künstlerische Darstellung MPIfR/Kramer; S 198 Merlin74/shutterstock.com; S 202 False Color Photo by JAXA /ISAAS/DARTS/DAMIA/BOUIC; S 203 NASA; S 204 SVStudio/shutterstock.com, Tanja Kühnel; S 206 Exoplanet observatory; S 211 NASA; S 215 Carnegie Observatories/Huntington Library; S 216 david jonathan abasto/shutterstock.com; S 225–227 Creative commons; S 228 angelinast/shutterstock.com; S 230–234 Creative commons; S 235–239 A. Hanslmeier/A. Kohl Priv. Sternwarte Pretal; S 240 Landesamt für Denkmalpflege und Archäologie, Sachsen-Anhalt; S 241 Creative Commons

VERLAG ANTON PUSTET
Arnold Hanslmeier
Unser Platz
im Kosmos

Clemens M. Hutter
Christian Doppler

Der Salzburger Christian Doppler (1803–1853) entdeckte 1842 einen „Effekt", der die Welt veränderte. Es handelt sich um die Stauchung oder Dehnung eines Signals bei der Veränderung des Abstands zwischen Sender und Empfänger während der Dauer des Signals. Ohne diese bahnbrechende Erkenntnis wären Radar, Ultraschall, GPS, Flugsicherung, Computertomographie, Monitoring von Operationen und Schwangerschaften oder Satellitennavigation unmöglich! Auch wir erleben den Doppler-Effekt, wenn sich zum Beispiel Feuerwehr, Krankenwagen oder Polizei mit Folgehorn Vorrang im Verkehr bahnen.
Wer aber war dieser geniale Physiker? Christian Doppler teilte das Schicksal vieler Größen: Erst kaum beachtet, dann missachtet, endlich – nach seinem Tod – hoch geachtet. Salzburg brauchte lange für die Würdigung seines großen Sohnes, während in Linz, Prag, Wien und Venedig längst Gedenktafeln Dopplers Wirkungs- und Wohnstätten bezeichneten. Seit 1970 trägt sogar ein Krater auf der Rückseite des Mondes seinen Namen.
Dieses Buch vereint Informationen zum Leben und Wirken Christian Dopplers mit leicht verständlichen Erklärungen und Anwendungsbeispielen des Doppler-Effektes.

176 Seiten, durchgehend farbig bebildert
11,5 x 18 cm, französische Broschur
ISBN 978-3-7025-0851-7, € 19,95
eBook: 978-3-7025-8037-7, € 13,99

Hans Egger
Lebensräume
Ausflüge in die Erdgeschichte von Salzburg und Oberbayern

Geologie ist nichts für schwache Nerven! Sie erzählt die lange Geschichte der Erde, zeigt uns, was auf unserem Planeten geschehen ist und was alles noch passieren kann. Die Gesteine sind das einzige Archiv, in dem diese Geschichte aufgezeichnet ist. Dieses Buch lädt ein zum Stöbern in den Gesteinsarchiven rund um Salzburg: 38 Exkursionen führen durch 260 Millionen Jahre Erdgeschichte von Salzburg und Oberbayern. Zahlreiche Farbfotos und topografische Karten helfen, die markantesten geologischen Zeugnisse in der Salzburger Umgebung mühelos zu finden. Auf öffentliche Verkehrsverbindungen wird besonders hingewiesen.

144 Seiten, durchgehend farbig bebildert
18,5 x 26 cm, Hardcover
ISBN 978-3-7025-0870-8, € 25,–
Englische Ausgabe:
Habitats. Excursions into the Earth History of Salzburg and Upper Bavaria
ISBN 978-3-7025-0881-4, EUR 25,–

Hans Egger
Bunte Steine
Ausflüge in die Erdgeschichte zwischen Ybbs- und Trauntal

Spannend wie ein Krimi! Seit mehr als 200 Jahren arbeiten Geolog*innen daran, die Geschichte dieser Gesteinsformationen in die richtige Reihenfolge zu bringen. Immer neue Beweise werden mit kriminalistischem Spürsinn gesammelt, um den Ablauf der Geschichte unserer Alpen noch genauer zu rekonstruieren. Die „Beweissicherung“ erfolgt in der freien Natur. Entdecken Sie geologische Raritäten aus den ober- und niederösterreichischen Alpen, zahlreiche Farbfotos, topografische Karten und mehr, die Start-/Zielpunkte sind durchwegs mit öffentlichen Verkehrsmitteln erreichbar.

156 Seiten, durchgehend farbig bebildert
18,5 x 26 cm, Hardcover
ISBN 978-3-7025-0991-0, € 25,–

Helmut Ardelt
Oberösterreich in der Steinzeit
Eine archäologische Spurensuche

Unterschiedliche wissenschaftliche Disziplinen arbeiten heute mit Unterstützung moderner Hilfsmittel daran, noch mehr Licht in unsere Entwicklungsgeschichte zu bringen. Die vorliegende Publikation bietet Einblicke in archäologische Grabungsbefunde, wissenschaftliche Forschungsergebnisse, Museumsbestände und Privatsammlungen in Oberösterreich sowie selbst gefundene Artefakte des Autors. Es ist eine aufschlussreiche archäologische Expedition in unsere Vergangenheit, die sich an einer großen Zahl steinzeitlicher Funde mit einem nachgewiesenen Alter von bis zu 40 000 Jahren zeigt.

192 Seiten, durchgehend farbig bebildert
17 x 24 cm, Hardcover
ISBN 978-3-7025-1029-9, € 25,–

Iris Feichtinger, Jürgen Pollerspöck
Haie im Alpenvorland
Fossile Zeugen eines verschwundenen Paradieses

Vor vielen Millionen Jahren glitt eine erstaunliche Vielfalt an Haien und Rochen durch die Gewässer des Alpenvorlandes. Dieses Buch bietet grundlegende Informationen zur Lebensweise und Biologie dieser faszinierenden und zum Teil längst ausgestorbenen Meeresbewohner – in Verbindung mit der Entstehungsgeschichte der Paratethys, des einstigen Randmeeres nördlich der Alpen. Dazu findet sich ein umfassender Artenkatalog mit den rund 60 häufigsten Hai- und Rochenzähnen, die heute noch im Alpenvorland gefunden werden können. Wertvolle Tipps für die eigene „Schatzsuche" runden die stark bebilderte Reise ab!

264 Seiten, durchgehend farbig bebildert
21 x 24 cm, Hardcover
ISBN 978-3-7025-1023-7, € 28,–

© privat

Arnold Hanslmeier
Univ.-Prof. Dr., unterrichtet Astrophysik am Institut für Physik der Karl-Franzens-Universität Graz. Er hat mehr als 400 wissenschaftliche Publikationen verfasst, darunter sechs Fachbücher sowie ein Standardwerk zur Einführung in die Astrophysik. Gastprofessuren u. a. in Wien, Toulouse, La Laguna, Freiburg, viele Forschungsaufenthalte an den weltgrößten Observatorien. Er betreibt zwei private Sternwarten und es ist ihm ein großes Anliegen, die Faszination der Astrophysik einem breiten Publikum nahezubringen.